3판

알기 쉬운 **선형대수학**

3판

LINEAR ALGEBRA

알기 쉬운 **선형대수학**

이문식 · 김홍태 · 이용균 · 강순부 · 김진수 지음

교문사

머리말

선형대수학은 수학의 여러 분야 가운데 기하학, 미분적분학, 미분방정식, 확률론 등에 광범위하게 이용될 뿐만 아니라 물리학, 생물학, 화학 등과 같은 자연과학 분야와 경제학, 심리학 등의 사회과학 분야 및 전자공학, 구조역학 등의 공학 분야에도 그 이용도가 높은 학문이다. 이 책은 학부생들을 위한 선형대수학 교재로서 주당 3시간의 강의로 한 학기 동안에 마칠 수 있는 내용을 포함하고 있다.

선형대수학의 기본개념인 벡터, 행렬, 그리고 선형변환과 같은 다소 추상적인 내용을 이해하기 위해서는 대수학의 많은 기초 개념을 필요로 한다. 한 학기 동안에 대수학의 많은 기초 개념을 다루는 것은 학생들에게 부담이 되어 현실적으로 쉽지 않으므로 이 교재에서는 응용예제를 통해서 학생들이 쉽게 이해할 수 있도록 내용을 구성하였다.

끝으로 이 책을 출판할 수 있도록 도움을 준 교문사 사장님을 비롯한 편집부 여러분들께 진심으로 감사드린다.

2022. 7.

차례

CHAPTER 1
행렬과 연립1차방정식

CHAPTER 2
행렬식

CHAPTER 3
2차원 평면 및 3차원 공간에서의 벡터

CHAPTER 4
벡터공간

CHAPTER 5
선형사상과 행렬

CHAPTER 6
고유값과 고유벡터

CHAPTER 7
선형대수학의 응용

CHAPTER 1

행렬과 연립1차방정식

CHAPTER 1
행렬과 연립1차방정식

1.1 행렬의 기본개념

행렬이란 실수, 복소수와 같은 수나 문자들을 사각형 모양으로 배열한 것이다. 일반적으로 mn개의 수 $a_{ij}\,(i=1,\ 2,\ \cdots,\ m;\ j=1,\ 2,\ \cdots,\ n)$를

$$A=\begin{bmatrix} a_{11} & a_{12} & \cdots & a_{1n} \\ a_{21} & a_{22} & \cdots & a_{2n} \\ \vdots & \vdots & & \vdots \\ a_{m1} & a_{m2} & \cdots & a_{mn} \end{bmatrix} \quad \text{또는} \quad A=\begin{pmatrix} a_{11} & a_{12} & \cdots & a_{1n} \\ a_{21} & a_{22} & \cdots & a_{2n} \\ \vdots & \vdots & & \vdots \\ a_{m1} & a_{m2} & \cdots & a_{mn} \end{pmatrix}$$

과 같이 배열한 것을 **행렬(matrix)**이라 정의한다. 여기서 $a_{11},\ a_{12},\ \cdots,\ a_{mn}$을 행렬의 **원소(element)** 또는 **성분(entry)**이라 한다. 행렬 A의 가로줄을 **행(row)**이라 하고, 세로줄을 **열(column)**이라 하며, m개의 행과 n개의 열을 가지는 행렬을 $\boldsymbol{m\times n}$ **행렬** 또는 $(\boldsymbol{m},\ \boldsymbol{n})$**형 행렬**이라 한다. 이때 $m\times n$을 **행렬의 크기**라 한다. 행렬을 표기할 때 행렬 A를 $A=[a_{ij}]=(a_{ij})_{m\times n}$ 또는 $A=[a_{ij}]=(a_{ij})$로 나타내기도 한다.

행렬 A에서 가로줄$(i=1,\ 2,\ \cdots,\ m)$에 대하여

$$[\,a_{i1},\ a_{i2},\ \cdots,\ a_{in}\,] \quad \text{또는} \quad (a_{i1},\ a_{i2},\ \cdots,\ a_{in}\,)$$

을 행렬 A의 제 i**행**(또는 i**행**)이라 하고, 세로줄$(j=1,\ 2,\ \cdots,\ n)$에 대하여

$$\begin{bmatrix} a_{1j} \\ a_{2j} \\ \vdots \\ a_{mj} \end{bmatrix} \quad \text{또는} \quad \begin{pmatrix} a_{1j} \\ a_{2j} \\ \vdots \\ a_{mj} \end{pmatrix}$$

를 행렬 A의 제 j**열**(또는 j**열**)이라 한다. 행렬 A의 i행과 j열의 원소 a_{ij}를 $(i,\ j)$ **원소** 또는 $(i,\ j)$ **성분**이라 한다.

여기서 행의 수와 열의 수가 같은 행렬$(m=n)$을 $\boldsymbol{n}$**차 정사각행렬(square matrix of** order n)이라 한다. n차 정사각행렬 $A=[a_{ij}]$의 원소 중에서 왼쪽 위로부터 오른쪽 아래 방향으로 대각선상에 있는 원소들, 즉 $i=j$인 $a_{11}, a_{22}, \cdots, a_{nn}$을 **주대각원소**(main diagonal elements) 또는 **대각원소**라 한다. 대각원소를 제외한 나머지 원소가 모두 0일 때 A를 **대각행렬**(diagonal matrix)이라 한다.

예를 들면 다음 행렬 A는 3×3 행렬, B는 3×2 행렬, 그리고 C는 2×3 행렬이다. 특히 행렬 A를 3차 정사각행렬이라 한다.

$$A=\begin{bmatrix} -1 & 7 & 2 \\ 3 & 4 & 5 \\ 2 & 5 & -3 \end{bmatrix}, \qquad B=\begin{bmatrix} 4 & -2 \\ \sqrt{3} & 1 \\ 5 & 0 \end{bmatrix}, \qquad C=\begin{bmatrix} 2a & 3 & e^a \\ b & -2 & 1 \end{bmatrix}$$

행렬 A에서 $a_{13}=2$, $a_{22}=4$, $a_{32}=5$이며, A의 주대각원소는 -1, 4, -3이다. 행렬 B에서 $b_{12}=-2$, $b_{21}=\sqrt{3}$, $b_{32}=0$이다. 행렬 C에서 $c_{12}=3$, $c_{13}=e^a$, $c_{23}=1$이다.

예제 1 행렬의 원소가 $a_{ij}=j^2-j-2i$일 때, 행렬 $A=[a_{ij}]_{3\times 3}$와 주대각원소를 구하여라.

풀이 원소가 $a_{ij}=j^2-j-2i$이므로

$$a_{11}=1^2-1-2(1)=-2$$
$$a_{12}=2^2-2-2(1)=0$$
$$a_{13}=3^2-3-2(1)=4$$

이고, 같은 방법으로

$$a_{21}=-4, \quad a_{22}=-2, \quad a_{23}=2$$

$$a_{31} = -6, \quad a_{32} = -4, \quad a_{33} = 0$$

이다. 따라서 구하고자 하는 행렬은 다음과 같다.

$$A = \begin{bmatrix} -2 & 0 & 4 \\ -4 & -2 & 2 \\ -6 & -4 & 0 \end{bmatrix}$$

행렬 A의 주대각원소는 -2, -2, 0이다. ■

예제 2 다음은 4개의 점을 연결한 그래프이다(그림 1.1). 만약 점 i가 점 j에 연결되어 있지 않으면 $a_{ij} = -1 + i - j$이고, 점 i가 점 j에 연결되어 있으면 $a_{ij} = 1 - i + j$일 때, 행렬 A를 구하여라.

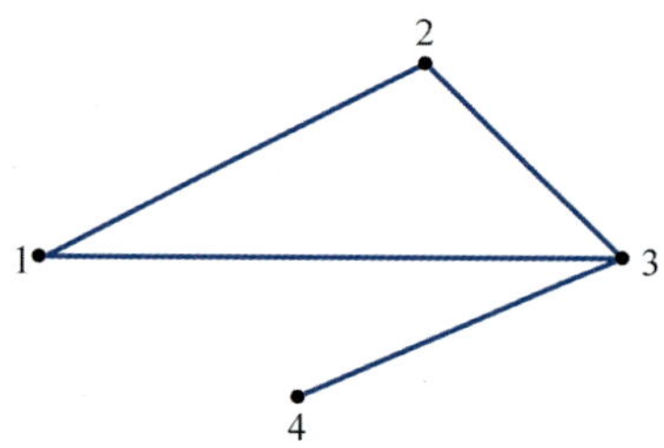

그림 1.1

풀이

$$a_{11} = 1 - 1 + 1 = 1 \qquad a_{21} = 1 - 2 + 1 = 0$$
$$a_{12} = 1 - 1 + 2 = 2 \qquad a_{22} = 1 - 2 + 2 = 1$$
$$a_{13} = 1 - 1 + 3 = 3 \qquad a_{23} = 1 - 2 + 3 = 2$$
$$a_{14} = -1 + 1 - 4 = -4 \qquad a_{24} = -1 + 2 - 4 = -3$$

이고, 같은 방법으로

$$a_{31} = -1, \quad a_{32} = 0, \quad a_{33} = 1, \quad a_{34} = 2$$
$$a_{41} = 2, \quad a_{42} = 1, \quad a_{43} = 0, \quad a_{44} = 1$$

이다. 따라서 구하고자 하는 행렬은 다음과 같다.

$$A = \begin{bmatrix} 1 & 2 & 3 & -4 \\ 0 & 1 & 2 & -3 \\ -1 & 0 & 1 & 2 \\ 2 & 1 & 0 & 1 \end{bmatrix}$$

■

1.2 행렬의 연산과 성질

행렬은 수나 문자들이 사각형 모양으로 배열된 것으로, 표시하기에 복잡해 보이지만 개념을 이해하기는 어렵지 않다. 여기서는 이러한 행렬에 대하여 대수적 연산을 정의하고, 이에 관한 기본적인 성질들을 살펴본다. 행렬의 연산에는 합, 차, 스칼라배, 곱셈이 있다.

정의 1.1 **(행렬의 상등)** 행렬 $A = [a_{ij}]$, $B = [b_{ij}]$에서 대응되는 원소가 모두 같을 때, 두 행렬이 서로 같다(equal)고 정의하고, 이것을 $A = B$로 표시한다. 즉 두 행렬의 크기가 같고, 모든 $i, j (1 \le i \le m, 1 \le j \le n)$에 대하여 $a_{ij} = b_{ij}$일 때, 두 행렬은 같다고 한다.

예를 들면 두 행렬이 다음 등식

$$\begin{bmatrix} -1 & -2a+b \\ a-2b & 2 \end{bmatrix} = \begin{bmatrix} -1 & -2 \\ 7 & 2 \end{bmatrix}$$

을 만족하는 a, b는

$$\begin{cases} -2a + b = -2 \\ a - 2b = 7 \end{cases}$$

이므로 연립방정식을 풀면 $a = -1$, $b = -4$이다.

정의 1.2 **(행렬의 합과 스칼라배)** 행렬 $A = [a_{ij}]_{m \times n}$, $B = [b_{ij}]_{m \times n}$에 대하여 대응되는 원소끼리 더하여 얻은 새로운 행렬의 (i, j) 원소가 $a_{ij} + b_{ij}$인 행렬을 두 행렬의 합(sum)이라 하며, 이를 $A + B$로 표시한다. r이 임의의 실수일 때, 행렬 A의 각 원소에 r을 곱하여 얻은 새로운 행렬을 행렬 A의 스칼라배(scalar multiple)라 정의하고 rA로 표시한다. 즉

$$A + B = [a_{ij} + b_{ij}]_{m \times n}, \qquad rA = [r a_{ij}]_{m \times n}$$

예제 3 행렬 $A=\begin{bmatrix} 3 & 1 & 4 \\ 2 & -1 & 3 \end{bmatrix}$, $B=\begin{bmatrix} 2 & 1 & -1 \\ 1 & -2 & 4 \end{bmatrix}$에서 $A+B$, $2A$를 구하여라.

풀이

$$A+B=\begin{bmatrix} 3+2 & 1+1 & 4-1 \\ 2+1 & -1-2 & 3+4 \end{bmatrix}=\begin{bmatrix} 5 & 2 & 3 \\ 3 & -3 & 7 \end{bmatrix}$$

이고, 행렬 A의 실수 2에 의한 스칼라배는

$$2A=\begin{bmatrix} 2\times3 & 2\times1 & 2\times4 \\ 2\times2 & 2\times(-1) & 2\times3 \end{bmatrix}=\begin{bmatrix} 6 & 2 & 8 \\ 4 & -2 & 6 \end{bmatrix}$$

이다. ■

예제 3에서 행렬 B의 스칼라배 $(-1)B$는

$$\begin{aligned}(-1)B&=\begin{bmatrix} (-1)\times2 & (-1)\times1 & (-1)\times(-1) \\ (-1)\times1 & (-1)\times(-2) & (-1)\times4 \end{bmatrix}\\ &=\begin{bmatrix} -2 & -1 & 1 \\ -1 & 2 & -4 \end{bmatrix}\end{aligned}$$

이므로, 두 행렬 A와 $(-1)B$의 합은

$$A+(-1)B=\begin{bmatrix} 3-2 & 1-1 & 4+1 \\ 2-1 & -1+2 & 3-4 \end{bmatrix}=\begin{bmatrix} 1 & 0 & 5 \\ 1 & 1 & -1 \end{bmatrix}$$

이다.

일반적으로 $(-1)B$를 $-B$로 나타내며, 크기가 같은 두 행렬 A, B에 대하여 $A+(-1)B$를 $A-B$로 쓰고 행렬 A와 B의 **차**(difference)라고 정의한다.

행렬의 모든 원소가 0인 행렬을 **영행렬**(zero matrix)이라 한다. 영행렬은 O로 나타내며, 특별히 크기가 $m\times n$인 영행렬을 $O_{m\times n}$으로 표기한다.

다음과 같은 행렬들이 영행렬이다.

$$[0],\quad \begin{bmatrix} 0 & 0 \\ 0 & 0 \end{bmatrix},\quad [0\ \ 0\ \ 0],\quad \begin{bmatrix} 0 & 0 & 0 \\ 0 & 0 & 0 \end{bmatrix},\quad \begin{bmatrix} 0 & 0 & 0 \\ 0 & 0 & 0 \\ 0 & 0 & 0 \\ 0 & 0 & 0 \end{bmatrix}$$

정리 1.3 **(행렬의 합과 스칼라배에 관한 성질)** 행렬 A, B, C는 연산이 가능하고 r과 s는 임의의 실수이면 다음 성질들이 성립한다.

(a) $A+B=B+A$ (교환법칙)

(b) $A+(B+C)=(A+B)+C$ (합의 결합법칙)

(c) $A+O=O+A=A$

(d) $A+(-A)=(-A)+A=O$

(e) $r(A+B)=rA+rB$ (분배법칙)

(f) $(r+s)A=rA+sA$ (분배법칙)

(g) $(rs)A=r(sA)$ (스칼라배의 결합법칙)

(h) $1A=A$

증명 (a), (e)만을 증명하고 나머지는 연습으로 남긴다.

(a) 행렬 $A+B$의 (i, j) 원소는 $a_{ij}+b_{ij}$이고 $a_{ij}+b_{ij}=b_{ij}+a_{ij}$이다. 이는 행렬 B의 (i, j) 원소와 A의 (i, j) 원소의 합과 같다. 따라서

$$A+B=B+A$$

이다.

(e) 행렬 $r(A+B)$의 (i, j) 원소는 행렬 $A+B$의 (i, j) 원소 $a_{ij}+b_{ij}$에 r을 곱한 것으로 $r(a_{ij}+b_{ij})$이고 $r(a_{ij}+b_{ij})=ra_{ij}+rb_{ij}$이다. 이는 행렬 rA의 (i, j) 원소와 rB의 (i, j) 원소의 합과 같다. 따라서

$$r(A+B)=rA+rB$$

이다. ■

예제 4 행렬 $A=\begin{bmatrix}1 & -2 & 4\\ 0 & 3 & -1\end{bmatrix}$, $B=\begin{bmatrix}3 & 2 & -2\\ -2 & 1 & 5\end{bmatrix}$, $C=\begin{bmatrix}6 & 4 & 9\\ -1 & 2 & 1\end{bmatrix}$일 때, 행렬의 합에 관한 결합법칙이 성립함을 보여라.

풀이

$$A+B=\begin{bmatrix}1+3 & -2+2 & 4-2\\ 0-2 & 3+1 & -1+5\end{bmatrix}=\begin{bmatrix}4 & 0 & 2\\ -2 & 4 & 4\end{bmatrix}$$

이고

$$(A+B)+C=\begin{bmatrix}4+6 & 0+4 & 2+9\\ -2-1 & 4+2 & 4+1\end{bmatrix}=\begin{bmatrix}10 & 4 & 11\\ -3 & 6 & 5\end{bmatrix}$$

이다. 그리고

$$B+C=\begin{bmatrix} 3+6 & 2+4 & -2+9 \\ -2-1 & 1+2 & 5+1 \end{bmatrix}=\begin{bmatrix} 9 & 6 & 7 \\ -3 & 3 & 6 \end{bmatrix}$$

이며

$$A+(B+C)=\begin{bmatrix} 1+9 & -2+6 & 4+7 \\ 0-3 & 3+3 & -1+6 \end{bmatrix}=\begin{bmatrix} 10 & 4 & 11 \\ -3 & 6 & 5 \end{bmatrix}$$

이다. 따라서 $A+(B+C)=(A+B)+C$이므로 행렬의 합에 관한 결합법칙을 만족한다. ■

행렬 $A=\begin{bmatrix} 1 & 2 \\ 3 & 4 \\ 5 & 6 \end{bmatrix}$, $B=\begin{bmatrix} -1 & -2 \\ -3 & -4 \\ -5 & -6 \end{bmatrix}$, $O=\begin{bmatrix} 0 & 0 \\ 0 & 0 \\ 0 & 0 \end{bmatrix}$에서

$$A+O=\begin{bmatrix} 1+0 & 2+0 \\ 3+0 & 4+0 \\ 5+0 & 6+0 \end{bmatrix}=\begin{bmatrix} 1 & 2 \\ 3 & 4 \\ 5 & 6 \end{bmatrix}=A$$

이고, $B=-A$이므로 다음을 알 수 있다.

$$A+B=A+(-A)=O$$

정의 1.4 **(행렬의 곱셈)** 행렬 $A=[a_{ij}]_{m\times k}$, $B=[b_{ij}]_{k\times n}$에 대하여 A의 열의 수와 B의 행의 수가 같을 때, 두 행렬의 곱(product)을 AB로 나타낸다. AB를 행렬 $C=[c_{ij}]_{m\times n}$라고 할 때, 행렬 C의 원소 c_{ij}는 행렬 A의 i행과 행렬 B의 j열의 서로 대응되는 원소끼리 곱하여 모두 더한 값으로 정의한다. 즉

$$c_{ij}=a_{i1}b_{1j}+a_{i2}b_{2j}+\cdots+a_{ik}b_{kj}\quad(1\le i\le m,\ 1\le j\le n)$$

이다.

행렬 A의 열의 수와 행렬 B의 행의 수가 다를 때, 두 행렬의 곱 AB는 정의되지 않는다.

예를 들면 행렬 $A=\begin{bmatrix} a_{11} & a_{12} & a_{13} \\ a_{21} & a_{22} & a_{23} \\ a_{31} & a_{32} & a_{33} \end{bmatrix}$, $B=\begin{bmatrix} b_{11} & b_{12} \\ b_{21} & b_{22} \\ b_{31} & b_{32} \end{bmatrix}$일 때 행렬 A와 B의 곱 AB는

$$AB = \begin{bmatrix} a_{11} & a_{12} & a_{13} \\ a_{21} & a_{22} & a_{23} \\ a_{31} & a_{32} & a_{33} \end{bmatrix} \begin{bmatrix} b_{11} & b_{12} \\ b_{21} & b_{22} \\ b_{31} & b_{32} \end{bmatrix}$$

$$= \begin{bmatrix} a_{11}b_{11} + a_{12}b_{21} + a_{13}b_{31} & a_{11}b_{12} + a_{12}b_{22} + a_{13}b_{32} \\ a_{21}b_{11} + a_{22}b_{21} + a_{23}b_{31} & a_{21}b_{12} + a_{22}b_{22} + a_{23}b_{32} \\ a_{31}b_{11} + a_{32}b_{21} + a_{33}b_{31} & a_{31}b_{12} + a_{32}b_{22} + a_{33}b_{32} \end{bmatrix}$$

이다. 그러나 행렬 B와 A의 곱 BA는 정의되지 않는다.

예제 5 행렬 $A = \begin{bmatrix} 2 & 1 & -1 \\ -1 & 4 & 1 \end{bmatrix}$, $B = \begin{bmatrix} 2 & 1 \\ 0 & 3 \\ -1 & 1 \end{bmatrix}$일 때, 행렬 AB와 BA를 구하여라.

풀이 두 행렬의 곱은

$$AB = \begin{bmatrix} 2 \cdot 2 + 1 \cdot 0 + (-1) \cdot (-1) & 2 \cdot 1 + 1 \cdot 3 + (-1) \cdot 1 \\ (-1) \cdot 2 + 4 \cdot 0 + 1 \cdot (-1) & (-1) \cdot 1 + 4 \cdot 3 + 1 \cdot 1 \end{bmatrix}$$

$$= \begin{bmatrix} 5 & 4 \\ -3 & 12 \end{bmatrix}$$

이고, 같은 방법으로 BA는 다음과 같다.

$$BA = \begin{bmatrix} 3 & 6 & -1 \\ -3 & 12 & 3 \\ -3 & 3 & 2 \end{bmatrix}$$

여기서 행렬 AB와 BA는 각각 2×2행렬과 3×3행렬이므로 $AB \neq BA$이다. 일반적으로 행렬의 곱에 대해서는 교환법칙이 성립하지 않는다. ■

정리 1.5 **(행렬의 곱셈에 관한 성질)** 행렬 A, B, C는 연산이 가능하고 r이 임의의 실수이면 다음 성질들이 성립한다.

(a) $(AB)C = A(BC)$ (곱의 결합법칙)

(b) $A(B+C) = AB + AC$ (분배법칙)

(c) $(A+B)C = AC + BC$ (분배법칙)

(d) $r(AB) = (rA)B = A(rB)$ (스칼라배의 결합법칙)

증명 (a), (c)를 증명하고, (b), (d)는 연습으로 남긴다.

(a) 행렬 A, B, C를 각각

$$A = [a_{ij}]_{m \times p}, \quad B = [b_{ij}]_{p \times q}, \quad C = [c_{ij}]_{q \times n}$$

라 하자. 행렬 $(AB)C$의 (i, j) 원소는

$$\sum_{l=1}^{q}\left(\sum_{k=1}^{p} a_{ik} b_{kl}\right)c_{lj} = \sum_{k=1}^{p}\sum_{l=1}^{q} a_{ik} b_{kl} c_{lj}$$

이고, 행렬 $A(BC)$의 (i, j) 원소는

$$\sum_{k=1}^{p} a_{ik}\left(\sum_{l=1}^{q} b_{kl} c_{lj}\right) = \sum_{k=1}^{p}\sum_{l=1}^{q} a_{ik} b_{kl} c_{lj}$$

이다. 여기서 두 행렬 $(AB)C$와 $A(BC)$의 대응하는 모든 (i, j) 원소가 같다. 따라서

$$(AB)C = A(BC)$$

이다.

(c) 행렬 $A = [a_{ij}]_{m \times p}$, $B = [b_{ij}]_{m \times p}$, $C = [c_{ij}]_{p \times n}$라 하자.

두 행렬의 합이 $A + B = [a_{ij} + b_{ij}]_{m \times p}$이므로 행렬 $(A + B)C$의 (i, j) 원소는

$$\sum_{k=1}^{p}(a_{ik} + b_{ik})c_{kj} = \sum_{k=1}^{p} a_{ik} c_{kj} + \sum_{k=1}^{p} b_{ik} c_{kj}$$

이다. 위 식의 마지막 부분의 첫째 항은 행렬 AC의 (i, j) 원소이고, 둘째 항은 행렬 BC의 (i, j) 원소이므로, 행렬 $(A + B)C$의 모든 원소는 행렬 $AC + BC$의 대응하는 모든 원소와 같다. 따라서

$$(A + B)C = AC + BC$$

이다. ■

예제 6 $A = \begin{bmatrix} 2 & -1 & 4 \\ 3 & 5 & 1 \end{bmatrix}$, $B = \begin{bmatrix} -5 & 0 & -6 \\ 1 & -2 & 1 \\ 0 & 7 & 4 \end{bmatrix}$, $C = \begin{bmatrix} 2 & 1 \\ 0 & 3 \\ -1 & 1 \end{bmatrix}$일 때, 행렬의 곱셈에 관한 결합법칙이 성립함을 보여라.

풀이

$$AB = \begin{bmatrix} 2 & -1 & 4 \\ 3 & 5 & 1 \end{bmatrix}\begin{bmatrix} -5 & 0 & -6 \\ 1 & -2 & 1 \\ 0 & 7 & 4 \end{bmatrix} = \begin{bmatrix} -11 & 30 & 3 \\ -10 & -3 & -9 \end{bmatrix}$$

이고

$$(AB)C = \begin{bmatrix} -11 & 30 & 3 \\ -10 & -3 & -9 \end{bmatrix} \begin{bmatrix} 2 & 1 \\ 0 & 3 \\ -1 & 1 \end{bmatrix} = \begin{bmatrix} -25 & 82 \\ -11 & -28 \end{bmatrix}$$

이다. 또한

$$BC = \begin{bmatrix} -5 & 0 & -6 \\ 1 & -2 & 1 \\ 0 & 7 & 4 \end{bmatrix} \begin{bmatrix} 2 & 1 \\ 0 & 3 \\ -1 & 1 \end{bmatrix} = \begin{bmatrix} -4 & -11 \\ 1 & -4 \\ -4 & 25 \end{bmatrix}$$

이고

$$A(BC) = \begin{bmatrix} 2 & -1 & 4 \\ 3 & 5 & 1 \end{bmatrix} \begin{bmatrix} -4 & -11 \\ 1 & -4 \\ -4 & 25 \end{bmatrix} = \begin{bmatrix} -25 & 82 \\ -11 & -28 \end{bmatrix}$$

이다. $(AB)C = A(BC)$이므로 행렬의 곱셈에 관한 결합법칙이 성립한다. ■

예제 7 $A = \begin{bmatrix} -1 & 2 \\ 0 & 4 \\ -2 & 3 \end{bmatrix}$, $B = \begin{bmatrix} -3 & 2 & 3 \\ 2 & 6 & -4 \end{bmatrix}$, $C = \begin{bmatrix} 2 & -4 & 1 \\ 5 & 2 & -1 \end{bmatrix}$일 때, 행렬의 곱셈에 관한 분배법칙이 성립함을 보여라.

풀이

$$B + C = \begin{bmatrix} -3+2 & 2-4 & 3+1 \\ 2+5 & 6+2 & -4-1 \end{bmatrix} = \begin{bmatrix} -1 & -2 & 4 \\ 7 & 8 & -5 \end{bmatrix}$$

이고

$$A(B+C) = \begin{bmatrix} -1 & 2 \\ 0 & 4 \\ -2 & 3 \end{bmatrix} \begin{bmatrix} -1 & -2 & 4 \\ 7 & 8 & -5 \end{bmatrix} = \begin{bmatrix} 15 & 18 & -14 \\ 28 & 32 & -20 \\ 23 & 28 & -23 \end{bmatrix}$$

이다. 또한

$$AB = \begin{bmatrix} -1 & 2 \\ 0 & 4 \\ -2 & 3 \end{bmatrix} \begin{bmatrix} -3 & 2 & 3 \\ 2 & 6 & -4 \end{bmatrix} = \begin{bmatrix} 7 & 10 & -11 \\ 8 & 24 & -16 \\ 12 & 14 & -18 \end{bmatrix}$$

$$AC = \begin{bmatrix} -1 & 2 \\ 0 & 4 \\ -2 & 3 \end{bmatrix} \begin{bmatrix} 2 & -4 & 1 \\ 5 & 2 & -1 \end{bmatrix} = \begin{bmatrix} 8 & 8 & -3 \\ 20 & 8 & -4 \\ 11 & 14 & -5 \end{bmatrix}$$

이고

$$AB+AC=\begin{bmatrix} 7+8 & 10+8 & -11-3 \\ 8+20 & 24+8 & -16-4 \\ 12+11 & 14+14 & -18-5 \end{bmatrix}=\begin{bmatrix} 15 & 18 & -14 \\ 28 & 32 & -20 \\ 23 & 28 & -23 \end{bmatrix}$$

이다. $A(B+C)=AB+AC$이므로 행렬의 곱셈에 관한 분배법칙이 성립한다. ■

이와 같이 행렬의 연산에는 결합법칙 및 분배법칙이 성립하나 곱셈에 관한 교환법칙은 성립하지 않는다.

n차 대각행렬의 대각원소가 모두 1인 행렬, 즉 정사각행렬의 대각원소는 모두 1이고 나머지 원소는 모두 0인 행렬을 **n차 단위행렬(identity matrix of order n)**이라 하고, I_n으로 나타낸다.

$$I_2=\begin{bmatrix} 1 & 0 \\ 0 & 1 \end{bmatrix},\qquad I_3=\begin{bmatrix} 1 & 0 & 0 \\ 0 & 1 & 0 \\ 0 & 0 & 1 \end{bmatrix},\qquad I_4=\begin{bmatrix} 1 & 0 & 0 & 0 \\ 0 & 1 & 0 & 0 \\ 0 & 0 & 1 & 0 \\ 0 & 0 & 0 & 1 \end{bmatrix}$$

행렬 $A=[a_{ij}]_{m\times n}$에 대하여 $AI_n=A$와 $I_mA=A$가 항상 성립한다.

예제 8 행렬 $A=\begin{bmatrix} a_{11} & a_{12} \\ a_{21} & a_{22} \\ a_{31} & a_{32} \end{bmatrix}$, $B=\begin{bmatrix} b_{11} & b_{12} & b_{13} \\ b_{21} & b_{22} & b_{23} \end{bmatrix}$에 대하여 $AI_2=A$, $I_2B=B$, $BI_3=B$임을 보여라.

풀이

$$AI_2=\begin{bmatrix} a_{11} & a_{12} \\ a_{21} & a_{22} \\ a_{31} & a_{32} \end{bmatrix}\begin{bmatrix} 1 & 0 \\ 0 & 1 \end{bmatrix}=\begin{bmatrix} a_{11} & a_{12} \\ a_{21} & a_{22} \\ a_{31} & a_{32} \end{bmatrix}=A$$

$$I_2B=\begin{bmatrix} 1 & 0 \\ 0 & 1 \end{bmatrix}\begin{bmatrix} b_{11} & b_{12} & b_{13} \\ b_{21} & b_{22} & b_{23} \end{bmatrix}=\begin{bmatrix} b_{11} & b_{12} & b_{13} \\ b_{21} & b_{22} & b_{23} \end{bmatrix}=B$$

$$BI_3=\begin{bmatrix} b_{11} & b_{12} & b_{13} \\ b_{21} & b_{22} & b_{23} \end{bmatrix}\begin{bmatrix} 1 & 0 & 0 \\ 0 & 1 & 0 \\ 0 & 0 & 1 \end{bmatrix}=\begin{bmatrix} b_{11} & b_{12} & b_{13} \\ b_{21} & b_{22} & b_{23} \end{bmatrix}=B$$ ■

정의 1.6 n차 정사각행렬 A와 n차 단위행렬 I에 대하여

$$AB=BA=I$$

가 되는 n차 정사각행렬 B가 존재하면 A를 **가역(invertible)** 또는 **정칙**

(nonsingular)이라 하고, 이때의 행렬 B를 A의 역행렬(inverse matrix)이라 하며, A^{-1}으로 나타낸다. 이러한 B가 존재하지 않으면 A를 비가역(noninvertible) 또는 비정칙(singular)이라 한다.

예제 9 두 행렬 $A=\begin{bmatrix}2&1\\4&3\end{bmatrix}$, $B=\begin{bmatrix}\frac{3}{2}&-\frac{1}{2}\\-2&1\end{bmatrix}$일 때, $B=A^{-1}$임을 보여라.

풀이

$$AB=BA=I_2$$

이므로, A의 역행렬은 B이고 A는 가역이다. ■

다음 예제로부터 2차 정사각행렬 A의 역행렬 A^{-1}를 쉽게 구할 수 있다.

예제 10 행렬 $A=\begin{bmatrix}a&b\\c&d\end{bmatrix}$일 때, A^{-1}를 구하여라(단, $ad-bc\neq 0$).

풀이 역행렬 A^{-1}를 구하기 위해

$$A^{-1}=\begin{bmatrix}x&y\\z&u\end{bmatrix}$$

라고 놓으면

$$AA^{-1}=\begin{bmatrix}a&b\\c&d\end{bmatrix}\begin{bmatrix}x&y\\z&u\end{bmatrix}=\begin{bmatrix}1&0\\0&1\end{bmatrix}$$

이므로, 연립방정식

$$\begin{cases}ax+bz=1\\cx+dz=0\end{cases},\quad \begin{cases}ay+bu=0\\cy+du=1\end{cases}$$

을 풀면

$$\begin{cases}x=\dfrac{d}{ad-bc}\\ z=\dfrac{-c}{ad-bc}\end{cases},\quad \begin{cases}y=\dfrac{-b}{ad-bc}\\ u=\dfrac{a}{ad-bc}\end{cases}$$

이다. 따라서 다음과 같은 역행렬을 얻는다.

$$A^{-1} = \frac{1}{ad-bc}\begin{bmatrix} d & -b \\ -c & a \end{bmatrix}$$ ■

예제 11 행렬 $A = \begin{bmatrix} -4 & 2 \\ -2 & 1 \end{bmatrix}$일 때, 역행렬 A^{-1}를 구하여라.

풀이

$$A^{-1} = \begin{bmatrix} x & y \\ z & u \end{bmatrix}$$

라고 놓으면

$$AA^{-1} = A^{-1}A = \begin{bmatrix} x & y \\ z & u \end{bmatrix}\begin{bmatrix} -4 & 2 \\ -2 & 1 \end{bmatrix} = \begin{bmatrix} 1 & 0 \\ 0 & 1 \end{bmatrix}$$

이므로, 연립방정식은

$$\begin{cases} -4x - 2y = 1 \\ \quad 2x + \ \ y = 0 \end{cases}, \qquad \begin{cases} -4z - 2u = 0 \\ \quad 2z + \ \ u = 1 \end{cases}$$

이다. 그러나 이 연립방정식은 해를 가지지 않음을 쉽게 알 수 있다. 따라서 역행렬 A^{-1}는 존재하지 않는다. ■

따라서 예제 10, 예제 11에서 보듯이 역행렬이 존재하기 위해서는 $ad-bc \neq 0$인 조건이 필요하다.

3차 이상 정사각행렬의 역행렬을 구하는 방법은 1.4절의 기본행렬과 역행렬에서 다룬다. 임의의 정사각행렬에 대하여 역행렬이 언제나 존재하는 것은 아니지만 만일 존재한다면 단 한 가지로 정해진다.

정리 1.7 정사각행렬 A의 역행렬이 B와 C이면 항상 $B = C$이다.

증명 행렬 B와 C가 행렬 A의 역행렬이므로,

$$AB = BA = I \text{이고 } AC = CA = I$$

이다. 따라서

$$B = IB = (CA)B = C(AB) = CI = C$$

이다. ■

정리 1.8 행렬 A, B가 n차 정사각행렬이면 다음 성질들이 성립한다.

(a) 단위행렬 I는 가역이고, $I^{-1} = I$이다.

(b) 행렬 A가 가역이면, A의 역행렬 A^{-1}도 가역이고 $(A^{-1})^{-1} = A$이다.

(c) 행렬 A, B가 가역이면, AB도 가역이고 $(AB)^{-1} = B^{-1}A^{-1}$이다.

(d) 행렬 A가 가역이면, 0이 아닌 실수 r의 스칼라배 rA도 가역이고 $(rA)^{-1} = \frac{1}{r}A^{-1}$이다.

증명 (a) 행렬 I는 단위행렬이므로 $II = I$이다. 따라서 I는 가역이고 $I^{-1} = I$이다.

(b) 행렬 A가 가역이므로

$$AA^{-1} = A^{-1}A = I$$

이다. 따라서 역행렬 A^{-1}도 가역이고 $(A^{-1})^{-1} = A$이다.

(c) 행렬 A와 B가 가역이므로,

$$AA^{-1} = A^{-1}A = I,\ BB^{-1} = B^{-1}B = I$$

이다. 따라서

$$(AB)(B^{-1}A^{-1}) = A(BB^{-1})A^{-1} = AIA^{-1} = AA^{-1} = I,$$
$$(B^{-1}A^{-1})(AB) = B^{-1}(AA^{-1})B = B^{-1}IB = B^{-1}B = I$$

이므로 AB도 가역이고 $(AB)^{-1} = B^{-1}A^{-1}$이다.

(d) 행렬 A가 가역이므로

$$\left(r\frac{1}{r}\right)AA^{-1} = \left(r\frac{1}{r}\right)A^{-1}A = I$$

가 성립한다. 또한 행렬의 곱셈에 관한 성질에 의해

$$(rA)\left(\frac{1}{r}A^{-1}\right) = \left(\frac{1}{r}A^{-1}\right)(rA) = I$$

이다. 따라서 rA도 가역이고 $(rA)^{-1} = \frac{1}{r}A^{-1}$이다. ■

정의 1.9 행렬 A의 거듭제곱을 아래와 같이 정의한다.

$$A^0 = I,\ A^1 = A,\ A^2 = AA,\ A^3 = AAA,\ \cdots$$
$$A^k = AAA \cdots A\ (A\text{가 } k\text{개})$$

특히 행렬 A가 가역일 때 A^{-1}에 대한 거듭제곱을 다음과 같이 정의한다.

$$A^{-2} = (A^{-1})^2 = A^{-1}A^{-1},\ A^{-3} = (A^{-1})^3 = A^{-1}A^{-1}A^{-1},\ \cdots$$
$$A^{-k} = (A^{-1})^k = A^{-1}A^{-1}A^{-1} \cdots A^{-1}\ (A^{-1}\text{가 } k\text{개})$$

정의 1.10 $m \times n$ 행렬 $A = [a_{ij}]$에서 행과 열을 바꾸어 놓은 $n \times m$ 행렬을 A의 전치행렬(transpose matrix)이라 하고, 이 행렬을 A^T로 나타낸다. 즉

$$A = \begin{bmatrix} a_{11} & a_{12} & \cdots & a_{1n} \\ a_{21} & a_{22} & \cdots & a_{2n} \\ \vdots & \vdots & & \vdots \\ a_{m1} & a_{m2} & \cdots & a_{mn} \end{bmatrix}, \qquad A^T = \begin{bmatrix} a_{11} & a_{21} & \cdots & a_{m1} \\ a_{12} & a_{22} & \cdots & a_{m2} \\ \vdots & \vdots & & \vdots \\ a_{1n} & a_{2n} & \cdots & a_{mn} \end{bmatrix}$$

예를 들면 행렬

$$A = \begin{bmatrix} 1 & 2 & 4 \\ -4 & -9 & 2 \\ 7 & 1 & -2 \end{bmatrix}, \qquad B = [-3 \quad -2 \quad 4], \qquad C = \begin{bmatrix} 3 & -1 & 1 \\ 0 & 7 & -5 \end{bmatrix}$$

의 전치행렬은 각각

$$A^T = \begin{bmatrix} 1 & -4 & 7 \\ 2 & -9 & 1 \\ 4 & 2 & -2 \end{bmatrix}, \qquad B^T = \begin{bmatrix} -3 \\ -2 \\ 4 \end{bmatrix}, \qquad C^T = \begin{bmatrix} 3 & 0 \\ -1 & 7 \\ 1 & -5 \end{bmatrix}$$

이다.

정리 1.11 행렬 A와 B는 연산이 가능하고 r이 임의의 실수이면 다음 성질들이 성립한다.

(a) $(A^T)^T = A$

(b) $(A+B)^T = A^T + B^T$

(c) $(rA)^T = rA^T$

(d) $(AB)^T = B^T A^T$

증명 (a), (b)는 연습문제로 남기고, 여기서는 (c)와 (d)를 증명한다. 행렬 A, B를 $A = [a_{ij}]_{m \times p}$, $B = [b_{ij}]_{p \times n}$라고 하자.

(c) 행렬 $(rA)^T$의 (i, j) 원소는 행렬 rA의 (j, i) 원소이므로 ra_{ji}이고, 또한 행렬 rA^T의 (i, j) 원소는 행렬 A의 (j, i) 원소 a_{ji}에 스칼라 r배하여 얻어진 원소 ra_{ji}이다. 따라서 두 행렬 $(rA)^T$와 rA^T의 모든 (i, j) 원소가 같으므로

$$(rA)^T = rA^T$$

이다.

(d) 행렬 $(AB)^T$의 (i, j) 원소는 행렬 AB의 (j, i) 원소이므로

$$\sum_{k=1}^{p} a_{jk} b_{ki} = \sum_{k=1}^{p} b_{ki} a_{jk}$$

이다. 그리고 행렬 $B^T A^T$의 (i, j) 원소는 B^T의 (i, k) 원소와 A^T의 (k, j) 원소의 곱의 합임을 알 수 있다. 또한 B^T의 (i, k) 원소는 B의 (k, i) 원소 b_{ki}이고, A^T의 (k, j) 원소는 A의 (j, k) 원소 a_{jk}이므로, $B^T A^T$의 (i, j) 원소는 $\sum_{k=1}^{p} b_{ki} a_{jk}$이다. 따라서 두 행렬 $(AB)^T$와 $B^T A^T$의 모든 (i, j) 원소가 같으므로

$$(AB)^T = B^T A^T$$

이다. ■

예제 12 행렬 $A = \begin{bmatrix} 2 & 1 & -1 \\ -1 & 4 & 1 \end{bmatrix}$, $B = \begin{bmatrix} 2 & 1 \\ 0 & 3 \\ -1 & 1 \end{bmatrix}$에 대하여 $(AB)^T = B^T A^T$가 성립함을 보여라.

풀이 두 행렬의 곱은

$$AB = \begin{bmatrix} 5 & 4 \\ -3 & 12 \end{bmatrix}$$

이므로, 행렬 AB의 전치행렬은

$$(AB)^T = \begin{bmatrix} 5 & -3 \\ 4 & 12 \end{bmatrix}$$

이다. 그리고

$$B^T A^T = \begin{bmatrix} 2 & 0 & -1 \\ 1 & 3 & 1 \end{bmatrix} \begin{bmatrix} 2 & -1 \\ 1 & 4 \\ -1 & 1 \end{bmatrix} = \begin{bmatrix} 5 & -3 \\ 4 & 12 \end{bmatrix}$$

이다. 따라서 서로 대응되는 모든 원소가 모두 같으므로

$$(AB)^T = B^T A^T$$

이다. 그러나

$$A^T B^T = \begin{bmatrix} 2 & -1 \\ 1 & 4 \\ -1 & 1 \end{bmatrix} \begin{bmatrix} 2 & 0 & -1 \\ 1 & 3 & 1 \end{bmatrix} = \begin{bmatrix} 3 & -3 & -3 \\ 6 & 12 & 3 \\ -1 & 3 & 2 \end{bmatrix}$$

이므로

$$(AB)^T \neq A^T B^T$$

이다. ■

정의 1.12 n차 정사각행렬 $A = [a_{ij}]$의 대각원소 a_{11}, a_{22}, $\cdots$, a_{nn}을 모두 더한 합을 A의 대각합(trace)이라 하고, 이것을 $\mathrm{tr}(A)$로 나타낸다. 즉

$$\mathrm{tr}(A) = a_{11} + a_{22} + \cdots + a_{nn}$$

정리 1.13 행렬 A, B가 n차 정사각행렬이면 다음 성질들이 성립한다.

(a) $\mathrm{tr}(A+B) = \mathrm{tr}(A) + \mathrm{tr}(B)$

(b) $\mathrm{tr}(rA) = r\,\mathrm{tr}(A)$ (단, r은 임의의 실수)

(c) $\mathrm{tr}(A^T) = \mathrm{tr}(A)$

(d) $\mathrm{tr}(AB) = \mathrm{tr}(BA)$

증명 (a), (b), (c)의 증명은 정의 1.12에 의하여 명백하므로 생략한다.

(d) 행렬 A, B를 $A=[a_{ij}]_{n\times n}$, $B=[b_{ij}]_{n\times n}$라 하고, $AB=C=[c_{ij}]_{n\times n}$, $BA=D=[d_{ij}]_{n\times n}$라 두자.

행렬 AB와 BA의 대각합은 다음과 같다.

$$\operatorname{tr}(AB)=\sum_{i=1}^{n}c_{ii}=\sum_{i=1}^{n}\left(\sum_{k=1}^{n}a_{ik}b_{ki}\right)=\sum_{i=1}^{n}\sum_{k=1}^{n}a_{ik}b_{ki}$$

$$\begin{aligned}\operatorname{tr}(BA)&=\sum_{i=1}^{n}d_{ii}=\sum_{i=1}^{n}\left(\sum_{k=1}^{n}b_{ik}a_{ki}\right)\\&=\sum_{i=1}^{n}\sum_{k=1}^{n}b_{ik}a_{ki}=\sum_{i=1}^{n}\sum_{k=1}^{n}a_{ki}b_{ik}=\sum_{k=1}^{n}\sum_{i=1}^{n}a_{ik}b_{ki}\end{aligned}$$

여기서

$$\sum_{i=1}^{n}\sum_{k=1}^{n}a_{ik}b_{ki}=\sum_{k=1}^{n}\sum_{i=1}^{n}a_{ik}b_{ki}$$

이므로

$$\operatorname{tr}(AB)=\operatorname{tr}(BA)$$

이다. ■

예제 13 행렬 $A=\begin{bmatrix}1&7&2\\0&3&-2\\2&-1&1\end{bmatrix}$, $B=\begin{bmatrix}0&1&0\\1&-1&5\\3&7&4\end{bmatrix}$에서 두 행렬의 곱 AB와 BA의 대각합을 비교하여라.

풀이

$$AB=\begin{bmatrix}1&7&2\\0&3&-2\\2&-1&1\end{bmatrix}\begin{bmatrix}0&1&0\\1&-1&5\\3&7&4\end{bmatrix}=\begin{bmatrix}13&8&43\\-3&-17&7\\2&10&-1\end{bmatrix}$$

이고,

$$BA=\begin{bmatrix}0&1&0\\1&-1&5\\3&7&4\end{bmatrix}\begin{bmatrix}1&7&2\\0&3&-2\\2&-1&1\end{bmatrix}=\begin{bmatrix}0&3&-2\\11&-1&9\\11&38&-4\end{bmatrix}$$

이므로

$$\text{tr}(AB) = 13 - 17 - 1 = -5$$
$$\text{tr}(BA) = 0 - 1 - 4 = -5$$

이다. 따라서

$$\text{tr}(AB) = \text{tr}(BA)$$

이다. ■

연습문제 1.2

1 행렬 A, B, C에 대하여 다음 물음에 답하여라.

$$A = \begin{bmatrix} 3 & -1 & 0 \\ -4 & 1 & 2 \\ 2 & 0 & 1 \end{bmatrix}, \quad B = \begin{bmatrix} -4 & 1 & -6 \\ 1 & -2 & 0 \end{bmatrix}, \quad C = \begin{bmatrix} 2 & 0 \\ -1 & 3 \\ 2 & 5 \end{bmatrix}$$

(1) AC, BC, CB, $-3C$를 구하여라.

(2) A^T, B^TC^T, $(BC)^T$, C^TB^T, $B + C^T$를 구하여라.

(3) $(BC)^T$, B^TC^T, C^TB^T를 비교하여라.

2 행렬 $\begin{bmatrix} a+2b & b-2c \\ c-2d & d-2a \end{bmatrix} = \begin{bmatrix} 1 & 2 \\ 3 & -4 \end{bmatrix}$을 만족하는 a, b, c, d를 구하여라.

3 행렬 A, B에 대하여 AB와 BA를 구하고 서로 비교하여라.

$$A = \begin{bmatrix} -1 & 1 & 0 \\ 0 & 2 & -2 \\ 0 & -1 & 3 \end{bmatrix}, \qquad B = \begin{bmatrix} -2 & -1 & 2 \\ 1 & 2 & -3 \\ 1 & 0 & 1 \end{bmatrix}$$

4 행렬 A, B, C에 대하여 $(AB)C$, $A(BC)$를 구하고 서로 비교하여라.

$$A = \begin{bmatrix} 1 & 0 & -1 \\ 3 & 1 & 2 \end{bmatrix}, \quad B = \begin{bmatrix} 1 & -1 \\ 3 & 1 \\ 2 & 2 \end{bmatrix}, \quad C = \begin{bmatrix} 1 & 2 \\ 3 & 4 \end{bmatrix}$$

5 다음 행렬 A, B에 대하여 A^{2022} 및 B^{2022}을 구하여라.

$$A = \begin{bmatrix} 0 & 1 \\ -1 & 1 \end{bmatrix}, \qquad B = \begin{bmatrix} 1 & 1 \\ 0 & 1 \end{bmatrix}$$

6 행렬 $A = \begin{bmatrix} \cos\theta & -\sin\theta \\ \sin\theta & \cos\theta \end{bmatrix}$의 역행렬 A^{-1}를 구하여라.

7 다음 명제가 참이면 간단히 증명하고, 거짓이면 반례를 제시하여라.

(1) 연산 가능한 행렬 B가 가역이고 $AB = BA$이면, $AB^{-1} = B^{-1}A$는 항상 성립한다.

(2) 연산 가능한 두 가역행렬의 합도 가역행렬이다.

(3) 정사각행렬 A가 가역이면 $(A^{-1})^T = (A^T)^{-1}$이다.

8 3차 정사각행렬 A, B에 대하여 정리 1.11의 다음 성질이 만족함을 보여라.

(1) $(A^T)^T = A$

(2) $(A+B)^T = A^T + B^T$

9 두 행렬 A, B가 곱의 연산이 가능하면 다음을 보여라.

(1) 행렬 A의 한 행의 모든 원소가 0이면 AB의 한 행의 모든 원소도 0이다.

(2) 행렬 B의 한 열의 모든 원소가 0이면 AB의 한 열의 모든 원소도 0이다.

10 행렬 A가 n차 정사각행렬이고 가역행렬이면 A^T는 가역행렬임을 증명하여라. 또 이 결과와 $(A^T)^{-1} = (A^{-1})^T$를 이용하여 다음이 성립함을 증명하여라.

(1) 대칭행렬 A가 가역행렬이면 A^{-1}도 대칭행렬이다.

(2) 교대행렬 A가 가역행렬이면 A^{-1}도 교대행렬이다.

※ A가 n차 정사각행렬일 때, $A^T = A$를 만족하면 행렬 A를 **대칭행렬**(symmetric matrix)이라 하고, $A^T = -A$를 만족하면 행렬 A를 **교대행렬**(alternating matrix)이라 한다.

1.3 연립1차방정식과 해

이 절에서는 연립1차방정식과 행렬과의 밀접한 관계를 이용하여, Gauss 소거법, Gauss-Jordan 소거법 등과 같은 더 효과적인 연립방정식의 해법을 배운다.

상수 $a_1, a_2, \cdots, a_n, b$와 미지수 $x_1, x_2, \cdots, x_n$에 대하여

$$a_1x_1 + a_2x_2 + \cdots + a_nx_n = b$$

으로 표현한 방정식을 **1차방정식**(linear equation)이라 한다. **연립1차방정식**(system of linear equations)이란 m개의 1차방정식을 n개의 미지수 $x_1, x_2, \cdots, x_n$으로 나타낸 것으로 다음과 같다.

$$\begin{aligned}
a_{11}x_1 + a_{12}x_2 + \cdots + a_{1n}x_n &= b_1 \\
a_{21}x_1 + a_{22}x_2 + \cdots + a_{2n}x_n &= b_2 \\
\vdots \qquad \vdots \qquad\quad \vdots \qquad \vdots \quad & \quad \vdots \\
a_{m1}x_1 + a_{m2}x_2 + \cdots + a_{mn}x_n &= b_m
\end{aligned}$$

여기서 $a_{ij}, b_i (i = 1, 2, \cdots, m;\ j = 1, 2, \cdots, n)$는 실수이고, mn개의 수 a_{ij}를 연립1차방정식의 **계수**(coefficients)라 한다.

실수 $s_1, s_2, \cdots, s_n$에 대해 $x_1 = s_1, x_2 = s_2, \cdots, x_n = s_n$이 주어진 연립1차방정식을 만족하면, 순서쌍 $(s_1, s_2, \cdots, s_n)$을 연립1차방정식의 **해**(solution)라 부른다. 연립1차방정식의 해 전체의 집합을 **해집합**(solution set)이라 한다.

이제, 연립1차방정식을 행렬로 나타내보자.

$$A = \begin{bmatrix} a_{11} & a_{12} & \cdots & a_{1n} \\ a_{21} & a_{22} & \cdots & a_{2n} \\ \vdots & \vdots & & \vdots \\ a_{m1} & a_{m2} & \cdots & a_{mn} \end{bmatrix}, \quad X = \begin{bmatrix} x_1 \\ x_2 \\ \vdots \\ x_n \end{bmatrix}, \quad B = \begin{bmatrix} b_1 \\ b_2 \\ \vdots \\ b_m \end{bmatrix}$$

라 하자. $m \times n$ 행렬 A를 연립1차방정식의 **계수행렬**(coefficient matrix)이라 하고, $m \times 1$ 행렬 B를 연립1차방정식의 **상수행렬**(matrix of constants)이라 한다. 연립1차방정식은 계수행렬과 상수행렬을 이용하여

$$AX = B$$

와 같이 나타낼 수 있다.

행렬 A에 행렬 B를 붙여서 만든 행렬 $[A|B]$, 즉

$$[A \mid B] = \begin{bmatrix} a_{11} & a_{12} & \cdots & a_{1n} & b_1 \\ a_{21} & a_{22} & \cdots & a_{2n} & b_2 \\ \vdots & \vdots & & \vdots & \vdots \\ a_{m1} & a_{m2} & \cdots & a_{mn} & b_m \end{bmatrix}$$

를 연립1차방정식의 **확대행렬(augmented matrix)**이라 한다. 계수행렬과 확대행렬은 연립1차방정식의 해를 구하는 데 중요한 역할을 한다.

연립방정식의 해를 구하기 위해 다음과 같은 세 가지 연산으로 방정식을 변형한다. 이때 해집합은 변하지 않는다.

① 임의의 두 방정식을 서로 교환한다.
② 한 방정식에 0이 아닌 실수를 곱한다.
③ 한 방정식에 0이 아닌 실수를 곱하여 다른 방정식에 더한다.

위와 같이 연립방정식의 해를 구하기 위하여 변형해 가는 연산을 행렬에도 똑같이 적용할 수 있다.

정의 1.14 행렬 $A = [a_{ij}]_{m \times n}$에 대하여 다음과 같은 세 가지 연산을 **기본행연산(elementary row operation)** 또는 **기본열연산(elementary column operation)**이라 한다.

(a) 행렬 A의 두 행(또는 열)을 서로 교환한다.
(b) 행렬 A의 한 행(또는 열)에 0이 아닌 실수를 곱한다.
(c) 행렬 A의 한 행(또는 열)에 0이 아닌 실수를 곱하여 다른 행(또는 열)에 더한다.

예제 14 다음 연립1차방정식을 확대행렬에 기본행연산을 적용하여 구하여라.

$$\begin{cases} 2x + y = 2 \\ 3x + 4y = -2 \end{cases}$$

풀이 $\begin{cases} 2x + y = 2 \\ 3x + 4y = -2 \end{cases}$ $\qquad$ $\begin{bmatrix} 2 & 1 & 2 \\ 3 & 4 & -2 \end{bmatrix}$

첫째 식에 실수 $\frac{1}{2}$을 곱한다. $\qquad$ 1행에 실수 $\frac{1}{2}$을 곱한다.

$$\begin{cases} x + \frac{1}{2}y = 1 \\ 3x + 4y = -2 \end{cases} \qquad \begin{bmatrix} 1 & \frac{1}{2} & 1 \\ 3 & 4 & -2 \end{bmatrix}$$

첫째 식에 실수 -3을 곱하여 둘째 식에 더한다. 　　1행에 실수 -3을 곱하여 2행에 더한다.

$$\begin{cases} x + \frac{1}{2}y = 1 \\ \frac{5}{2}y = -5 \end{cases} \qquad \begin{bmatrix} 1 & \frac{1}{2} & 1 \\ 0 & \frac{5}{2} & -5 \end{bmatrix}$$

둘째 식에 실수 $\frac{2}{5}$를 곱한다. 　　2행에 실수 $\frac{2}{5}$를 곱한다.

$$\begin{cases} x + \frac{1}{2}y = 1 \\ y = -2 \end{cases} \qquad \begin{bmatrix} 1 & \frac{1}{2} & 1 \\ 0 & 1 & -2 \end{bmatrix}$$

둘째 식에 실수 $-\frac{1}{2}$을 곱하여 첫째 식에 더한다. 　　2행에 실수 $-\frac{1}{2}$을 곱하여 1행에 더한다.

$$\begin{cases} x = 2 \\ y = -2 \end{cases} \qquad \begin{bmatrix} 1 & 0 & 2 \\ 0 & 1 & -2 \end{bmatrix}$$

따라서 방정식의 해는 $x = 2$, $y = -2$이다. ■

정의 1.15 행렬의 한 행(row) 성분이 전부 0이 아닌 경우, 그 행의 가장 왼쪽의 0이 아닌 성분을 **선행성분(leading entry)**이라 한다.

정의 1.16 다음 조건 (a), (b), (c), (d)를 모두 만족하는 행렬을 **기약행사다리꼴(reduced row echelon form)** 행렬이라 한다.

(a) 모든 원소가 0인 행은 행렬의 가장 아래쪽에 위치한다.

(b) 각 행의 선행성분은 항상 1이다.

(c) 적어도 하나 이상 0이 아닌 원소가 있는 2개의 연속되는 행에서 아래 행의 선행성분 1은 위 행의 선행성분 1보다 더 오른쪽에 위치한다.

(d) 행의 선행성분 1을 갖는 각 열에서 선행성분을 제외한 나머지 성분

들은 모두 0이다.

(a), (b), (c)만을 만족하는 행렬을 행사다리꼴(row echelon form) 행렬이라 한다.

다음 행렬 A, B, C, D는 기약행사다리꼴 행렬이다.

$$A=\begin{bmatrix}1&0&0&5\\0&0&1&0\end{bmatrix},\quad B=\begin{bmatrix}0&0\\0&0\end{bmatrix},\quad C=\begin{bmatrix}1&0&0&7\\0&1&0&0\\0&0&1&1\end{bmatrix},\quad D=\begin{bmatrix}1&0\\0&1\\0&0\end{bmatrix}$$

행렬 E, F, G는 행사다리꼴 행렬이다.

$$E=\begin{bmatrix}1&0&-1&6\\0&1&3&2\\0&0&0&1\\0&0&0&0\end{bmatrix},\quad F=\begin{bmatrix}1&5&-1&6\\0&1&3&0\\0&0&1&7\end{bmatrix},\quad G=\begin{bmatrix}1&0&1&0&0\\0&0&1&0&6\\0&0&0&1&0\\0&0&0&0&1\end{bmatrix}$$

행렬 H, I, J는 기약행사다리꼴 행렬도 행사다리꼴 행렬도 아니다.

$$H=\begin{bmatrix}1&0&0\\0&1&0\\-4&0&1\end{bmatrix},\quad I=\begin{bmatrix}0&0&1&0\\0&1&0&0\\0&0&0&1\end{bmatrix},\quad J=\begin{bmatrix}0&1&0&0\\0&0&0&0\\0&0&1&0\end{bmatrix}$$

예제 15 다음 행렬의 기약행사다리꼴 행렬을 구하여라.

$$A=\begin{bmatrix}2&6&-4&2&4\\1&0&1&1&5\\-3&2&-2&0&-2\end{bmatrix}$$

풀이 행렬 A의 1행에 실수 $\frac{1}{2}$을 곱하여 A_1을 얻는다.

$$A_1=\begin{bmatrix}1&3&-2&1&2\\1&0&1&1&5\\-3&2&-2&0&-2\end{bmatrix}$$

행렬 A_1의 1행에 실수 -1을 곱하여 2행에 더하여 A_2를 얻는다.

$$A_2=\begin{bmatrix}1&3&-2&1&2\\0&-3&3&0&3\\-3&2&-2&0&-2\end{bmatrix}$$

행렬 A_2의 1행에 실수 3을 곱하여 3행에 더하여 A_3를 얻는다.

$$A_3 = \begin{bmatrix} 1 & 3 & -2 & 1 & 2 \\ 0 & -3 & 3 & 0 & 3 \\ 0 & 11 & -8 & 3 & 4 \end{bmatrix}$$

행렬 A_3의 2행에 실수 $-\dfrac{1}{3}$을 곱하여 A_4를 얻는다.

$$A_4 = \begin{bmatrix} 1 & 3 & -2 & 1 & 2 \\ 0 & 1 & -1 & 0 & -1 \\ 0 & 11 & -8 & 3 & 4 \end{bmatrix}$$

행렬 A_4의 2행에 실수 -3을 곱하여 1행에 더하여 A_5를 얻는다.

$$A_5 = \begin{bmatrix} 1 & 0 & 1 & 1 & 5 \\ 0 & 1 & -1 & 0 & -1 \\ 0 & 11 & -8 & 3 & 4 \end{bmatrix}$$

행렬 A_5의 2행에 실수 -11을 곱하여 3행에 더하여 A_6를 얻는다.

$$A_6 = \begin{bmatrix} 1 & 0 & 1 & 1 & 5 \\ 0 & 1 & -1 & 0 & -1 \\ 0 & 0 & 3 & 3 & 15 \end{bmatrix}$$

행렬 A_6의 3행에 실수 $\dfrac{1}{3}$을 곱하여 A_7를 얻는다.

$$A_7 = \begin{bmatrix} 1 & 0 & 1 & 1 & 5 \\ 0 & 1 & -1 & 0 & -1 \\ 0 & 0 & 1 & 1 & 5 \end{bmatrix}$$

행렬 A_7의 3행에 실수 -1을 곱하여 1행에 더하여 A_8을 얻는다.

$$A_8 = \begin{bmatrix} 1 & 0 & 0 & 0 & 0 \\ 0 & 1 & -1 & 0 & -1 \\ 0 & 0 & 1 & 1 & 5 \end{bmatrix}$$

행렬 A_8의 3행에 실수 1을 곱하여 2행에 더하여 A_9을 얻는다.

$$A_9 = \begin{bmatrix} 1 & 0 & 0 & 0 & 0 \\ 0 & 1 & 0 & 1 & 4 \\ 0 & 0 & 1 & 1 & 5 \end{bmatrix}$$

행렬 A_9이 주어진 행렬 A의 기약행사다리꼴 행렬이다. ■

임의의 행렬에 기본행연산을 유한번 시행하여 행사다리꼴 행렬로 변형하는 방법을 Gauss 소거법(Gauss elimination)이라 하고, 기약행사다리꼴 행렬로 변형하는 방법을 Gauss-Jordan 소거법(Gauss-Jordan elimination)이라 한다.

예제 16 다음 연립방정식의 해를 Gauss-Jordan 소거법으로 구하여라.

$$\begin{cases} x - 3y + 2z + 5u = 1 \\ 2x + 3y - 4z + 10u = 3 \\ -6x - 8z = -5 \\ 6y - 8z - 5u = -1 \end{cases}$$

풀이 주어진 연립방정식의 확대행렬은 다음과 같다.

$$A = \begin{bmatrix} 1 & -3 & 2 & 5 & 1 \\ 2 & 3 & -4 & 10 & 3 \\ -6 & 0 & -8 & 0 & -5 \\ 0 & 6 & -8 & -5 & -1 \end{bmatrix}$$

행렬 A의 1행에 실수 -2를 곱하여 2행에 더하고, 1행에 실수 6을 곱하여 3행에 더하여 A_1을 얻는다.

$$A_1 = \begin{bmatrix} 1 & -3 & 2 & 5 & 1 \\ 0 & 9 & -8 & 0 & 1 \\ 0 & -18 & 4 & 30 & 1 \\ 0 & 6 & -8 & -5 & -1 \end{bmatrix}$$

행렬 A_1의 2행에 실수 $\frac{1}{9}$을 곱하여 A_2를 얻는다.

$$A_2 = \begin{bmatrix} 1 & -3 & 2 & 5 & 1 \\ 0 & 1 & -\frac{8}{9} & 0 & \frac{1}{9} \\ 0 & -18 & 4 & 30 & 1 \\ 0 & 6 & -8 & -5 & -1 \end{bmatrix}$$

행렬 A_2의 2행에 실수 18을 곱하여 3행에 더하고, 2행에 실수 -6을 곱하여 4행에 더하여 A_3를 얻는다.

$$A_3 = \begin{bmatrix} 1 & -3 & 2 & 5 & 1 \\ 0 & 1 & -\frac{8}{9} & 0 & \frac{1}{9} \\ 0 & 0 & -12 & 30 & 3 \\ 0 & 0 & -\frac{8}{3} & -5 & -\frac{5}{3} \end{bmatrix}$$

행렬 A_3의 3행에 실수 $-\frac{1}{12}$을 곱하여 A_4를 얻는다.

$$A_4 = \begin{bmatrix} 1 & -3 & 2 & 5 & 1 \\ 0 & 1 & -\frac{8}{9} & 0 & \frac{1}{9} \\ 0 & 0 & 1 & -\frac{5}{2} & -\frac{1}{4} \\ 0 & 0 & -\frac{8}{3} & -5 & -\frac{5}{3} \end{bmatrix}$$

행렬 A_4의 3행에 실수 $\frac{8}{3}$을 곱하여 4행에 더하여 A_5를 얻는다.

$$A_5 = \begin{bmatrix} 1 & -3 & 2 & 5 & 1 \\ 0 & 1 & -\frac{8}{9} & 0 & \frac{1}{9} \\ 0 & 0 & 1 & -\frac{5}{2} & -\frac{1}{4} \\ 0 & 0 & 0 & -\frac{35}{3} & -\frac{7}{3} \end{bmatrix}$$

행렬 A_5의 4행에 실수 $-\frac{3}{35}$을 곱하여 A_6를 얻는다.

$$A_6 = \begin{bmatrix} 1 & -3 & 2 & 5 & 1 \\ 0 & 1 & -\frac{8}{9} & 0 & \frac{1}{9} \\ 0 & 0 & 1 & -\frac{5}{2} & -\frac{1}{4} \\ 0 & 0 & 0 & 1 & \frac{1}{5} \end{bmatrix}$$

행렬 A_6의 2행에 실수 3을 곱하여 1행에 더하여 A_7을 얻는다.

$$A_7 = \begin{bmatrix} 1 & 0 & -\frac{2}{3} & 5 & \frac{4}{3} \\ 0 & 1 & -\frac{8}{9} & 0 & \frac{1}{9} \\ 0 & 0 & 1 & -\frac{5}{2} & -\frac{1}{4} \\ 0 & 0 & 0 & 1 & \frac{1}{5} \end{bmatrix}$$

행렬 A_7의 3행에 실수 $\frac{2}{3}$를 곱하여 1행에 더하고, 3행에 실수 $\frac{8}{9}$을 곱하여 2행에 더하여 A_8을 얻는다.

$$A_8 = \begin{bmatrix} 1 & 0 & 0 & \frac{10}{3} & \frac{7}{6} \\ 0 & 1 & 0 & -\frac{20}{9} & -\frac{1}{9} \\ 0 & 0 & 1 & -\frac{5}{2} & -\frac{1}{4} \\ 0 & 0 & 0 & 1 & \frac{1}{5} \end{bmatrix}$$

행렬 A_8의 4행에 실수 $-\frac{10}{3}$을 곱하여 1행에 더하고, 4행에 실수 $\frac{20}{9}$을 곱하여 2행에 더하고, 4행에 실수 $\frac{5}{2}$를 곱하여 3행에 더하여 A_9을 얻는다.

$$A_9 = \begin{bmatrix} 1 & 0 & 0 & 0 & \frac{1}{2} \\ 0 & 1 & 0 & 0 & \frac{1}{3} \\ 0 & 0 & 1 & 0 & \frac{1}{4} \\ 0 & 0 & 0 & 1 & \frac{1}{5} \end{bmatrix}$$

행렬 A_9이 주어진 확대행렬 A의 기약행사다리꼴 행렬이다. 따라서 연립방정식의 해는 다음과 같다.

$$x = \frac{1}{2},\ y = \frac{1}{3},\ z = \frac{1}{4},\ u = \frac{1}{5}$$ ■

연립1차방정식에서 상수행렬의 원소가 모두 0이면 **동차연립1차방정식**(homogeneous system of linear equations 또는 **제차연립1차방정식**)이라 한다.

$$\begin{aligned} a_{11}x_1 + a_{12}x_2 + \cdots + a_{1n}x_n &= 0 \\ a_{21}x_1 + a_{22}x_2 + \cdots + a_{2n}x_n &= 0 \\ \vdots \qquad \vdots \qquad \cdots \qquad \vdots \quad &\ \ \vdots \\ a_{m1}x_1 + a_{m2}x_2 + \cdots + a_{mn}x_n &= 0 \end{aligned}$$

동차연립1차방정식에서 $x_1 = 0,\ x_2 = 0,\ \cdots,\ x_n = 0$은 항상 방정식을 만족하는 해이므로, 이러한 해를 **자명해**(trivial solution)라 한다. 이외의 다른 해가 존재하면 그것을 **비자명해**(nontrivial solution)라 한다.

예제 17 다음 동차연립1차방정식의 해를 Gauss-Jordan 소거법으로 구하여라.

$$\begin{cases} x + 2y - z = 0 \\ 3x + 4y + 3z = 0 \end{cases}$$

풀이 주어진 동차연립1차방정식의 확대행렬은 다음과 같다.

$$\begin{bmatrix} 1 & 2 & -1 & 0 \\ 3 & 4 & 3 & 0 \end{bmatrix}$$

이 확대행렬을 기약행사다리꼴 행렬로 바꾸면

$$\begin{bmatrix} 1 & 0 & 5 & 0 \\ 0 & 1 & -3 & 0 \end{bmatrix}$$

이 되므로, 이것에 대응되는 동차연립1차방정식은

$$\begin{cases} x + \quad 5z = 0 \\ \quad y - 3z = 0 \end{cases}$$

이다. 이것을 풀면

$$x = -5z, \qquad y = 3z$$

이다. 따라서 구하는 해집합은 임의의 실수 s에 대하여 $x = -5s$, $y = 3s$, $z = s$이다. ■

일반적으로 m개의 방정식과 n개의 미지수를 갖는 연립1차방정식에서 방정식의 수보다 미지수의 수가 더 많은 경우($m < n$)의 해를 생각해보자. 편의상 미지수를 x_1, x_2, $\cdots$, x_n이라 하자. 미지수 x_1을 소거하여 $(n-1)$개의 미지수를 포함하는 $(m-1)$개의 방정식을 얻고, 다시 미지수 x_2를 소거하여 $(n-2)$개의 미지수를 포함하는 $(m-2)$개의 방정식을 얻는다. 이와 같은 방법으로 $(n-m+1)$개의 미지수를 갖는 방정식을 얻는다. 마지막 얻은 식으로부터 하나의 변수를 제외한 나머지 모두의 변수에 임의의 값을 줄 수 있으므로 무한개의 비자명해를 가진다. 따라서 다음 정리를 얻는다.

정리 1.17 연립1차방정식에서 방정식의 수보다 미지수의 수가 더 많으면 항상 무한개의 해가 존재한다.

연습문제 1.3

1 다음 행렬이 기약행사다리꼴인지, 행사다리꼴인지 또는 어떤 꼴도 아닌지를 구분하여라.

$$A = \begin{bmatrix} 1 & 0 & 0 & 5 \\ 0 & 1 & 0 & 0 \\ 0 & 0 & 1 & 0 \end{bmatrix}, \quad B = \begin{bmatrix} 1 & 0 & 0 & 8 \\ 0 & 0 & 1 & 2 \\ 0 & 1 & 0 & 0 \end{bmatrix}, \quad C = \begin{bmatrix} 1 & 4 & 0 & 0 & 7 \\ 0 & 1 & 0 & -3 & 0 \\ 0 & 0 & 0 & 1 & 1 \end{bmatrix},$$

$$D = \begin{bmatrix} 1 & 0 & 0 & -9 \\ 0 & 0 & 0 & 0 \\ 0 & 0 & 1 & 4 \end{bmatrix}, \quad E = \begin{bmatrix} 1 & 0 & -1 & 0 \\ 0 & 1 & 3 & 0 \\ 0 & 0 & 0 & 0 \\ 0 & 0 & 0 & 1 \end{bmatrix}, \quad F = \begin{bmatrix} 1 & 5 & -1 & 6 \\ 0 & 1 & 3 & 0 \\ 0 & 0 & 1 & 7 \\ 0 & 0 & 0 & 0 \end{bmatrix},$$

$$G = \begin{bmatrix} 1 & 0 & 0 & 0 & 9 \\ 0 & 1 & 0 & 0 & 6 \\ 0 & 0 & 0 & 1 & 1 \\ 0 & 0 & 0 & 0 & 0 \\ 0 & 0 & 0 & 0 & 0 \end{bmatrix}, \quad H = \begin{bmatrix} 1 & 0 & 0 \\ 0 & 1 & 0 \\ -4 & 0 & 1 \end{bmatrix}, \quad I = \begin{bmatrix} 1 & 0 & 4 & 0 \\ 0 & 1 & 0 & 3 \\ 0 & 0 & 1 & 0 \\ 0 & 0 & 0 & 1 \end{bmatrix}$$

2 다음 행렬에 대하여 기약행사다리꼴 및 행사다리꼴을 구하여라.

(1) $\begin{bmatrix} 1 & 2 & 3 & 1 \\ 3 & 2 & 1 & 1 \\ 0 & 2 & 4 & 1 \end{bmatrix}$ (2) $\begin{bmatrix} 1 & -2 & 0 & 3 & -4 \\ 3 & 2 & 8 & 1 & 4 \\ 2 & 3 & 7 & 2 & 3 \end{bmatrix}$

3 다음 연립1차방정식을 Gauss-Jordan 소거법으로 풀어라.

(1) $\begin{cases} x + y - 2z = -3 \\ -2x + 3y + z = 7 \\ 4x - 5y + 6z = 12 \end{cases}$ (2) $\begin{cases} x + 2y = 10 \\ x + y = -4 \\ 3x + 5y = 16 \end{cases}$

(3) $\begin{cases} x + 2y + 3z = 9 \\ 2x - y + z = 8 \\ 3x - z = 3 \end{cases}$ (4) $\begin{cases} x + y + 2z + u = 5 \\ 2x + 3y - z - 2u = 2 \\ 4x + 5y + 3z = 7 \end{cases}$

4 문제 3에서 주어진 연립1차방정식을 Gauss 소거법으로 풀어라.

5 다음 연립방정식이 자명해만 가지도록 하는 실수 a의 값을 결정하여라.

$$x_1 - 2x_2 = ax_1$$
$$x_1 - x_2 = ax_2$$

1.4 기본행렬과 역행렬

1.2절 예제 10에서 일반적인 2×2 행렬 A가 가역일 때

$$A = \begin{bmatrix} a & b \\ c & d \end{bmatrix} \quad (\text{단, } ad - bc \neq 0)$$

의 역행렬 A^{-1}를 구하기 위해

$$AB = \begin{bmatrix} a & b \\ c & d \end{bmatrix} \begin{bmatrix} x & y \\ z & u \end{bmatrix} = \begin{bmatrix} 1 & 0 \\ 0 & 1 \end{bmatrix} = I$$

을 만족하는 미지수 x, y, z, u에 대한 연립방정식을 풀어 역행렬을 구했다.

만약 3차 이상의 정사각행렬의 역행렬을 같은 방법으로 구한다면 9개 이상의 미지수를 갖는 연립방정식을 풀어야 하므로 매우 복잡할 것이다. 이 절에서는 기본행렬을 정의하고 기본행렬을 이용하여 가역행렬의 역행렬을 구하는 다른 방법을 살펴본다.

먼저 1.3절에서 정의된 다음과 같은 세 가지 기본행(또는 기본열)연산을 다시 학습하도록 하자.

(a) 행렬의 두 행(또는 열)을 서로 교환한다.

(b) 행렬의 한 행(또는 열)에 0이 아닌 실수를 곱한다.

(c) 행렬의 한 행(또는 열)에 0이 아닌 실수를 곱하여 다른 행(또는 열)에 더한다.

정의 1.18 n차 단위행렬 I_n에 기본행연산(또는 기본열연산)을 한 번 시행하여 얻은 행렬을 **기본행렬**(elementary matrix)이라 한다.

다음 행렬 A, B, C는 단위행렬에 기본행연산을 시행하여 얻은 기본행렬의 예이다.

$$A = \begin{bmatrix} 1 & 0 & 0 \\ 0 & -2 & 0 \\ 0 & 0 & 1 \end{bmatrix}, \quad B = \begin{bmatrix} 1 & 0 & 0 \\ 0 & 1 & 0 \\ -4 & 0 & 1 \end{bmatrix}, \quad C = \begin{bmatrix} 1 & 0 & 0 & 0 \\ 0 & 0 & 1 & 0 \\ 0 & 1 & 0 & 0 \\ 0 & 0 & 0 & 1 \end{bmatrix}$$

행렬 A는 단위행렬 I_3의 2행에 실수 -2를 곱하여 얻은 행렬이다. 행렬 B는 단위행렬 I_3의 1행에 실수 -4를 곱하여 3행에 더하여 얻은 행렬이다. 행렬 C는 단위행렬 I_4의 2행과 3행을 서로 교환하여 얻은 행렬이다.

예를 들면 행렬

$$E=\begin{bmatrix}1&0&0\\0&0&1\\0&1&0\end{bmatrix},\qquad A=\begin{bmatrix}a_{11}&a_{12}&a_{13}\\a_{21}&a_{22}&a_{23}\\a_{31}&a_{32}&a_{33}\end{bmatrix}$$

라 하자. 행렬 E는 단위행렬 I_3의 2행과 3행을 교환하여 얻은 기본행렬이다. 그리고 두 행렬의 곱은 다음과 같다.

$$EA=\begin{bmatrix}1&0&0\\0&0&1\\0&1&0\end{bmatrix}\begin{bmatrix}a_{11}&a_{12}&a_{13}\\a_{21}&a_{22}&a_{23}\\a_{31}&a_{32}&a_{33}\end{bmatrix}=\begin{bmatrix}a_{11}&a_{12}&a_{13}\\a_{31}&a_{32}&a_{33}\\a_{21}&a_{22}&a_{23}\end{bmatrix}$$

여기서 기본행렬 E를 행렬 A의 좌측에 곱한 EA는 행렬 A의 2행과 3행을 서로 교환한 행렬과 같음을 알 수 있다.

일반적으로 행렬 A의 좌측에 기본행렬 E를 곱하여 얻은 행렬 EA는 I로부터 E를 얻기 위하여 시행한 기본행연산을 행렬 A에 연산을 시행하여 얻은 것과 같다. 다음 정리는 이에 대한 결과로 증명 없이 서술한다.

정리 1.19 m차 단위행렬 I_m에 기본행연산을 시행하여 얻은 기본행렬 E와 $m\times n$ 행렬 A에 대한 두 행렬의 곱 EA는 I_m에 시행한 기본행연산을 A에 시행하여 얻은 행렬과 같다.

단위행렬 I에 기본행연산을 시행하여 기본행렬 E를 얻었다면 역으로 E에 기본행연산을 시행하여 단위행렬 I를 다시 구할 수 있다. 이를테면 E가 I의 i행에 0이 아닌 상수 c를 곱하여 얻어진 행렬이면, 역으로 E의 i행에 $\frac{1}{c}$을 곱함으로써 다시 I를 얻는다.

I에서 E를 만드는 기본행연산	E에서 I를 만드는 기본행연산
i행에 $c(\neq 0)$를 곱한다.	i행에 $\frac{1}{c}(c\neq 0)$을 곱한다.
i행과 j행을 바꾼다.	i행과 j행을 바꾼다.
i행을 c배하여 j행에 더한다.	i행을 $-c$배하여 j행에 더한다.

위 표에서 우측의 기본행연산을 좌측의 기본행연산에 대응하는 역연산(inverse operation)이라 한다.

정리 1.20 모든 기본행렬은 가역이고, 그 역행렬도 기본행렬이다.

증명 단위행렬 I에 기본행연산을 시행하여 얻은 기본행렬을 E라 하고, E_0를 I에 그 역연산하여 얻은 행렬이라 하자. E_0는 기본행연산에 의해 얻어진 기본행렬이고, $E_0 E = I$, $EE_0 = I$이다. 따라서 E_0는 E의 역행렬이고 기본행렬이다. ■

정의 1.21 기본행연산을 유한번 시행하여 행렬 A에서 행렬 B를 얻었을 때, 두 행렬 A와 B는 **행동치**(row equivalent)라 한다.

정리 1.22 행렬 A가 n차 정사각행렬일 때 다음은 서로 동치이다.

(a) 행렬 A는 가역이다.

(b) 동차연립1차방정식 $AX = O$는 오직 자명해만을 가진다.

(c) 행렬 A는 n차 단위행렬 I_n과 행동치이다.

증명 (a) ⇒ (b) 행렬 A가 가역이면 역행렬 A^{-1}가 존재하므로

$$X = IX = (A^{-1}A)X = A^{-1}(AX) = A^{-1}O = O$$

이다. 따라서 $AX = O$는 오직 자명해 $X = O$만을 가진다.

(b) ⇒ (c) 행렬로 표현된 $AX = O$를 다음과 같이 연립방정식으로 나타낸다.

$$\begin{array}{ccccccc} a_{11}x_1 &+& a_{12}x_2 &+ \cdots +& a_{1n}x_n &=& 0 \\ a_{21}x_1 &+& a_{22}x_2 &+ \cdots +& a_{2n}x_n &=& 0 \\ \vdots & & \vdots & & \vdots & & \vdots \\ a_{n1}x_1 &+& a_{n2}x_2 &+ \cdots +& a_{nn}x_n &=& 0 \end{array}$$

이 연립방정식은 오직 자명해만을 가지므로, 이 연립방정식의 확대행렬 $[A \mid O]$를 기약행사다리꼴 행렬 $[I_n \mid O]$로 변형하면 다음과 같다.

$$[A \mid O] = \begin{bmatrix} a_{11} & a_{12} & \cdots & a_{1n} & 0 \\ a_{21} & a_{22} & \cdots & a_{2n} & 0 \\ \vdots & \vdots & & \vdots & \vdots \\ a_{n1} & a_{n2} & \cdots & a_{nn} & 0 \end{bmatrix}, \quad [I_n \mid O] = \begin{bmatrix} 1 & 0 & \cdots & 0 & 0 \\ 0 & 1 & \cdots & 0 & 0 \\ \vdots & \vdots & & \vdots & \vdots \\ 0 & 0 & \cdots & 1 & 0 \end{bmatrix}$$

두 행렬 $[A \mid O]$, $[I_n \mid O]$가 행동치이므로 A와 I_n은 행동치가 된다.

(c) ⇒ (a) 행렬 A와 I_n은 행동치이므로 A는 유한번의 기본행연산을 시행하여 I_n으로 변형할 수 있다. 즉

$$E_k \cdots E_2 E_1 A = I_n$$

을 만족하는 기본행렬 E_1, E_2, $\cdots$, E_k가 존재한다. 정리 1.20에 의해 모든 기본행렬은 가역이므로 E_1^{-1}, E_2^{-1}, $\cdots$, E_k^{-1}가 존재하고

$$A = E_1^{-1} E_2^{-1} \cdots E_k^{-1} I_n = E_1^{-1} E_2^{-1} \cdots E_k^{-1}$$

이다. 그리고

$$A E_k \cdots E_2 E_1 = E_1^{-1} E_2^{-1} \cdots E_k^{-1} E_k \cdots E_2 E_1 = I_n$$

이므로 행렬 A는 가역이다. ■

정리 1.22의 (c) ⇒ (a) 증명과정을 활용하여 $n \times n$ 행렬 A가 역행렬을 갖는다면 A^{-1}를 구해보자. $n \times 2n$ 행렬 $[A \mid I_n]$에 유한번의 기본행연산을 시행하여 $[I_n \mid B]$를 얻으면 구하고자 하는 역행렬 $A^{-1} = B$이다. 만약 유한번의 기본행연산을 시행하여도 $[I_n \mid B]$를 얻을 수 없으면 A의 역행렬은 존재하지 않는다.

예제 18 행렬 A, B의 역행렬을 기본행연산을 이용하여 구하여라.

$$A = \begin{bmatrix} 2 & 1 \\ 3 & 4 \end{bmatrix}, \qquad B = \begin{bmatrix} 1 & 1 & 2 \\ 0 & 1 & 3 \\ 1 & -1 & 0 \end{bmatrix}$$

풀이 기본행연산을 이용하여 역행렬 A^{-1}를 구하기 위해

$$[A \mid I] = \begin{bmatrix} 2 & 1 & 1 & 0 \\ 3 & 4 & 0 & 1 \end{bmatrix}$$

라 놓자.

행렬 $[A \mid I]$에서 1행에 $\frac{1}{2}$을 곱하여 A_1을 얻는다.

$$A_1 = \begin{bmatrix} 1 & \frac{1}{2} & \frac{1}{2} & 0 \\ 3 & 4 & 0 & 1 \end{bmatrix}$$

행렬 A_1에서 1행에 -3을 곱하여 2행에 더하여 A_2를 얻는다.

$$A_2 = \begin{bmatrix} 1 & \frac{1}{2} & \frac{1}{2} & 0 \\ 0 & \frac{5}{2} & -\frac{3}{2} & 1 \end{bmatrix}$$

행렬 A_2에서 2행에 실수 $\frac{2}{5}$를 곱하여 A_3를 얻는다.

$$A_3 = \begin{bmatrix} 1 & \frac{1}{2} & \frac{1}{2} & 0 \\ 0 & 1 & -\frac{3}{5} & \frac{2}{5} \end{bmatrix}$$

행렬 A_3에서 2행에 $-\frac{1}{2}$을 곱하여 1행에 더하여 $[I \mid A^{-1}]$을 얻는다.

$$[I \mid A^{-1}] = \begin{bmatrix} 1 & 0 & \frac{4}{5} & -\frac{1}{5} \\ 0 & 1 & -\frac{3}{5} & \frac{2}{5} \end{bmatrix}$$

따라서 A^{-1}은 구하려는 A의 역행렬이다.

$$A^{-1} = \begin{bmatrix} \frac{4}{5} & -\frac{1}{5} \\ -\frac{3}{5} & \frac{2}{5} \end{bmatrix}$$

기본행연산을 이용하여 역행렬 B^{-1}를 구하기 위해

$$[B \mid I] = \begin{bmatrix} 1 & 1 & 2 & 1 & 0 & 0 \\ 0 & 1 & 3 & 0 & 1 & 0 \\ 1 & -1 & 0 & 0 & 0 & 1 \end{bmatrix}$$

라 놓자.

행렬 $[B \mid I]$에서 1행에 -1을 곱하여 3행에 더하여 B_1을 얻는다.

$$B_1 = \begin{bmatrix} 1 & 1 & 2 & 1 & 0 & 0 \\ 0 & 1 & 3 & 0 & 1 & 0 \\ 0 & -2 & -2 & -1 & 0 & 1 \end{bmatrix}$$

행렬 B_1에서 2행에 -1을 곱하여 1행에 더하고, 2행에 2를 곱하여 3행에 더하여 B_2를 얻는다.

$$B_2 = \begin{bmatrix} 1 & 0 & -1 & 1 & -1 & 0 \\ 0 & 1 & 3 & 0 & 1 & 0 \\ 0 & 0 & 4 & -1 & 2 & 1 \end{bmatrix}$$

행렬 B_2에서 3행에 실수 $\frac{1}{4}$을 곱하여 B_3를 얻는다.

$$B_3 = \begin{bmatrix} 1 & 0 & -1 & 1 & -1 & 0 \\ 0 & 1 & 3 & 0 & 1 & 0 \\ 0 & 0 & 1 & -\frac{1}{4} & \frac{2}{4} & \frac{1}{4} \end{bmatrix}$$

행렬 B_3에서 3행에 1을 곱하여 1행에 더하여 B_4를 얻는다.

$$B_4 = \begin{bmatrix} 1 & 0 & 0 & \frac{3}{4} & -\frac{1}{2} & \frac{1}{4} \\ 0 & 1 & 3 & 0 & 1 & 0 \\ 0 & 0 & 1 & -\frac{1}{4} & \frac{1}{2} & \frac{1}{4} \end{bmatrix}$$

행렬 B_4에서 3행에 실수 -3을 곱하여 2행에 더하여 $[I \mid B^{-1}]$을 얻는다.

$$[I \mid B^{-1}] = \begin{bmatrix} 1 & 0 & 0 & \frac{3}{4} & -\frac{1}{2} & \frac{1}{4} \\ 0 & 1 & 0 & \frac{3}{4} & -\frac{1}{2} & -\frac{3}{4} \\ 0 & 0 & 1 & -\frac{1}{4} & \frac{1}{2} & \frac{1}{4} \end{bmatrix}$$

따라서

$$B^{-1} = \begin{bmatrix} \frac{3}{4} & -\frac{1}{2} & \frac{1}{4} \\ \frac{3}{4} & -\frac{1}{2} & -\frac{3}{4} \\ -\frac{1}{4} & \frac{1}{2} & \frac{1}{4} \end{bmatrix}$$

은 구하려는 B의 역행렬이다. ■

연습문제 1.4

1 다음 행렬에서 기본행렬인 것을 찾고 그 이유를 설명하여라.

(1) $\begin{bmatrix} -2 & 0 \\ 0 & -2 \end{bmatrix}$ (2) $\begin{bmatrix} 1 & -4 \\ 0 & 1 \end{bmatrix}$ (3) $\begin{bmatrix} 0 & 0 & 1 \\ 0 & 1 & 0 \\ 1 & 0 & 0 \end{bmatrix}$

(4) $\begin{bmatrix} 0 & 1 & 0 \\ 0 & 0 & 1 \\ 1 & 0 & 0 \end{bmatrix}$ (5) $\begin{bmatrix} 1 & 0 & 0 \\ 0 & 1 & 0 \\ -5 & 0 & 1 \end{bmatrix}$ (6) $\begin{bmatrix} 1 & 0 & 0 & 1 \\ 0 & 1 & 0 & 0 \\ 0 & 0 & 1 & 0 \\ 0 & 0 & 0 & 1 \end{bmatrix}$

2 다음 행렬을 기본행렬의 곱으로 나타내어라.

(1) $A = \begin{bmatrix} 0 & 2 \\ 1 & -2 \end{bmatrix}$ (2) $B = \begin{bmatrix} 2 & 1 \\ 1 & 3 \end{bmatrix}$ (3) $C = \begin{bmatrix} 0 & 1 & 1 \\ 1 & 2 & 3 \\ 2 & 5 & 6 \end{bmatrix}$

3 다음 행렬에 대하여 기본행연산을 이용하여 역행렬을 구하여라.

$$A = \begin{bmatrix} -3 & 5 \\ 2 & -3 \end{bmatrix},\quad B = \begin{bmatrix} 3 & 1 & 0 \\ -2 & 4 & 5 \\ 1 & -2 & 0 \end{bmatrix},\quad C = \begin{bmatrix} 1 & 2 & 3 \\ 0 & 1 & 2 \\ 5 & 0 & -4 \end{bmatrix},$$

$$D = \begin{bmatrix} 4 & 1 \\ 2 & 1 \end{bmatrix},\quad E = \begin{bmatrix} 4 & 1 & 2 & -2 \\ 1 & -1 & 1 & 0 \\ 0 & 0 & -2 & 0 \\ -3 & 8 & 4 & 1 \end{bmatrix},\quad F = \begin{bmatrix} 0 & 1 & 0 & 2 \\ 1 & -1 & -2 & 2 \\ 0 & 1 & 3 & -3 \\ -2 & 2 & 3 & -2 \end{bmatrix}$$

4 행렬 A, B, C에 대하여 $E_1A = B$, $E_2A = C$, $E_3C = A$, $E_4D = B$가 되는 기본행렬 E_1, E_2, E_3, E_4를 구하여라.

$$A = \begin{bmatrix} 1 & 3 & -2 \\ 2 & 0 & 3 \\ 3 & 4 & -1 \end{bmatrix},\quad B = \begin{bmatrix} 3 & 4 & -1 \\ 2 & 0 & 3 \\ 1 & 3 & -2 \end{bmatrix},$$

$$C = \begin{bmatrix} 5 & 3 & 4 \\ 2 & 0 & 3 \\ 3 & 4 & -1 \end{bmatrix},\quad D = \begin{bmatrix} 3 & 4 & -1 \\ 2 & 0 & 3 \\ 10 & 15 & -5 \end{bmatrix}$$

CHAPTER 2

행렬식

CHAPTER 2
행렬식

2.1 행렬식의 정의

집합 $S=\{1,\ 2,\ \cdots,\ n\}$에서 S의 원소가 중복되지 않도록 재배열한 $(j_1\ j_2\ \cdots\ j_n)$을 S의 순열(permutation)이라 한다. 이는 일대일 대응함수 $\sigma : S \to S$로서

$$\sigma = \begin{pmatrix} 1 & 2 & 3 & \cdots & n \\ j_1 & j_2 & j_3 & \cdots & j_n \end{pmatrix}$$

과 같이 나타내기도 한다.

집합 S의 n개 원소 중에서 j_1위치에 n개, j_2위치에 $n-1$개, $\cdots$, j_n위치에 1개의 원소가 오게 되므로 S의 순열의 총 가지 수는 $n \cdot (n-1) \cdot (n-2)\ \cdots\ 2 \cdot 1 = n!$(factorial of n)이다.

집합 S의 순열 $(j_1\ j_2\ \cdots\ j_n)$에 대하여 작은 수 j_s가 큰 수 j_r보다 뒤에 있을 때 이것을 **반전**(inversion)이라 부른다. 반전의 총 개수를 **반전수**(number of inversions)라 한다. 순열의 반전수가 짝수일 때 **우순열**(even permutation)이라 하고, 홀수일 때 **기순열**(odd permutation)이라 한다. 특별히 반전이 한 번도 일어나지 않은 우순열, 즉 $(1,\ 2,\ \cdots,\ n)$을 항등순열이라 한다.

순열 내에서

$$\begin{gathered} j_1\text{보다 작으면서 } j_1\text{보다 뒤에 있는 자연수의 개수} \\ j_2\text{보다 작으면서 } j_2\text{보다 뒤에 있는 자연수의 개수} \\ \vdots \\ j_{n-1}\text{보다 작으면서 } j_{n-1}\text{보다 뒤에 있는 자연수의 개수} \end{gathered}$$

를 시행하여 얻은 개수의 총합이 반전수가 된다.

예제 1 집합 $S=\{1,\ 2,\ 3\}$의 모든 순열의 반전수를 구하고 우순열인지 기순열인지 구하여라.

풀이 집합 S에는 다음의 6개 순열이 있다.

$$(1\,2\,3),\ (1\,3\,2),\ (2\,1\,3),\ (2\,3\,1),\ (3\,1\,2),\ (3\,2\,1)$$

여기서 $(1\,2\,3)$은 반전수가 0이므로 우순열이다.
$(1\,3\,2)$는 반전수가 1이므로 기순열이다.
$(2\,1\,3)$은 반전수가 1이므로 기순열이다.
$(2\,3\,1)$은 반전수가 2이므로 우순열이다.
$(3\,1\,2)$는 반전수가 2이므로 우순열이다.
$(3\,2\,1)$은 반전수가 3이므로 기순열이다. ■

예제 2 집합 $\{1,\ 2,\ 3,\ 4\}$의 순열 $(1\ 4\ 3\ 2)$와 집합 $\{1,\ 2,\ 3,\ 4,\ 5,\ 6\}$의 순열 $(6\ 3\ 1\ 5\ 4\ 2)$의 반전수를 구하여라.

풀이 집합 $\{1,\ 2,\ 3,\ 4\}$에서 순열 $(1\ 4\ 3\ 2)$의 반전수는 $0+2+1=3$이고, 집합 $\{1,\ 2,\ 3,\ 4,\ 5,\ 6\}$에서 순열 $(6\ 3\ 1\ 5\ 4\ 2)$의 반전수는 $5+2+0+2+1=10$이다. ■

정의 2.1 행렬 $A=[a_{ij}]_{n\times n}$이라 하자. 행렬 A의 행렬식(determinant)은 $\det(A)$, $|A|$ 또는 $D(A)$로 나타내며, 집합 $S=\{1,\ 2,\ \cdots,\ n\}$의 모든 순열 $(j_1\ j_2\ \cdots\ j_n)$에 대하여

$$\det(A)=\sum_{(j_1 j_2 \cdots j_n)} (\pm) a_{1j_1} a_{2j_2} \cdots a_{nj_n}$$

으로 정의한다. 여기서 부호 ±는 순열 $(j_1\ j_2\ \cdots\ j_n)$이 우순열이면 +, 기순열이면 −를 취하며, 행과 열에서 각각 하나의 원소를 갖는 임의의 n개 원소의 곱 $a_{1j_1}a_{2j_2}\cdots a_{nj_n}$을 행렬 A의 **기본곱(elementary product from A)**이라 한다.

정의 2.1로부터 행렬식은 부호가 주어진 기본곱의 합으로 구할 수 있음을 알 수 있다.

예제 3 다음 2×2 행렬 A의 행렬식을 구하여라.

$$A=\begin{bmatrix} a_{11} & a_{12} \\ a_{21} & a_{22} \end{bmatrix}$$

풀이 집합 $S=\{1,\ 2\}$에서 가능한 모든 순열은 $(1\ 2)$, $(2\ 1)$이다. $(1\ 2)$는 반전이 없으므로 우순열이고 부호는 $+$이다. $(2\ 1)$은 한 번의 반전이 있으므로 기순열이고 부호는 $-$이다. 따라서

$$\det(A)=\sum_{(j_1 j_2)}(\pm)a_{1j_1}a_{2j_2}=a_{11}a_{22}-a_{12}a_{21}$$

이다. ■

예제 4 다음 3×3 행렬 A의 행렬식을 구하여라.

$$A=\begin{bmatrix} a_{11} & a_{12} & a_{13} \\ a_{21} & a_{22} & a_{23} \\ a_{31} & a_{32} & a_{33} \end{bmatrix}$$

풀이 집합 $S=\{1,\ 2,\ 3\}$에서 가능한 모든 순열은 모두 6개이다. 예제 1에서 $(1\ 2\ 3)$, $(2\ 3\ 1)$, $(3\ 1\ 2)$는 모두 우순열이므로 부호는 $+$이다. 그리고 $(1\ 3\ 2)$, $(2\ 1\ 3)$, $(3\ 2\ 1)$은 모두 기순열이므로 부호는 $-$이다. 따라서

$$\begin{aligned}\det(A)&=\sum_{(j_1 j_2 j_3)}(\pm)a_{1j_1}a_{2j_2}a_{3j_3}\\ &=a_{11}a_{22}a_{33}+a_{12}a_{23}a_{31}+a_{13}a_{21}a_{32}-a_{11}a_{23}a_{32}-a_{12}a_{21}a_{33}-a_{13}a_{22}a_{31}\end{aligned}$$

이다. ■

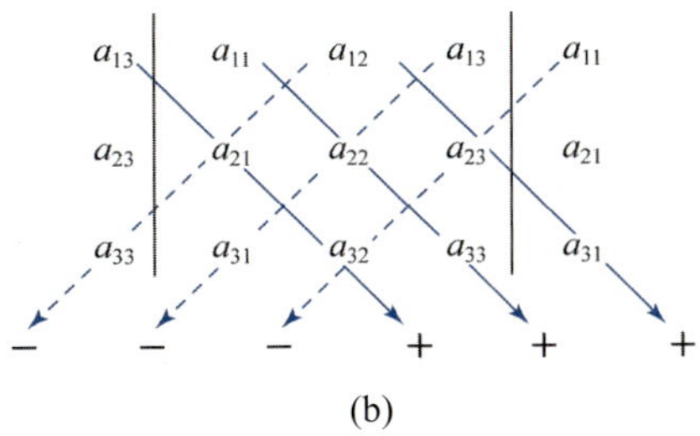

그림 2.1

예제 3, 4의 결과로부터 2×2 행렬[그림 2.1(a)]과 3×3 행렬[그림 2.1(b)]의 행렬식을 구할 때 그림에서처럼 왼쪽 위에서 오른쪽 아래에 있는 대각선(↘) 원소들을 곱할 때 생기는 기본곱의 부호는 +, 오른쪽 위에서 왼쪽 아래에 있는 대각선(↙) 원소들을 곱할 때 생기는 기본곱의 부호는 −를 취해서 합하면 된다. 이 방법을 Sarrus 방법이라 하며, 행렬식을 구할 때 이 방법을 기억하여 사용하면 편리하다.

예제 5 다음 행렬의 행렬식을 구하여라.

(1) $\begin{bmatrix} 1 & 2 \\ 3 & 4 \end{bmatrix}$ (2) $\begin{bmatrix} 1 & 2 & 3 \\ 4 & 5 & 6 \\ 7 & 8 & 9 \end{bmatrix}$ (3) $\begin{bmatrix} 1 & 2 & 3 \\ 0 & 4 & 5 \\ 0 & 0 & 6 \end{bmatrix}$ (4) $\begin{bmatrix} 1 & 0 & 0 \\ 2 & 3 & 0 \\ 4 & 5 & 6 \end{bmatrix}$

풀이 (1) $\begin{vmatrix} 1 & 2 \\ 3 & 4 \end{vmatrix} = (1)(4) - (2)(3) = -2$

(2) $\begin{vmatrix} 1 & 2 & 3 \\ 4 & 5 & 6 \\ 7 & 8 & 9 \end{vmatrix} = (1)(5)(9) + (4)(8)(3) + (7)(2)(6)$

$- (3)(5)(7) - (6)(8)(1) - (9)(2)(4) = 0$

(3) $\begin{vmatrix} 1 & 2 & 3 \\ 0 & 4 & 5 \\ 0 & 0 & 6 \end{vmatrix} = (1)(4)(6) + (3)(0)(0) + (2)(5)(0)$

$- (3)(4)(0) - (1)(5)(0) - (2)(0)(6) = 24$

(4) $\begin{vmatrix} 1 & 0 & 0 \\ 2 & 3 & 0 \\ 4 & 5 & 6 \end{vmatrix} = (1)(3)(6) + (0)(0)(4) + (0)(2)(5)$

$- (0)(3)(4) - (1)(0)(5) - (0)(2)(6) = 18$ ■

예제 5의 (3)과 같이 정사각행렬의 주대각원소 아래의 모든 원소가 0인 행렬을 상삼각행렬(upper triangular matrix)이라 하고, 예제 5의 (4)와 같이 정사각행렬의 주대각원소 위의 모든 원소가 0인 행렬을 하삼각행렬(lower triangular matrix)이라 한다. 상삼각행렬이나 하삼각행렬을 삼각행렬(triangular matrix)이라 한다.

n차 삼각행렬 A는 주대각원소를 제외한 원소를 포함하는 기본곱이 항상 0을 포함하고 있으므로 그 값이 0이고, 정의 2.1에 의하여 행렬식 $\det(A) = a_{11}a_{22} \cdots a_{nn}$으로 주어진다.

연습문제 2.1

1 집합 $S = \{1, 2, 3, 4\}$에 대한 다음 순열이 우순열인지 기순열인지를 밝혀라.

$$(1\ 2\ 3\ 4),\quad (1\ 3\ 4\ 2),\quad (1\ 4\ 3\ 2),\quad (2\ 3\ 1\ 4),\quad (2\ 4\ 1\ 3),$$
$$(3\ 2\ 4\ 1),\quad (3\ 4\ 1\ 2),\quad (4\ 1\ 3\ 2),\quad (4\ 2\ 1\ 3),\quad (4\ 3\ 2\ 1)$$

2 집합 $S = \{1, 2, 3, 4, 5\}$에 대한 다음 순열의 반전수를 구하여라.

$$(5\ 4\ 3\ 2\ 1),\quad (4\ 1\ 5\ 2\ 3),\quad (3\ 4\ 1\ 5\ 2),\quad (2\ 1\ 3\ 4\ 5),\quad (1\ 3\ 5\ 2\ 4)$$
$$(5\ 3\ 1\ 4\ 2),\quad (4\ 3\ 1\ 5\ 2),\quad (3\ 2\ 1\ 5\ 4),\quad (2\ 4\ 3\ 5\ 1),\quad (1\ 5\ 3\ 4\ 2)$$

3 다음 행렬식을 구하여라.

$$\begin{vmatrix} -1 & 2 \\ 3 & 4 \end{vmatrix},\quad \begin{vmatrix} -1 & -2 & 2 \\ -3 & 2 & -5 \\ 0 & 1 & 1 \end{vmatrix},\quad \begin{vmatrix} -1 & 2 & 0 \\ 4 & 0 & 2 \\ 0 & 0 & -3 \end{vmatrix}$$

4 다음 행렬의 행렬식 값이 0이 되는 a를 구하여라.

(1) $\begin{bmatrix} 11 & 7-a \\ 4+a & 2 \end{bmatrix}$ (2) $\begin{bmatrix} a-1 & 4 & 0 \\ 1 & 2a & 0 \\ a+1 & 0 & a-1 \end{bmatrix}$

2.2 행렬식의 성질

행렬식은 정사각행렬일 경우에만 정의된다. 만약 크기가 큰 행렬의 행렬식을 정의 2.1에 따라 구하려면 매우 복잡한 계산을 해야 한다. 이 절에서는 행렬식의 값을 좀 더 쉽게 구할 수 있도록 하는 행렬식의 중요한 성질들을 알아보기로 한다.

정리 2.2 정사각행렬 A의 행렬식과 전치행렬 A^T의 행렬식은 같다. 즉

$$\det(A) = \det(A^T)$$

증명 행렬 $A = [a_{ij}]_{n \times n}$이라 하고, $A^T = [b_{ij}]_{n \times n}$이라 하자.

그러면 $1 \leq i,\ j \leq n$에 대하여 $b_{ij} = a_{ji}$이고, 행렬식의 정의로부터

$$\begin{aligned}\det(A^T) &= \sum_{(j_1 j_2 \cdots j_n)} (\pm) b_{1j_1} b_{2j_2} \cdots b_{nj_n} \\ &= \sum_{(j_1 j_2 \cdots j_n)} (\pm) a_{j_1 1} a_{j_2 2} \cdots a_{j_n n}\end{aligned}$$

이다. 기본곱은 행과 열로부터 각각 하나의 원소를 가지므로 A와 A^T는 같은 기본곱의 집합을 가진다는 것은 명백하므로 각 항 $a_{j_1 1} a_{j_2 2} \cdots a_{j_n n}$에서 행렬의 각 행을 나타내는 $j_1,\ j_2,\ \cdots,\ j_n$을 자연 순서 $1,\ 2,\ \cdots,\ n$으로 갖도록 하는 재배열을 생각할 수 있다. 즉

$$\begin{pmatrix} j_1 & j_2 & \cdots & j_n \\ 1 & 2 & \cdots & n \end{pmatrix} = \begin{pmatrix} 1 & 2 & \cdots & n \\ k_1 & k_2 & \cdots & k_n \end{pmatrix}$$

이 되어

$$\det(A^T) = \sum_{(k_1 k_2 \cdots k_n)} (\pm) a_{1k_1} a_{2k_2} \cdots a_{nk_n}$$

이므로 $\det(A) = \det(A^T)$이다. ■

예제 6 행렬 A를 3×3 행렬이라 하자.

$$A = \begin{bmatrix} 1 & -1 & 2 \\ 1 & -2 & 7 \\ 4 & 2 & 3 \end{bmatrix}$$

행렬식 $\det(A) = -25$이고, 전치행렬 A^T는 다음과 같다.

$$A^T = \begin{bmatrix} 1 & 1 & 4 \\ -1 & -2 & 2 \\ 2 & 7 & 3 \end{bmatrix}$$

그리고 $\det(A^T) = -25$이므로 $\det(A) = \det(A^T)$이다. ■

정리 2.3 정사각행렬 A의 원소가 0만으로 이루어진 행(또는 열)을 가지면 $\det(A) = 0$이다.

증명 정의 2.1의 $\det(A) = \sum_{(j_1 j_2 \cdots j_n)} (\pm) a_{1j_1} a_{2j_2} \cdots a_{nj_n}$으로부터 각각의 기본곱에는 원소가 0인 행(또는 열)의 원소가 항상 포함되므로 각 기본곱의 값은 0이고 그 합이 행렬식이므로 $\det(A) = 0$이다. ■

예제 7 행렬 A의 행렬식을 구하여라.

$$A = \begin{bmatrix} 4 & -7 & 8 \\ 0 & 0 & 0 \\ -2 & 9 & 5 \end{bmatrix}$$

풀이 2행의 모든 원소가 0이므로 정리 2.3에 의해 $\det(A) = 0$이다.
Sarrus 방법을 적용하면 행렬식은

$$\begin{aligned} \det(A) &= (4)(0)(5) + (-7)(0)(-2) + (8)(0)(9) \\ &\quad - (8)(0)(-2) - (-7)(0)(5) - (4)(0)(9) = 0 \end{aligned}$$

임을 확인할 수 있다. ■

정리 2.4 정사각행렬 A의 한 행(또는 열)을 상수 k배하여 얻은 행렬이 B이면 행렬식 $\det(B) = k \cdot \det(A)$이다.

증명 행렬 $A = [a_{ij}]_{n \times n}$이라 하고, 행렬 A의 r행에 k배하여 얻은 행렬을 $B = [b_{ij}]_{n \times n}$이라 하자. 그러면 행렬 B의 r행의 원소는 $b_{rj} = k a_{rj} (j = 1, 2, \cdots, n)$이고, r행을 제외한 나머지 행의 원소는 $b_{ij} = a_{ij}$이므로, 정의 2.1로부터

$$\begin{aligned}\det(B) &= \sum_{(j_1 j_2 \cdots j_n)} (\pm) b_{1j_1} b_{2j_2} \cdots b_{rj_r} \cdots b_{nj_n} \\ &= \sum_{(j_1 j_2 \cdots j_n)} (\pm) a_{1j_1} a_{2j_2} \cdots k a_{rj_r} \cdots a_{nj_n} \\ &= k \sum_{(j_1 j_2 \cdots j_n)} (\pm) a_{1j_1} a_{2j_2} \cdots a_{rj_r} \cdots a_{nj_n} \\ &= k \cdot \det(A)\end{aligned}$$

이다. ■

예제 8 예제 6의 행렬 A의 2행에 3을 곱하여 얻은 행렬을 B라 하면, 즉

$$A = \begin{bmatrix} 1 & -1 & 2 \\ 1 & -2 & 7 \\ 4 & 2 & 3 \end{bmatrix}, \quad B = \begin{bmatrix} 1 & -1 & 2 \\ 3 & -6 & 21 \\ 4 & 2 & 3 \end{bmatrix}$$

이다. 예제 6에서 $\det(A) = -25$이고, 행렬 B의 행렬식은

$$\det(B) = \begin{vmatrix} 1 & -1 & 2 \\ 3 & -6 & 21 \\ 4 & 2 & 3 \end{vmatrix} = -75$$

이므로, $\det(B) = 3 \cdot \det(A)$이다. ■

정리 2.5 정사각행렬 A의 임의의 두 행(또는 두 열)을 서로 교환하여 얻은 행렬이 B이면 $\det(B) = -\det(A)$이다.

증명 행렬 $A = [a_{ij}]_{n \times n}$이라 하고, A의 r행과 s행을 서로 교환하여 얻은 행렬을 $B = [b_{ij}]_{n \times n}$이라 하자. 그러면 행렬 B의

r행의 원소는 $b_{rj} = a_{sj} (j = 1, 2, \cdots, n)$,
s행의 원소는 $b_{sj} = a_{rj} (j = 1, 2, \cdots, n)$,
r행과 s행을 제외한 나머지 행의 원소는 $b_{ij} = a_{ij}$이다.

따라서 정의 2.1로부터

$$\det(B) = \sum_{(j_1 j_2 \cdots j_n)} (\pm) b_{1j_1} b_{2j_2} \cdots b_{rj_r} \cdots b_{sj_s} \cdots b_{nj_n}$$

$$= \sum_{(j_1 j_2 \cdots j_n)} (\pm) a_{1j_1} a_{2j_2} \cdots a_{sj_r} \cdots a_{rj_s} \cdots a_{nj_n}$$

$$= \sum_{(j_1 j_2 \cdots j_n)} (\pm) a_{1j_1} a_{2j_2} \cdots a_{rj_s} \cdots a_{sj_r} \cdots a_{nj_n}$$

이다. 각 항 $a_{1j_1} a_{2j_2} \cdots a_{rj_s} \cdots a_{sj_r} \cdots a_{nj_n}$에서 순열 $(j_1 j_2 \cdots j_s \cdots j_r \cdots j_n)$은 순열 $(j_1 j_2 \cdots j_r \cdots j_s \cdots j_n)$에서 r항과 s항을 서로 맞바꾸어 얻어진 순열이다. 그런데 순열 $(j_1 j_2 \cdots j_{r-1} j_r j_{r+1} \cdots j_{s-1} j_s j_{s+1} \cdots j_n)$에서 j_r을 그 오른쪽에 이웃하는 항과 차례로 맞바꾸어 놓는 일을 $s-r$번 반복하여 j_r을 j_s와 j_{s+1} 사이에 놓고 다음에 다시 j_s를 그 왼쪽에 이웃하는 항과 $(s-r)-1$번 맞바꾸어 j_{r-1}과 j_{r+1} 사이에 놓으면 순열 $(j_1 j_2 \cdots j_s \cdots j_r \cdots j_n)$이 된다. 결국 서로 이웃하는 두 항을 맞바꾸어 놓는 일을 $2(s-r)-1$번 반복함으로써 $(j_1 j_2 \cdots j_s \cdots j_r \cdots j_n)$을 얻게 되고 반전수는 홀수만큼 차이가 있다. 즉 $\det(B)$의 각 기본곱의 부호가 $\det(A)$에 대응하는 기본곱의 부호와 반대이므로

$$\det(B) = -\det(A)$$

이다. ■

예제 9 예제 6의 행렬 A에서 1행과 3행을 바꾼 행렬을 B라 하면, 즉

$$A = \begin{bmatrix} 1 & -1 & 2 \\ 1 & -2 & 7 \\ 4 & 2 & 3 \end{bmatrix}, \quad B = \begin{bmatrix} 4 & 2 & 3 \\ 1 & -2 & 7 \\ 1 & -1 & 2 \end{bmatrix}$$

이다. 예제 6에서 $\det(A) = -25$이고, 행렬 B의 행렬식은

$$\det(B) = \begin{vmatrix} 4 & 2 & 3 \\ 1 & -2 & 7 \\ 1 & -1 & 2 \end{vmatrix} = 25$$

이므로, $\det(B) = -\det(A)$이다. ■

정리 2.6 정사각행렬 A가 같은 행(또는 열)을 포함하면 행렬식은 0이다.

증명 행렬 A를 i행과 j행이 같은 정사각행렬이라 하자. $\det(A) = a$라면 행렬 A의 i행과 j행을 교환하여 얻은 행렬 A'은 정리 2.5에 의해 행렬식 $\det(A') = -a$를 갖는다. 그

런데 i행과 j행이 같으므로 $A = A'$이다. 따라서 $\det(A) = \det(A')$이므로 $a = -a$로부터 $\det(A) = 0$이다. 같은 열을 포함하는 경우에도 동일한 방법으로 증명할 수 있으므로 독자에게 남긴다. ■

> **정리 2.7** 정사각행렬 A에서 A의 한 행에 0이 아닌 실수배를 하여 다른 행에 더하여도 행렬식은 변하지 않는다.

증명 행렬 $A = [a_{ij}]_{n \times n}$이라 하고, A의 r행에 k배하여 s행에 더하여 얻은 행렬을 $B = [b_{ij}]_{n \times n}$이라 하자. 편의상 $r < s$라 가정하자. 그러면 행렬 B의 s행의 원소는 $b_{sj} = a_{sj} + k a_{rj}$이고, s행을 제외한 나머지 행의 원소는 $b_{ij} = a_{ij}$ 이므로 정의 2.1로부터

$$\begin{aligned}
\det(B) &= \sum_{(j_1 j_2 \cdots j_n)} (\pm) b_{1 j_1} b_{2 j_2} \cdots b_{r j_r} \cdots b_{s j_s} \cdots b_{n j_n} \\
&= \sum_{(j_1 j_2 \cdots j_n)} (\pm) a_{1 j_1} a_{2 j_2} \cdots a_{r j_r} \cdots (a_{s j_s} + k a_{r j_r}) \cdots a_{n j_n} \\
&= \sum_{(j_1 j_2 \cdots j_n)} (\pm) a_{1 j_1} a_{2 j_2} \cdots a_{r j_r} \cdots a_{s j_s} \cdots a_{n j_n} \\
&\quad + k \sum_{(j_1 j_2 \cdots j_n)} (\pm) a_{1 j_1} a_{2 j_2} \cdots a_{r j_r} \cdots a_{r j_r} \cdots a_{n j_n}
\end{aligned}$$

이다. $\sum_{(j_1 j_2 \cdots j_n)} (\pm) a_{1 j_1} a_{2 j_2} \cdots a_{r j_r} \cdots a_{r j_r} \cdots a_{n j_n}$은 같은 행을 포함하는 행렬의 행렬식이므로 0이다. 따라서

$$\det(B) = \sum_{(j_1 j_2 \cdots j_n)} (\pm) a_{1 j_1} a_{2 j_2} \cdots a_{r j_r} \cdots a_{s j_s} \cdots a_{n j_n} = \det(A)$$

를 얻는다. ■

예제 10 다음 행렬 A의 행렬식 $\det(A) = -7$이다.

$$A = \begin{bmatrix} 3 & 1 & 3 \\ -1 & 2 & 6 \\ 3 & -1 & -4 \end{bmatrix}$$

행렬 A의 2행에 3을 곱하여 3행에 더하여 얻은 행렬을 B, 즉

$$B = \begin{bmatrix} 3 & 1 & 3 \\ -1 & 2 & 6 \\ 0 & 5 & 14 \end{bmatrix}$$

이다.

$$\det(B) = \begin{vmatrix} 3 & 1 & 3 \\ -1 & 2 & 6 \\ 0 & 5 & 14 \end{vmatrix} = -7$$

이므로 $\det(B) = \det(A)$이다. ■

정리 2.8 행렬 A, B가 크기가 같은 정사각행렬이면

$$\det(AB) = \det(A)\det(B)$$

이다.

예제 11 다음 행렬 A, B에 대하여 각각의 행렬식과 행렬의 곱 AB의 행렬식을 구하고 관계를 비교하여라.

$$A = \begin{bmatrix} 0 & 3 & 1 \\ -2 & 1 & 2 \\ 1 & 0 & -3 \end{bmatrix}, \quad B = \begin{bmatrix} 3 & -1 & 0 \\ 0 & 1 & 2 \\ 2 & 0 & -1 \end{bmatrix}$$

풀이 행렬 A와 B의 곱

$$AB = \begin{bmatrix} 0 & 3 & 1 \\ -2 & 1 & 2 \\ 1 & 0 & -3 \end{bmatrix}\begin{bmatrix} 3 & -1 & 0 \\ 0 & 1 & 2 \\ 2 & 0 & -1 \end{bmatrix} = \begin{bmatrix} 2 & 3 & 5 \\ -2 & 3 & 0 \\ -3 & -1 & 3 \end{bmatrix}$$

이다. 각 행렬의 행렬식은

$$\det(A) = -13, \quad \det(B) = -7, \quad \det(AB) = 91$$

이므로,

$$\det(A)\det(B) = (-13)(-7) = \det(AB)$$

이다. ■

n차 정사각행렬 A, B에 대하여 $\det(AB)=\det(A)\det(B)$와 $\det(kA)=k^n\det(A)$ (k는 상수)가 성립한다. 그러나 $\det(A+B)\neq\det(A)+\det(B)$임을 유의하자.

예를 들면 행렬 $A=\begin{bmatrix}1 & 2\\ 3 & 4\end{bmatrix}$, $B=\begin{bmatrix}-2 & 3\\ 1 & -5\end{bmatrix}$라 하자.

두 행렬의 합은

$$A+B=\begin{bmatrix}-1 & 5\\ 4 & -1\end{bmatrix}$$

이고, 행렬식은 각각

$$\det(A)=-2,\quad \det(B)=7,\quad \det(A+B)=-19$$

이므로

$$\det(A+B)\neq\det(A)+\det(B)$$

이다.

정리 2.9 행렬 $A=[a_{ij}]_{n\times n}$에서 r행의 원소가 $a_{rj_r}=b_{rj_r}+c_{rj_r}$이고 나머지 행의 원소는 원래의 a_{ij}일 때, 즉

$$A=\begin{bmatrix}a_{11} & a_{12} & \cdots & a_{1n}\\ a_{21} & a_{22} & \cdots & a_{2n}\\ \vdots & \vdots & \cdots & \vdots\\ b_{r1}+c_{r1} & b_{r2}+c_{r2} & \cdots & b_{rn}+c_{rn}\\ \vdots & \vdots & \cdots & \vdots\\ a_{n1} & a_{n2} & \cdots & a_{nn}\end{bmatrix}$$

이면

$$\det(A)=\begin{vmatrix}a_{11} & a_{12} & \cdots & a_{1n}\\ a_{21} & a_{22} & \cdots & a_{2n}\\ \vdots & \vdots & \cdots & \vdots\\ b_{r1} & b_{r2} & \cdots & b_{rn}\\ \vdots & \vdots & \cdots & \vdots\\ a_{n1} & a_{n2} & \cdots & a_{nn}\end{vmatrix}+\begin{vmatrix}a_{11} & a_{12} & \cdots & a_{1n}\\ a_{21} & a_{22} & \cdots & a_{2n}\\ \vdots & \vdots & \cdots & \vdots\\ c_{r1} & c_{r2} & \cdots & c_{rn}\\ \vdots & \vdots & \cdots & \vdots\\ a_{n1} & a_{n2} & \cdots & a_{nn}\end{vmatrix}$$

이다.

증명 행렬 B와 C가 다음과 같다고 하자.

$$B = \begin{bmatrix} a_{11} & a_{12} & \cdots & a_{1n} \\ a_{21} & a_{22} & \cdots & a_{2n} \\ \vdots & \vdots & \cdots & \vdots \\ b_{r1} & b_{r2} & \cdots & b_{rn} \\ \vdots & \vdots & \cdots & \vdots \\ a_{n1} & a_{n2} & \cdots & a_{nn} \end{bmatrix}, \qquad C = \begin{bmatrix} a_{11} & a_{12} & \cdots & a_{1n} \\ a_{21} & a_{22} & \cdots & a_{2n} \\ \vdots & \vdots & \cdots & \vdots \\ c_{r1} & c_{r2} & \cdots & c_{rn} \\ \vdots & \vdots & \cdots & \vdots \\ a_{n1} & a_{n2} & \cdots & a_{nn} \end{bmatrix}$$

행렬 A의 r행만의 원소가 $a_{r\,j_r} = b_{r\,j_r} + c_{r\,j_r}$이고, r행을 제외한 나머지 행의 원소는 원래의 a_{ij}이므로 정의 2.1로부터

$$\begin{aligned} \det(A) &= \sum_{(j_1 j_2 \cdots j_n)} (\pm) a_{1\,j_1} a_{2\,j_2} \cdots a_{r\,j_r} \cdots a_{n\,j_n} \\ &= \sum_{(j_1 j_2 \cdots j_n)} (\pm) a_{1\,j_1} a_{2\,j_2} \cdots (b_{r\,j_r} + c_{r\,j_r}) \cdots a_{n\,j_n} \\ &= \sum_{(j_1 j_2 \cdots j_n)} (\pm) a_{1\,j_1} a_{2\,j_2} \cdots b_{r\,j_r} \cdots a_{n\,j_n} \\ &\quad + \sum_{(j_1 j_2 \cdots j_n)} (\pm) a_{1\,j_1} a_{2\,j_2} \cdots c_{r\,j_r} \cdots a_{n\,j_n} \\ &= \det(B) + \det(C) \end{aligned}$$

이 성립한다. ■

예제 12 3×3 행렬 A, B, C에 대하여

$$A = \begin{bmatrix} -1 & 0 & 2 \\ 1+1 & -3+0 & 1+3 \\ 1 & 5 & -2 \end{bmatrix}$$

이고

$$B = \begin{bmatrix} -1 & 0 & 2 \\ 1 & -3 & 1 \\ 1 & 5 & -2 \end{bmatrix}, \qquad C = \begin{bmatrix} -1 & 0 & 2 \\ 1 & 0 & 3 \\ 1 & 5 & -2 \end{bmatrix}$$

이라 하자. 행렬 A, B, C의 행렬식은 각각

$$\det(A) = 40, \quad \det(B) = 15, \quad \det(C) = 25$$

이므로,

$$\det(A) = \det(B) + \det(C)$$

이다. ■

연습문제 2.2

1 다음 행렬의 행렬식을 구하여라.

$$A = \begin{bmatrix} 4 & 5 & -3 \\ 5 & 0 & -2 \\ 0 & 6 & 0 \end{bmatrix}, \quad B = \begin{bmatrix} 3 & 1 & 2 \\ -4 & 2 & 0 \\ 1 & 0 & 5 \end{bmatrix}, \quad C = \begin{bmatrix} 2 & 1 & 1 \\ -5 & 3 & 0 \\ 6 & -2 & 4 \end{bmatrix}$$

그리고 행렬 A, B, C의 행렬식을 이용하여 아래 행렬의 행렬식을 구하여라.

$$D = \begin{bmatrix} -1 & 3 & 2 \\ -4 & 2 & 0 \\ 1 & 0 & 5 \end{bmatrix}, \quad E = \begin{bmatrix} -5 & 3 & 0 \\ 6 & -2 & 4 \\ 2 & 1 & 1 \end{bmatrix}, \quad F = \begin{bmatrix} 9 & 5 & -5 \\ 5 & 0 & -2 \\ 0 & 6 & 0 \end{bmatrix}$$

2 다음 행렬에 대하여 주어진 행렬식을 구하여라.

$$A = \begin{bmatrix} 3 & -2 & 5 \\ 1 & 3 & 0 \\ 4 & 0 & 6 \end{bmatrix}, \quad B = \begin{bmatrix} 91 & -57 & 155 \\ 3 & -2 & 5 \\ 4 & 0 & 6 \end{bmatrix}$$

(1) $\det(3A)$ (2) $\det(A^3)$ (3) $\det(3A^{-1})$

(4) $\det(-2B)$ (5) $\det(B^2)$ (6) $\det(-2B^{-1})$

(7) $\det(AB)$

3 행렬 $A = \begin{bmatrix} a_1 & b_1 & c_1 \\ a_2 & b_2 & c_2 \\ a_3 & b_3 & c_3 \end{bmatrix}$의 행렬식 $\det(A) = -10$을 이용하여 다음 행렬의 행렬식을 구하여라.

(1) $\begin{bmatrix} a_1 - b_1 & a_1 + b_1 & c_1 \\ a_2 - b_2 & a_2 + b_2 & c_2 \\ a_3 - b_3 & a_3 + b_3 & c_3 \end{bmatrix}$ (2) $\begin{bmatrix} a_3 & b_3 & c_3 \\ a_1 & b_1 & c_1 \\ a_2 & b_2 & c_2 \end{bmatrix}$

(3) $\begin{bmatrix} a_1 & b_1 & c_1 \\ a_2 & b_2 & c_2 \\ a_3 - a_2 + 2a_1 & b_3 - b_2 + 2b_1 & c_3 - c_2 + 2c_1 \end{bmatrix}$

4 행렬 $\begin{bmatrix} 1 & 1 & 1 \\ a & b & c \\ b+c & c+a & a+b \end{bmatrix}$의 행렬식을 직접 계산을 하지 않고 구하여라.

5 다음 행렬에 대하여 $\det(AB) = \det(A)\det(B)$임을 보여라.

$$A = \begin{bmatrix} -1 & 1 & 0 \\ 0 & 2 & -2 \\ 0 & -1 & 3 \end{bmatrix}, \qquad B = \begin{bmatrix} -2 & -1 & 2 \\ 1 & 2 & -3 \\ 1 & 0 & 1 \end{bmatrix}$$

6 다음 명제가 참이면 간단히 증명하고, 거짓이면 이유를 설명하여라.

(1) 연산 가능한 행렬 A, B에 대하여 $\det(AB) = \det(BA)$이다.

(2) $\det(AB) = 0$이면 $\det(A) = 0$ 또는 $\det(B) = 0$이다.

(3) $A^2 = A$인 연산 가능한 정사각행렬이면 $\det(A) = 0$ 또는 $\det(A) = 1$이다.

(4) $A = A^{-1}$이면 $\det(A) = \pm 1$이나 $A^T = A^{-1}$이면 $\det(A) \neq \pm 1$이다.

(5) 연산 가능한 행렬 A, B에 대하여

$$\det(A^T B^T) = \det(A)\det(B^T) = \det(A^T)\det(B)$$

이다.

(6) 행렬 A가 정사각행렬이고 서로 비례되는 두 행이 있으면 행렬식의 값은 0이다.

2.3 여인수 전개에 의한 행렬식 구하기

앞 절에서는 2×2 행렬, 3×3 행렬의 행렬식을 구하는 것을 알아보았다. 이 절에서는 좀 더 일반적인 $n \times n$ 행렬의 행렬식을 구하는 방법을 알아보자.

정의 2.10 행렬 $A = [a_{ij}]_{n \times n}$에서 i행과 j열을 뺀 나머지 $(n-1) \times (n-1)$ 행렬의 행렬식을 원소 a_{ij}의 소행렬식(minor) M_{ij}라 하고,

$$C_{ij} = (-1)^{i+j} M_{ij}$$

를 원소 a_{ij}의 여인수(cofactor)라 한다.

예제 13 다음 행렬 A에서 원소 a_{12}, a_{23} 및 a_{31}의 소행렬식과 여인수를 각각 구하여라.

$$A = \begin{bmatrix} 1 & 2 & 3 \\ 4 & 5 & 6 \\ 7 & 8 & 9 \end{bmatrix}$$

풀이 원소 a_{12}의 소행렬식은 1행과 2열을 뺀 나머지 2×2 행렬의 행렬식이므로

$$M_{12} = \begin{vmatrix} 4 & 6 \\ 7 & 9 \end{vmatrix} = -6$$

이고, a_{12}의 여인수는

$$C_{12} = (-1)^{1+2} M_{12} = -M_{12} = 6$$

이다. 같은 방법으로 원소 a_{23}의 소행렬식은

$$M_{23} = \begin{vmatrix} 1 & 2 \\ 7 & 8 \end{vmatrix} = -6$$

이고, a_{23}의 여인수는

$$C_{23} = (-1)^{2+3} M_{23} = -M_{23} = 6$$

이다. 원소 a_{31}의 소행렬식은

$$M_{31} = \begin{vmatrix} 2 & 3 \\ 5 & 6 \end{vmatrix} = -3$$

이고, a_{31}의 여인수는

$$C_{31} = (-1)^{3+1} M_{31} = M_{31} = -3$$

이다. ■

정사각행렬 $A = [a_{ij}]$에서 원소 a_{ij}의 소행렬식 M_{ij}와 여인수 C_{ij}의 관계는 $C_{ij} =$

$(-1)^{i+j}M_{ij}$이므로, 부호를 결정하는 좀 더 편리한 방법은 아래 배열된 i행과 j열의 부호와 같음을 알 수 있다.

$$\begin{bmatrix} + & - & + & - & + & \cdots \\ - & + & - & + & - & \cdots \\ + & - & + & - & + & \cdots \\ - & + & - & + & - & \cdots \\ + & - & + & - & + & \cdots \\ - & + & - & + & - & \cdots \\ \cdot & \cdot & \cdot & \cdot & \cdot & \cdots \\ \cdot & \cdot & \cdot & \cdot & \cdot & \cdots \\ \cdot & \cdot & \cdot & \cdot & \cdot & \cdots \end{bmatrix}$$

행렬 A를 다음과 같이 3×3 행렬이라 하자.

$$A = \begin{bmatrix} a_{11} & a_{12} & a_{13} \\ a_{21} & a_{22} & a_{23} \\ a_{31} & a_{32} & a_{33} \end{bmatrix}$$

2.1절 예제 4에서 A의 행렬식은

$$\begin{aligned} \det(A) = &\ a_{11}a_{22}a_{33} + a_{12}a_{23}a_{31} + a_{13}a_{21}a_{32} \\ &- a_{11}a_{23}a_{32} - a_{12}a_{21}a_{33} - a_{13}a_{22}a_{31} \end{aligned}$$

이다. 이것을 다음과 같이 다시 나타내면

$$\begin{aligned} \det(A) &= a_{11}(a_{22}a_{33} - a_{23}a_{32}) + a_{12}(a_{23}a_{31} - a_{21}a_{33}) + a_{13}(a_{21}a_{32} - a_{22}a_{31}) \\ &= a_{11}C_{11} + a_{12}C_{12} + a_{13}C_{13} \end{aligned}$$

이다. 이러한 A의 행렬식은 A의 1행의 모든 원소에 대응되는 여인수를 곱하여 더한 합이며, 이와 같은 방법으로 행렬식을 구하는 것을 A의 1행에 관한 **여인수전개**(cofactor expansion)라 한다.

결과적으로 3차 정사각행렬 A의 행렬식은 다음 6가지의 여인수전개를 통해 얻을 수 있다.

$$\begin{aligned} \det(A) &= a_{11}C_{11} + a_{12}C_{12} + a_{13}C_{13} && \text{(1행에 관한 여인수전개)} \\ &= a_{21}C_{21} + a_{22}C_{22} + a_{23}C_{23} && \text{(2행에 관한 여인수전개)} \\ &= a_{31}C_{31} + a_{32}C_{32} + a_{33}C_{33} && \text{(3행에 관한 여인수전개)} \\ &= a_{11}C_{11} + a_{21}C_{21} + a_{31}C_{31} && \text{(1열에 관한 여인수전개)} \\ &= a_{12}C_{12} + a_{22}C_{22} + a_{32}C_{32} && \text{(2열에 관한 여인수전개)} \\ &= a_{13}C_{13} + a_{23}C_{23} + a_{33}C_{33} && \text{(3열에 관한 여인수전개)} \end{aligned}$$

3차 이상의 정사각행렬에 대한 여인수전개는 다음 정리에 나타나며, 이 정리의 증명은 생략한다.

정리 2.11 3차 이상의 행렬 $A = [a_{ij}]_{n \times n}$의 행렬식을 행 또는 열에 관한 여인수전개로 구할 수 있다. 임의의 $1 \le i,\ j \le n$에 대하여

(i행에 관한 여인수전개)

$$\det(A) = a_{i1}C_{i1} + a_{i2}C_{i2} + \cdots + a_{in}C_{in}$$

(j열에 관한 여인수전개)

$$\det(A) = a_{1j}C_{1j} + a_{2j}C_{2j} + \cdots + a_{nj}C_{nj}$$

이다.

예제 14 행렬 A에 대하여 1행과 2열에 관한 여인수전개를 하여 행렬식을 구하고 그 결과를 비교하여라.

$$A = \begin{bmatrix} 2 & -1 & 3 \\ 3 & 2 & 2 \\ -1 & 0 & 1 \end{bmatrix}$$

풀이 먼저 행렬 A의 1행에 관한 여인수전개를 하여 행렬식을 구하자.

$$\text{원소 } a_{11}\text{의 소행렬식 : } M_{11} = \begin{vmatrix} 2 & 2 \\ 0 & 1 \end{vmatrix} = 2$$

$$\text{원소 } a_{12}\text{의 소행렬식 : } M_{12} = \begin{vmatrix} 3 & 2 \\ -1 & 1 \end{vmatrix} = 5$$

$$\text{원소 } a_{13}\text{의 소행렬식 : } M_{13} = \begin{vmatrix} 3 & 2 \\ -1 & 0 \end{vmatrix} = 2$$

따라서 여인수는

$$C_{11} = (-1)^{1+1}M_{11} = 2$$

$$C_{12} = (-1)^{1+2}M_{12} = -5$$

$$C_{13} = (-1)^{1+3}M_{13} = 2$$

이고, 1행에 관한 여인수전개를 이용한 행렬식은 다음과 같다.

$$\begin{aligned}\det(A) &= a_{11}C_{11} + a_{12}C_{12} + a_{13}C_{13} \\ &= (2)\cdot(2) + (-1)\cdot(-5) + (3)\cdot(2) = 15\end{aligned}$$

같은 방법으로, 행렬 A의 2열에 관한 여인수전개를 하여 행렬식을 구하자.

$$\text{원소 } a_{12}\text{의 소행렬식 : } M_{12} = \begin{vmatrix} 3 & 2 \\ -1 & 1 \end{vmatrix} = 5$$

$$\text{원소 } a_{22}\text{의 소행렬식 : } M_{22} = \begin{vmatrix} 2 & 3 \\ -1 & 1 \end{vmatrix} = 5$$

$$\text{원소 } a_{32}\text{의 소행렬식 : } M_{32} = \begin{vmatrix} 2 & 3 \\ 3 & 2 \end{vmatrix} = -5$$

따라서 여인수는

$$\begin{aligned} C_{12} &= (-1)^{1+2}M_{12} = -5 \\ C_{22} &= (-1)^{2+2}M_{22} = 5 \\ C_{32} &= (-1)^{3+2}M_{32} = 5 \end{aligned}$$

이고, 2열에 관한 여인수전개를 이용한 행렬식은 다음과 같다.

$$\begin{aligned}\det(A) &= a_{12}C_{12} + a_{22}C_{22} + a_{32}C_{32} \\ &= (-1)\cdot(-5) + 2\cdot 5 + 0\cdot 5 = 15\end{aligned}$$

그러므로 1행과 2열의 여인수전개에 의한 행렬식은 같다. ■

예제 15 다음 4×4 행렬 A의 행렬식을 계산하여라.

$$A = \begin{bmatrix} 1 & 2 & 3 & -8 \\ -1 & 5 & 4 & 6 \\ 3 & -2 & 0 & 1 \\ 2 & 1 & 0 & -2 \end{bmatrix}$$

풀이 3열에서 0인 원소를 2개 포함하고 있으므로 3열에 관한 여인수전개를 이용하자. 즉

$$\det(A) = a_{13}C_{13} + a_{23}C_{23} + a_{33}C_{33} + a_{43}C_{43}$$

에서, 3열의 원소 가운데 $a_{33}=0$, $a_{34}=0$이므로, C_{13}, C_{23}만 구하면 된다.

$$C_{13} = (-1)^{1+3}M_{13} = \begin{vmatrix} -1 & 5 & 6 \\ 3 & -2 & 1 \\ 2 & 1 & -2 \end{vmatrix} = 79$$

$$C_{23} = (-1)^{2+3} M_{23} = -\begin{vmatrix} 1 & 2 & -8 \\ 3 & -2 & 1 \\ 2 & 1 & -2 \end{vmatrix} = 37$$

이므로,

$$\det(A) = a_{13}C_{13} + a_{23}C_{23} = 385$$

이다. ■

정의 2.12 행렬 $A = [a_{ij}]_{n \times n}$에서 원소 a_{ij}의 여인수 C_{ij}들로 이루어진 행렬

$$C = \begin{bmatrix} C_{11} & C_{12} & \cdots & C_{1n} \\ C_{21} & C_{22} & \cdots & C_{2n} \\ \vdots & \vdots & \cdots & \vdots \\ C_{n1} & C_{n2} & \cdots & C_{nn} \end{bmatrix}$$

를 여인수행렬(matrix of cofactors)이라 한다. 또 이 행렬의 전치행렬 C^T를 수반행렬(adjoint matrix)이라 하고 $\mathrm{adj}(A)$로 나타낸다. 즉

$$\mathrm{adj}(A) = \begin{bmatrix} C_{11} & C_{21} & \cdots & C_{n1} \\ C_{12} & C_{22} & \cdots & C_{n2} \\ \vdots & \vdots & \cdots & \vdots \\ C_{1n} & C_{2n} & \cdots & C_{nn} \end{bmatrix}$$

이다.

예제 16 행렬 A에 대하여 여인수행렬과 수반행렬을 구하여라.

$$A = \begin{bmatrix} 2 & 5 & 4 \\ 0 & 2 & -1 \\ 4 & -3 & 1 \end{bmatrix}$$

풀이 여인수행렬을 구하기 위하여 행렬 A의 모든 원소의 여인수를 구하자.

$$a_{11}\text{의 여인수 : } C_{11} = (-1)^{1+1}\begin{vmatrix} 2 & -1 \\ -3 & 1 \end{vmatrix} = -1$$

$$a_{12}\text{의 여인수 : } C_{12} = (-1)^{1+2}\begin{vmatrix} 0 & -1 \\ 4 & 1 \end{vmatrix} = -4$$

$$a_{13}\text{의 여인수 : } C_{13} = (-1)^{1+3}\begin{vmatrix} 0 & 2 \\ 4 & -3 \end{vmatrix} = -8$$

$$a_{21}\text{의 여인수} : C_{21} = (-1)^{2+1}\begin{vmatrix} 5 & 4 \\ -3 & 1 \end{vmatrix} = -17$$

$$a_{22}\text{의 여인수} : C_{22} = (-1)^{2+2}\begin{vmatrix} 2 & 4 \\ 4 & 1 \end{vmatrix} = -14$$

$$a_{23}\text{의 여인수} : C_{23} = (-1)^{2+3}\begin{vmatrix} 2 & 5 \\ 4 & -3 \end{vmatrix} = 26$$

$$a_{31}\text{의 여인수} : C_{31} = (-1)^{3+1}\begin{vmatrix} 5 & 4 \\ 2 & -1 \end{vmatrix} = -13$$

$$a_{32}\text{의 여인수} : C_{32} = (-1)^{3+2}\begin{vmatrix} 2 & 4 \\ 0 & -1 \end{vmatrix} = 2$$

$$a_{33}\text{의 여인수} : C_{33} = (-1)^{3+3}\begin{vmatrix} 2 & 5 \\ 0 & 2 \end{vmatrix} = 4$$

이다. 따라서 여인수행렬은

$$C = \begin{bmatrix} -1 & -4 & -8 \\ -17 & -14 & 26 \\ -13 & 2 & 4 \end{bmatrix}$$

이고, 수반행렬은

$$\text{adj}(A) = \begin{bmatrix} -1 & -17 & -13 \\ -4 & -14 & 2 \\ -8 & 26 & 4 \end{bmatrix}$$

이다. ■

앞에서 주어진 행렬의 행렬식을 계산하기 위하여 한 행(또는 열)의 각 원소에 대응하는 여인수를 곱하여 모두 더한 값으로 행렬식을 구하였다. 그런데 한 행(또는 열)의 원소에 다른 행(또는 열)으로부터 대응되는 원소의 여인수를 곱하여 더하면 그 결과는 항상 0이다. 다음은 이러한 사실에 대한 정리이다.

정리 2.13 행렬 $A = [a_{ij}]_{n\times n}$에 대하여 다음이 성립한다.

$i \neq k$에 대하여

$$a_{i1}C_{k1} + a_{i2}C_{k2} + \cdots + a_{in}C_{kn} = 0$$

$j \neq k$에 대하여

$$a_{1j}C_{1k} + a_{2j}C_{2k} + \cdots + a_{nj}C_{nk} = 0$$

증명 행에 관한 여인수전개를 증명하고 열에 관한 여인수전개의 증명은 연습문제로 남긴다. 행렬 A의 k행에 i행의 원소를 모두 대치하여 얻은 행렬을 B라 하자. 즉

$$A = \begin{bmatrix} a_{11} & a_{12} & \cdots & a_{1n} \\ a_{21} & a_{22} & \cdots & a_{2n} \\ \vdots & \vdots & \cdots & \vdots \\ a_{i1} & a_{i2} & \cdots & a_{in} \\ \vdots & \vdots & \cdots & \vdots \\ a_{k1} & a_{k2} & \cdots & a_{kn} \\ \vdots & \vdots & \cdots & \vdots \\ a_{n1} & a_{n2} & \cdots & a_{nn} \end{bmatrix}, \qquad B = \begin{bmatrix} a_{11} & a_{12} & \cdots & a_{1n} \\ a_{21} & a_{22} & \cdots & a_{2n} \\ \vdots & \vdots & \cdots & \vdots \\ a_{i1} & a_{i2} & \cdots & a_{in} \\ \vdots & \vdots & \cdots & \vdots \\ a_{i1} & a_{i2} & \cdots & a_{in} \\ \vdots & \vdots & \cdots & \vdots \\ a_{n1} & a_{n2} & \cdots & a_{nn} \end{bmatrix}$$

이다. 행렬 B의 k행에 관한 여인수전개를 하면

$$\det(B) = a_{i1}C_{k1} + a_{i2}C_{k2} + \cdots + a_{in}C_{kn}$$

인데, 행렬 B는 i행과 k행을 같은 행으로 포함하고 있으므로 $\det(B) = 0$이다. 따라서

$$a_{i1}C_{k1} + a_{i2}C_{k2} + \cdots + a_{in}C_{kn} = 0$$

이 성립한다. ■

정리 2.14 행렬 $A = [a_{ij}]_{n \times n}$가 $\det(A) \neq 0$이면 A의 역행렬은 다음과 같다.

$$A^{-1} = \frac{1}{\det(A)}\operatorname{adj}(A)$$

증명 행렬 A와 A의 수반행렬 $\operatorname{adj}(A)$의 곱은 다음과 같다.

$$A\operatorname{adj}(A) = \begin{bmatrix} a_{11} & a_{12} & \cdots & a_{1n} \\ a_{21} & a_{22} & \cdots & a_{2n} \\ \vdots & \vdots & & \vdots \\ a_{i1} & a_{i2} & \cdots & a_{in} \\ \vdots & \vdots & & \vdots \\ a_{n1} & a_{n2} & \cdots & a_{nn} \end{bmatrix} \begin{bmatrix} C_{11} & C_{21} & \cdots & C_{j1} & \cdots & C_{n1} \\ C_{12} & C_{22} & \cdots & C_{j2} & \cdots & C_{n2} \\ \vdots & \vdots & & \vdots & \vdots & \\ C_{1n} & C_{2n} & \cdots & C_{jn} & \cdots & C_{nn} \end{bmatrix}$$

$$= \begin{bmatrix} a_{11}C_{11} + a_{12}C_{12} + \cdots + a_{1n}C_{1n} & \cdots & a_{11}C_{n1} + a_{12}C_{n2} + \cdots + a_{1n}C_{nn} \\ a_{21}C_{11} + a_{22}C_{12} + \cdots + a_{2n}C_{1n} & \cdots & a_{21}C_{n1} + a_{22}C_{n2} + \cdots + a_{2n}C_{nn} \\ \vdots & \cdots & \vdots \\ a_{i1}C_{11} + a_{i2}C_{12} + \cdots + a_{in}C_{1n} & \cdots & a_{i1}C_{n1} + a_{i2}C_{n2} + \cdots + a_{in}C_{nn} \\ \vdots & \cdots & \vdots \\ a_{n1}C_{11} + a_{n2}C_{12} + \cdots + a_{nn}C_{1n} & \cdots & a_{n1}C_{n1} + a_{n2}C_{n2} + \cdots + a_{nn}C_{nn} \end{bmatrix}$$

$A\,\mathrm{adj}(A)$의 $(i,\ j)$ 원소는

$$a_{i1}C_{j1}+a_{i2}C_{j2}+\cdots+a_{in}C_{jn}$$

이므로, 정리 2.11과 정리 2.13에 의하여

$$a_{i1}C_{j1}+a_{i2}C_{j2}+\cdots+a_{in}C_{jn}=\begin{cases}\det(A) & (i=j)\\ 0 & (i\neq j)\end{cases}$$

이다. 그러므로

$$A\,\mathrm{adj}(A)=\begin{bmatrix}\det(A) & 0 & \cdots & 0\\ 0 & \det(A) & \cdots & 0\\ \vdots & \vdots & & \vdots\\ 0 & 0 & \cdots & \det(A)\end{bmatrix}=\det(A)I$$

이고, 같은 방법으로 $\mathrm{adj}(A)A=\det(A)I$이다. 따라서

$$A\,\mathrm{adj}(A)=\mathrm{adj}(A)A=\det(A)I$$

이고, $\det(A)\neq 0$이므로

$$A^{-1}=\frac{1}{\det(A)}\mathrm{adj}(A)$$

를 얻는다. ■

예제 17 예제 16에서 주어진 행렬 A와 그 결과를 이용하여 역행렬을 구하여라.

$$A=\begin{bmatrix}2 & 5 & 4\\ 0 & 2 & -1\\ 4 & -3 & 1\end{bmatrix}$$

풀이 $\det(A)=-54$이고 예제 16에서

$$\mathrm{adj}(A)=\begin{bmatrix}-1 & -17 & -13\\ -4 & -14 & 2\\ -8 & 26 & 4\end{bmatrix}$$

이므로, 정리 2.13으로부터

$$A^{-1} = \frac{1}{\det(A)}\operatorname{adj}(A) = \begin{bmatrix} \frac{1}{54} & \frac{17}{54} & \frac{13}{54} \\ \frac{4}{54} & \frac{14}{54} & -\frac{2}{54} \\ \frac{8}{54} & -\frac{26}{54} & -\frac{4}{54} \end{bmatrix}$$

이다. ■

> **정리 2.15** 행렬 A가 가역일 필요충분조건은 $\det(A) \neq 0$이다.

증명 A가 가역이면 역행렬 A^{-1}이 존재하여

$$AA^{-1} = A^{-1}A = I$$

이므로

$$\det(AA^{-1}) = \det(A)\det(A^{-1}) = \det(I) = 1$$

이다. 따라서 $\det(A) \neq 0$이다.
역으로 $\det(A) \neq 0$이면 정리 2.14에서 $A^{-1} = \frac{1}{\det(A)}\operatorname{adj}(A)$이므로 A는 가역이다.

■

n개의 미지수 x_1, x_2, $\cdots$, x_n으로 이루어진 n개의 연립1차방정식을 생각하자.

$$\begin{matrix} a_{11}x_1 + a_{12}x_2 + & \cdots & + a_{1n}x_n = b_1 \\ a_{21}x_1 + a_{22}x_2 + & \cdots & + a_{2n}x_n = b_2 \\ \vdots \quad\quad \vdots & \cdots & \vdots \quad\quad \vdots \\ a_{n1}x_1 + a_{n2}x_2 + & \cdots & + a_{nn}x_n = b_n \end{matrix}$$

이와 같은 방정식의 해를 구하기 위하여 연립1차방정식의 계수행렬 A, 미지수를 $n \times 1$ 행렬로 나타낸 X, 상수행렬 B를 이용하여 $AX = B$로 표현하면, 행렬 A가 가역일 경우에 A의 역행렬을 이용하여 연립1차방정식의 해를 쉽게 구할 수가 있다. 이것을 Cramer 법칙이라고 한다.

정리 2.16 (Cramer 법칙) n개의 미지수 x_1, x_2, $\cdots$, x_n으로 이루어진 n개의 연립1차방정식을 $AX = B$라 하자. $\det(A) \neq 0$이면, 연립1차방정식 $AX = B$는 다음과 같이 유일한 해를 갖는다.

$$x_1 = \frac{\det(A_1)}{\det(A)}, \quad x_2 = \frac{\det(A_2)}{\det(A)}, \quad \cdots, \quad x_n = \frac{\det(A_n)}{\det(A)}$$

여기서 A_j는

$$A_j = \begin{bmatrix} a_{11} & a_{12} & \cdots & a_{1j-1} & b_1 & a_{1j+1} & \cdots & a_{1n} \\ a_{21} & a_{22} & \cdots & a_{2j-1} & b_2 & a_{2j+1} & \cdots & a_{2n} \\ \vdots & \vdots & \cdots & \vdots & \vdots & \vdots & \cdots & \vdots \\ a_{n1} & a_{n2} & \cdots & a_{nj-1} & b_n & a_{nj+1} & \cdots & a_{nn} \end{bmatrix}$$

로서 행렬 A의 j열을 B로 대치한 행렬이다.

증명 $\det(A) \neq 0$이므로, 정리 2.14에 의해

$$\begin{aligned} X &= A^{-1}B \\ &= \frac{1}{\det(A)} \operatorname{adj}(A)B \\ &= \frac{1}{\det(A)} \begin{bmatrix} C_{11} & C_{21} & \cdots & C_{n1} \\ C_{12} & C_{22} & \cdots & C_{n2} \\ \vdots & \vdots & & \vdots \\ C_{1j} & C_{2j} & \cdots & C_{nj} \\ \vdots & \vdots & & \vdots \\ C_{1n} & C_{2n} & \cdots & C_{nn} \end{bmatrix} \begin{bmatrix} b_1 \\ b_2 \\ \\ \vdots \\ \\ b_n \end{bmatrix} \\ &= \frac{1}{\det(A)} \begin{bmatrix} b_1 C_{11} + b_2 C_{21} + \cdots + b_n C_{n1} \\ b_1 C_{12} + b_2 C_{22} + \cdots + b_n C_{n2} \\ \vdots \qquad \vdots \qquad\qquad \vdots \\ b_1 C_{1j} + b_2 C_{2j} + \cdots + b_n C_{nj} \\ \vdots \qquad \vdots \qquad\qquad \vdots \\ b_1 C_{1n} + b_2 C_{2n} + \cdots + b_n C_{nn} \end{bmatrix} \end{aligned}$$

이다. 따라서

$$x_j = \frac{1}{\det(A)}(b_1 C_{1j} + b_2 C_{2j} + \cdots + b_n C_{nj})$$

로 구할 수 있다. A_j의 j열에 관한 여인수전개에 의해

$$\det(A_j) = b_1 C_{1j} + b_2 C_{2j} + \cdots + b_n C_{nj}$$

이므로 다음 결과를 얻는다.

$$x_j = \frac{\det(A_j)}{\det(A)}$$ ■

예제 18 Cramer 법칙을 이용하여 다음 연립방정식을 풀어라.

$$\begin{aligned} 2x_1 - x_2 + 3x_3 &= 1 \\ 3x_1 + 2x_2 + 2x_3 &= -2 \\ -x_1 + x_3 &= 2 \end{aligned}$$

풀이 연립방정식의 계수행렬 A과 상수행렬 B는

$$A = \begin{bmatrix} 2 & -1 & 3 \\ 3 & 2 & 2 \\ -1 & 0 & 1 \end{bmatrix}, \quad B = \begin{bmatrix} 1 \\ -2 \\ 2 \end{bmatrix}$$

이고, 예제 14로부터 $\det(A) = 15$이다. 따라서 Cramer 법칙을 이용하여 해를 구하면 다음과 같다.

$$x_1 = \frac{\det(A_1)}{\det(A)} = \frac{\begin{vmatrix} 1 & -1 & 3 \\ -2 & 2 & 2 \\ 2 & 0 & 1 \end{vmatrix}}{15} = -\frac{16}{15}$$

$$x_2 = \frac{\det(A_2)}{\det(A)} = \frac{\begin{vmatrix} 2 & 1 & 3 \\ 3 & -2 & 2 \\ -1 & 2 & 1 \end{vmatrix}}{15} = -\frac{1}{3}$$

$$x_3 = \frac{\det(A_3)}{\det(A)} = \frac{\begin{vmatrix} 2 & -1 & 1 \\ 3 & 2 & -2 \\ -1 & 0 & 2 \end{vmatrix}}{15} = \frac{14}{15}$$ ■

연습문제 2.3

1 다음 행렬에 대하여 모든 여인수를 구하여라.

(1) $A = \begin{bmatrix} 3 & 1 & 2 \\ 0 & 1 & 4 \\ -1 & -1 & 1 \end{bmatrix}$ (2) $B = \begin{bmatrix} 2 & -1 & 1 & -1 \\ 1 & -1 & 0 & 2 \\ 4 & 3 & -1 & 0 \\ 2 & 0 & 1 & -2 \end{bmatrix}$

2 다음 행렬의 행렬식을 행이나 열에 관한 전개식을 이용하여 그 값을 구하여라.

(1) $\begin{bmatrix} 2 & 1 \\ -2 & -4 \end{bmatrix}$ (2) $\begin{bmatrix} 0 & 5 & -2 \\ 7 & 0 & 1 \\ -1 & -2 & 4 \end{bmatrix}$

(3) $\begin{bmatrix} 8 & -7 & 9 \\ 0 & -8 & 0 \\ -11 & 7 & -6 \end{bmatrix}$ (4) $\begin{bmatrix} 9 & 7 \\ 8 & -11 \end{bmatrix}$

(5) $\begin{bmatrix} 1 & 2 & 3 \\ 2 & 3 & 1 \\ 3 & 1 & -2 \end{bmatrix}$ (6) $\begin{bmatrix} -4 & 1 & 0 & 2 \\ 0 & -1 & 6 & 0 \\ 5 & 0 & -2 & -1 \\ 1 & 2 & 9 & 0 \end{bmatrix}$

(7) $\begin{bmatrix} 5 & -2 & 3 & 0 \\ 0 & 7 & -1 & 6 \\ 1 & -3 & 0 & -4 \\ -2 & 0 & -1 & 0 \end{bmatrix}$ (8) $\begin{bmatrix} 1 & 3 & 1 & 1 \\ 2 & 1 & 5 & 2 \\ 1 & -1 & 2 & 3 \\ 4 & 1 & -3 & 7 \end{bmatrix}$

3 다음 행렬 A에 대하여 $\det(A) = 0$이 되는 실수 a를 구하여라.

$$A = \begin{bmatrix} a-6 & 0 & 0 \\ 0 & a & -1 \\ 0 & 4 & a-4 \end{bmatrix}$$

4 다음 행렬에서 역행렬이 존재한다면 수반행렬을 이용하여 역행렬을 구하여라.

(1) $\begin{bmatrix} 2 & 6 \\ 1 & 3 \end{bmatrix}$ (2) $\begin{bmatrix} 4 & -2 \\ 3 & 1 \end{bmatrix}$

(3) $\begin{bmatrix} 1 & 1 & 1 \\ 2 & -1 & 3 \\ 0 & 1 & 2 \end{bmatrix}$ (4) $\begin{bmatrix} 4 & 0 & 4 \\ 2 & 3 & 0 \\ -1 & 0 & 1 \end{bmatrix}$

(5) $\begin{bmatrix} 3 & -1 & 2 \\ 0 & 1 & 4 \\ -2 & 2 & -1 \end{bmatrix}$ (6) $\begin{bmatrix} 1 & 2 & 3 \\ 2 & 1 & 3 \\ 3 & 2 & 1 \end{bmatrix}$

(7) $\begin{bmatrix} 0 & 2 & 1 & 3 \\ 2 & 5 & 0 & -2 \\ 4 & 0 & -1 & 0 \\ 0 & 3 & 9 & 2 \end{bmatrix}$

5 다음 4×4 행렬 A에 대하여 $\det(A^n)$을 계산하여라.

$$A = \begin{bmatrix} 2 & 5 & -3 & -2 \\ -2 & -3 & 2 & 5 \\ 1 & 3 & -2 & 2 \\ -1 & -6 & 4 & 3 \end{bmatrix}$$

6 행렬 $A = \begin{bmatrix} 1 & -2 & 0 \\ -1 & 3 & 2 \\ 1 & -1 & 4 \end{bmatrix}$에 대하여

(1) $\mathrm{adj}(A)$를 구하여라.

(2) (1)의 결과를 이용하여 A^{-1}를 구하여라.

7 다음 연립방정식의 해를 Cramer 법칙을 이용하여 구하여라.

(1) $\begin{cases} x + y + 2z = 1 \\ 2x + y = 0 \\ 3x + 2z = 1 \end{cases}$

(2) $\begin{cases} 2x - y + 3z = 3 \\ 3x + 2y + z = -2 \\ x - z = 2 \end{cases}$

(3) $\begin{cases} 7x - y + z = 0 \\ 10x - 2y - z = 8 \\ 6x + 3y + 2z = 7 \end{cases}$

2.4 행렬의 삼각분해

2.1절 행렬식의 정의에서 상삼각행렬과 하삼각행렬을 정의하였다. 다음 3×3 행렬

$$A = \begin{bmatrix} 1 & 7 & 2 \\ 0 & 3 & -2 \\ 0 & 0 & 1 \end{bmatrix},\ B = \begin{bmatrix} 1 & 7 & 2 \\ 0 & 1 & -2 \\ 0 & 0 & 1 \end{bmatrix},\ C = \begin{bmatrix} 3 & 0 & 0 \\ 2 & 1 & 0 \\ -2 & -3 & 5 \end{bmatrix},\ D = \begin{bmatrix} 1 & 0 & 0 \\ 2 & 1 & 0 \\ -2 & -3 & 1 \end{bmatrix}$$

에서 행렬 A와 B는 상삼각행렬이고, 행렬 C와 D는 하삼각행렬이다. 특히 B와 같이 주

대각원소를 1로 갖는 상삼각행렬을 **단위상삼각행렬**(unit upper triangular matrix)이라 하고, D와 같이 주대각원소를 1로 갖는 하삼각행렬을 **단위하삼각행렬**(unit lower triangular matrix)이라 한다.

임의의 행렬 A를 하삼각행렬 L과 상삼각행렬 U의 곱으로 표현하는 것을 **LU 분해**(LU decomposition or LU factorization)라 한다. LU 분해는 행렬 A에 기본행연산을 사용해서 상삼각행렬 U를 얻는 과정에서 구할 수 있다.

예를 들어 행렬 $A=\begin{bmatrix} 2 & 4 & 2 \\ 1 & 5 & 2 \\ 4 & -1 & 9 \end{bmatrix}$로부터 상삼각행렬 U를 얻어보자. 행렬 A의 원소 a_{21}를 0으로 만들어 주기 위하여 1행의 원소에 $-\dfrac{1}{2}$을 곱하여 2행과 더하면 행렬 A_1과 기본행렬 E_1을 얻는다.

$$A_1=\begin{bmatrix} 2 & 4 & 2 \\ 0 & 3 & 1 \\ 4 & -1 & 9 \end{bmatrix}, \quad E_1=\begin{bmatrix} 1 & 0 & 0 \\ -\dfrac{1}{2} & 1 & 0 \\ 0 & 0 & 1 \end{bmatrix}$$

행렬 A_1의 원소 a_{31}를 0으로 만들어 주기 위하여 1행의 원소에 -2를 곱하여 3행과 더하면 행렬 A_2와 기본행렬 E_2를 얻는다.

$$A_2=\begin{bmatrix} 2 & 4 & 2 \\ 0 & 3 & 1 \\ 0 & -9 & 5 \end{bmatrix}, \quad E_2=\begin{bmatrix} 1 & 0 & 0 \\ 0 & 1 & 0 \\ -2 & 0 & 1 \end{bmatrix}$$

행렬 A_2의 원소 a_{32}를 0으로 만들어 주기 위하여 2행의 원소에 3을 곱하여 3행과 더하면 행렬 A_3와 기본행렬 E_3를 얻는다.

$$A_3=\begin{bmatrix} 2 & 4 & 2 \\ 0 & 3 & 1 \\ 0 & 0 & 8 \end{bmatrix}, \quad E_3=\begin{bmatrix} 1 & 0 & 0 \\ 0 & 1 & 0 \\ 0 & 3 & 1 \end{bmatrix}$$

따라서 $E_3E_2E_1A=A_3$이다. 그런데 기본행렬 E_i들은 가역이므로

$$A=E_1^{-1}E_2^{-1}E_3^{-1}A_3$$

이다. E_1, E_2, E_3가 단위하삼각행렬이므로, E_1^{-1}, E_2^{-1}, E_3^{-1}도 단위하삼각행렬이다. 따라서 행렬

$$L=(E_3E_2E_1)^{-1}=\begin{bmatrix} 1 & 0 & 0 \\ \dfrac{1}{2} & 1 & 0 \\ 2 & -3 & 1 \end{bmatrix}$$

의 주대각원소 밑에 있는 원소 $\frac{1}{2}$, 2, -3은 각각 E_1, E_2, E_3에 들어 있는 원소 $-\frac{1}{2}$, -2, 3의 부호를 바꾼 것이다. 또한 상삼각행렬

$$U = A_3 = \begin{bmatrix} 2 & 4 & 2 \\ 0 & 3 & 1 \\ 0 & 0 & 8 \end{bmatrix}$$

이다.

위와 같은 연산이 항상 가능한 것은 아니다. 예를 들어 만일 행렬 A의 원소 a_{11}이 0이면 위의 연산은 불가능하다. 또 A로부터 상삼각행렬을 얻는 과정에서 중도에 주대각원소에 0이 나타나면 더 이상 위의 연산을 계속할 수가 없을 것이다.

정의 2.17 행렬 $A = [a_{ij}]_{n \times n}$에 대하여

$$A_k = \begin{bmatrix} a_{11} \cdots a_{1k} \\ \vdots \quad\quad \vdots \\ a_{k1} \cdots a_{kk} \end{bmatrix} \quad (1 \le k \le n)$$

을 A의 기본소행렬이라 한다.

정리 2.18 행렬 $A = [a_{ij}]_{n \times n}$의 기본소행렬들을 $A_k (1 \le k \le n)$라 할 때 모든 k에 대하여 $\det(A_k) \neq 0$이면 $A = LU$인 단위하삼각행렬 L과 단위상삼각행렬 U가 존재한다.

증명 $A^{[n]}$을 n차 정사각행렬이라 하자.

(1) $n = 1$일 경우, $A^{[1]} = [a_{11}]$이므로 가정에 의하여 $a_{11} \neq 0$이므로 명백하다.

(2) $n = 2$일 경우, $A^{[2]} = \begin{bmatrix} a_{11} & a_{12} \\ a_{21} & a_{22} \end{bmatrix}$라면 가정에 의하여 $a_{11} \neq 0$, $\det(A^{[2]}) \neq 0$이다.

$A^{[2]}$의 (2, 1) 원소를 0으로 만들어주기 위하여 $A^{[2]}$의 1행에 $-\frac{a_{21}}{a_{11}}$을 곱하여 2행에 더한다. 따라서

$$U^{[2]} = \begin{bmatrix} a_{11} & a_{12} \\ 0 & d_2 \end{bmatrix} \quad \left(\text{가정에 의하여 } d_2 = \frac{a_{11}a_{22} - a_{12}a_{21}}{a_{11}} \neq 0\right)$$

이 되고,

$$L^{[2]}=\begin{bmatrix} 1 & 0 \\ \dfrac{a_{21}}{a_{11}} & 1 \end{bmatrix}$$

이므로 $A^{[2]}=L^{[2]}U^{[2]}$이다. 따라서 2×2 행렬 $A^{[2]}$에 대하여 정리가 성립한다.

(3) $n=l$일 경우, 정리의 조건을 만족하는 행렬 $L^{[l]}$, $U^{[l]}$가 존재하여 $A^{[l]}=L^{[l]}U^{[l]}$이라 가정하자. 그러면 $A^{[l+1]}$을 다음과 같이 나타낼 수 있다.

$$A^{[l+1]}=\begin{bmatrix} & & & a_{1,l+1} \\ & A^{[l]} & & a_{2,l+1} \\ & & & \vdots \\ a_{l+1,1} & a_{l+1,2} & \cdots & a_{l+1,l+1} \end{bmatrix}$$

$A^{[l]}$에서 $U^{[l]}$을 얻은 것과 똑같은 기본행연산을 $A^{[l+1]}$에 대해서도 그대로 시행하자. 이렇게 해서 얻은 행렬 $\widetilde{A}^{[l+1]}$은 다음과 같다.

$$\widetilde{A}^{[l+1]}=\begin{bmatrix} d_1 & 0 & \cdots & 0 & a_{1,l+1} \\ 0 & d_2 & & \vdots & a_{2,l+1} \\ \vdots & & \ddots & 0 & \\ 0 & \cdots & 0 & d_{l+1} & \vdots \\ a_{l+1,1} & a_{l+1,2} & & \cdots & a_{l+1,l+1} \end{bmatrix} \quad (\text{단, } a_{11}=d_1)$$

$\widetilde{A}^{[l+1]}$에 다시 적당한 기본행연산을 하면 $a_{l+1,1}$, $a_{l+1,2}$, $\cdots$, $a_{l+1,l+1}$들이 0이 되게 할 수 있다. 이렇게 해서 얻은 행렬 $U^{[l+1]}$은

$$U^{[l+1]}=\begin{bmatrix} d_1 & & & * \\ & d_2 & & \\ & & \ddots & \\ O & & & d_{l+1} \end{bmatrix}$$

이다. 만일 $d_{l+1}=0$이면 $\det(U^{[l+1]})=0$이다. $\widetilde{A}^{[l+1]}$에 시행한 기본행연산들은 모두 $\det(\widetilde{A}^{[l+1]})$에 영향을 미치지 않는 기본행연산이므로 $d_{l+1}=0$이면 $\det(\widetilde{A}^{[l+1]})=0$이 되어 가정에 모순이다. 따라서 $d_{l+1}\neq 0$이다. $\widetilde{A}^{[l+1]}$에 시행한 기본행연산들은 단위하삼각행렬로 표현할 수 있으므로, 상삼각행렬 $U^{[l+1]}$과 단위하삼각행렬들의 곱인 단위하삼각행렬 $L^{[l+1]}$이 존재하여 $A^{[l+1]}=L^{[l+1]}U^{[l+1]}$이 성립한다. ■

정리 2.18에서 얻은 상삼각행렬 U는 다시 다음과 같이 표시할 수 있다.

$$U = \begin{bmatrix} d_1 & a_{12} & a_{13} \cdots & a_{1n} \\ & d_2 & a_{23} \cdots & \vdots \\ & & \ddots & \vdots \\ & & \ddots & \vdots \\ O & & & d_n \end{bmatrix}$$

$$= \begin{bmatrix} d_1 & & & O \\ & d_2 & & \\ & & \ddots & \\ O & & & d_n \end{bmatrix} \begin{bmatrix} 1 & \dfrac{a_{12}}{d_1} & \dfrac{a_{13}}{d_1} \cdots & \dfrac{a_{1n}}{d_1} \\ & 1 & \dfrac{a_{23}}{d_2} \cdots & \dfrac{a_{2n}}{d_2} \\ & & \ddots & \vdots \\ O & & & 1 \end{bmatrix}$$

따라서 행렬 A가 정리 2.18의 조건을 만족하면 A는 다음과 같이 분해된다.

$$A = LDU$$

즉 L과 U는 단위하삼각행렬과 단위상삼각행렬이고 D는 주대각원소가 d_1, d_2, $\cdots$, d_n으로 모두 0이 아닌 대각행렬이다.

> **정리 2.19** n차 정사각행렬 A가 LDU 형태로 분해될 수 있으면 그 방법은 유일하다.

증명 $A = L_1 D_1 U_1 = L_2 D_2 U_2$라 가정하자. 그러면 다음 식이 성립한다.

$$U_1 U_2^{-1} = D_1^{-1} L_1^{-1} L_2 D_2$$

좌변은 상삼각행렬이고 우변은 하삼각행렬이다. 두 행렬이 같기 위해서는 양변이 모두 대각행렬이어야 한다. U_1, U_2가 단위상삼각행렬이므로, $U_1 U_2^{-1} = I$이어야 한다. 따라서 $U_1 = U_2$를 얻는다. $L_1^{-1} L_2 = D_1 U_1 U_2^{-1} D_2^{-1}$로부터 $L_1^{-1} L_2$는 대각행렬이어야 하고, L_1, L_2가 단위하삼각행렬이므로 $L_1 L_2^{-1} = I$이어야 한다. 따라서 $L_1 = L_2$를 얻는다. $U_1 = U_2$이고 $L_1 = L_2$이므로 LDU 형태로 유일하게 분해된다. ■

정리 2.20 n차 정사각행렬 A가 대칭행렬이고 A가 LDU 형태로 분해될 수 있으면 $L=U^T$이다.

증명 $A^T=U^TD^TL^T=U^TDL^T$이므로

$$A=LDU=U^TDL^T$$

이다. 그런데 LDU 형태로 분해하는 방법은 유일하므로 $L=U^T$이다. ■

행렬의 LU 분해는 연립방정식의 해를 구할 때 이용할 수 있다. 만약 연립방정식을 행렬로 표현한 것이

$$AX=B$$

이고 계수행렬 A가 LU 분해 가능하다면 다음과 같은 방법으로 해를 구할 수 있다.

먼저 $UX=Y$라 하자. 그러면

$$AX=LUX=LY=B$$

는 다음 2단계로 해를 구할 수 있다.

(1단계) $LY=B$에서 Y를 구한다.

(2단계) 1단계에서 구한 Y와 $UX=Y$를 이용해서 연립방정식의 해 X를 구한다.

예제 19 LU 분해를 이용하여 다음 연립방정식의 해를 구하여라.

$$\begin{bmatrix} 2 & 4 & 2 \\ 1 & 5 & 2 \\ 4 & -1 & 9 \end{bmatrix}\begin{bmatrix} x_1 \\ x_2 \\ x_3 \end{bmatrix}=\begin{bmatrix} 3 \\ 1 \\ 2 \end{bmatrix}$$

풀이 계수행렬을 A라 하고 A를 LU 분해하면

$$A=LU=\begin{bmatrix} 1 & 0 & 0 \\ \frac{1}{2} & 1 & 0 \\ 2 & -3 & 1 \end{bmatrix}\begin{bmatrix} 2 & 4 & 2 \\ 0 & 3 & 1 \\ 0 & 0 & 8 \end{bmatrix}$$

이다. $UX=Y$를 만족하는 Y는

$$LY=\begin{bmatrix} 1 & 0 & 0 \\ \frac{1}{2} & 1 & 0 \\ 2 & -3 & 1 \end{bmatrix}\begin{bmatrix} y_1 \\ y_2 \\ y_3 \end{bmatrix}=\begin{bmatrix} 3 \\ 1 \\ 2 \end{bmatrix}=B$$

로부터

$$y_1=3, \quad y_2=-\frac{1}{2}, \quad y_3=-\frac{11}{2}$$

임을 알 수 있다. 구한 Y를 이용해 $UX=Y$를 만족하는 X는

$$UX=\begin{bmatrix} 2 & 4 & 2 \\ 0 & 3 & 1 \\ 0 & 0 & 8 \end{bmatrix}\begin{bmatrix} x_1 \\ x_2 \\ x_3 \end{bmatrix}=\begin{bmatrix} y_1 \\ y_2 \\ y_3 \end{bmatrix}=Y$$

로부터

$$x_1=\frac{33}{16}, \quad x_2=\frac{1}{16}, \quad x_3=-\frac{11}{16}$$

을 얻는다. ■

연습문제 2.4

1 다음 연립방정식의 해를 LU 분해를 이용하여 구하여라.

$$\begin{cases} 2x+5y=2 \\ -3x-4y=1 \end{cases}$$

(1) 계수행렬의 LU 분해를 구하여라.

(2) LU 분해를 이용하여 연립방정식의 해를 구하여라.

2 다음 연립방정식의 해를 LU 분해를 이용하여 구하여라.

$$\begin{cases} 4x+3y-5z=2 \\ -4x-5y+7z=1 \\ 8x+6y-8z=-2 \end{cases}$$

(1) 계수행렬의 LU 분해를 구하여라.

(2) LU 분해를 이용하여 연립방정식의 해를 구하여라.

3 다음 연립방정식의 해를 LU 분해를 이용하여 구하여라.

$$\begin{cases} 2x + y + z = 2 \\ 4x + y = 3 \\ -2x + 2y + z = 5 \end{cases}$$

(1) 계수행렬의 LU 분해를 구하여라.

(2) LU 분해를 이용하여 연립방정식의 해를 구하여라.

CHAPTER 3

2차원 평면 및 3차원 공간에서의 벡터

CHAPTER 3
2차원 평면 및 3차원 공간에서의 벡터

3.1 벡터의 기하학적 의미

온도, 시간, 길이, 높이 등과 같은 물리적인 양은 크기만으로 나타낼 수 있다. 그러나 힘, 속도, 가속도와 같은 물리적인 양은 크기뿐만 아니라 방향의 개념까지도 필요하다. 이처럼 크기만을 가지는 물리적인 양을 **스칼라**(scalar)라 하고 이를 실수로 표현하며, 크기와 방향을 동시에 가지는 물리적인 양을 **벡터**(vector)라 한다.

벡터는 기하학적으로 2차원 평면 및 3차원 공간에서 유향선분 또는 화살표로 표현할 수 있다. 화살표는 벡터의 **방향**(direction)을 나타내고, 그 길이는 **크기**(magnitude)를 표시한다. 이때 화살표의 출발점을 **시점**(initial point)이라 하고, 화살표가 끝나는 점을 **종점**(terminal point)이라 한다. 벡터의 표시는 $\mathbf{v}$, $\mathbf{w}$와 같이 인쇄체 소문자의 굵은 글씨로 나타내고, 스칼라의 표시는 벡터와 구별하기 위하여 k, l 등과 같이 이탤릭체 소문자로 표시한다.

그림 3.1(a)에서 벡터 $\mathbf{v}$의 시점이 A이고 종점이 B인 경우

$$\mathbf{v} = \overrightarrow{AB}$$

로 표기한다. 그림 3.1(b)에 놓여 있는 모든 벡터들은 각각 다른 위치에 놓여 있지만 같은 크기와 방향을 가지고 있다. 이와 같이 두 벡터가 같은 크기와 방향을 가질 때 이 벡터들은 **동치**(equivalent)라고 한다. 벡터는 크기와 방향을 갖는 양이므로 그 시점이 어디인가는 문제가 되지 않고, 동치인 벡터는 모두 동일한 것으로 간주한다. 두 벡터 $\mathbf{v}$와 $\mathbf{w}$가 동치일 때

$$\mathbf{v} = \mathbf{w}$$

라고 쓴다.

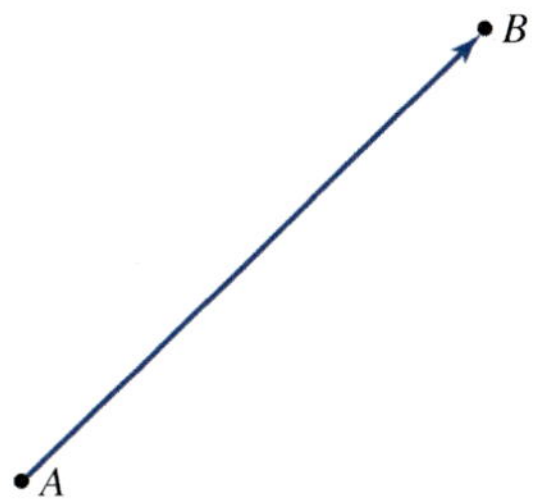

(a) 벡터 $\overrightarrow{AB}$

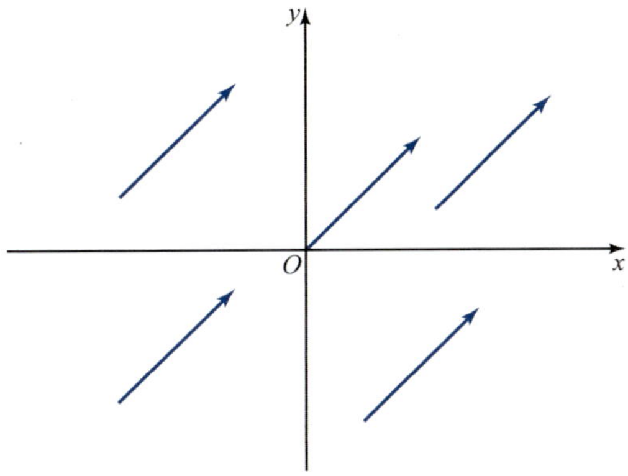

(b) 동치인 여러 벡터

그림 3.1

정의 3.1 두 벡터 $\mathbf{v}$, $\mathbf{w}$와 스칼라 k에 대하여 두 벡터의 합(sum) $\mathbf{v}+\mathbf{w}$와 스칼라배(scalar multiple) $k\mathbf{v}$를 다음과 같이 정의한다.

(a) $\mathbf{v}$의 종점에 $\mathbf{w}$의 시점을 일치시키면, $\mathbf{v}+\mathbf{w}$는 $\mathbf{v}$의 시점에 $\mathbf{w}$의 종점을 잇는 화살표로 표시되는 벡터이다[그림 3.2(a)]. 또는 $\mathbf{v}$와 $\mathbf{w}$를 같은 시점에 놓았을 때 만들어지는 평행사변형의 대각선으로 표시되는 벡터이다[그림 3.2(b)].

(b) $k\mathbf{v}$는 $k>0$이면 $\mathbf{v}$와 같은 방향으로 $\mathbf{v}$의 크기에 k배하여 얻어지는 벡터이고, $k<0$이면 $\mathbf{v}$와 반대 방향으로 $\mathbf{v}$의 크기에 $|k|$배만큼의 크기를 갖는 벡터이다(그림 3.3). 만약 $k=0$이거나 $\mathbf{v}=\mathbf{0}$(정의 3.2)이면 $k\mathbf{v}$는 크기가 0인 벡터이다.

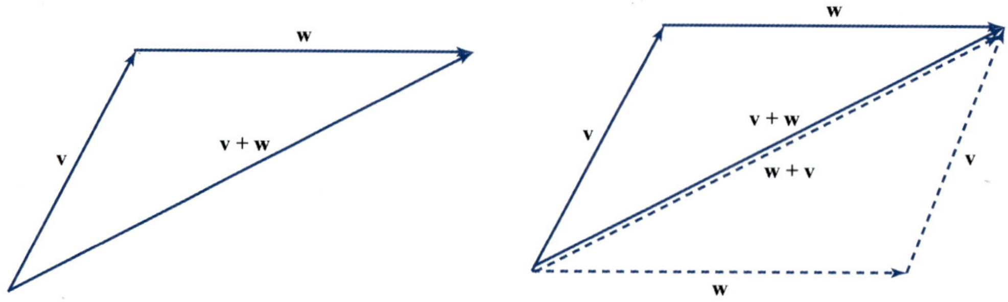

(a) (b)

그림 3.2

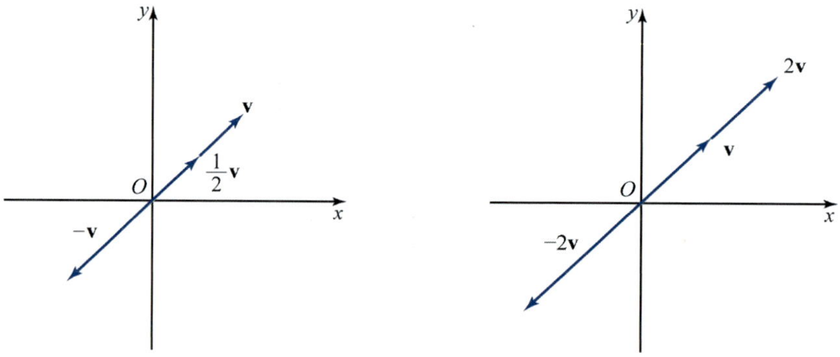

(a) (b)

그림 3.3

그림 3.3(a)는 벡터 $\mathbf{v}$와 $\frac{1}{2}\mathbf{v}$, $-\mathbf{v}$, 그림 3.3(b)는 벡터 $\mathbf{v}$와 $2\mathbf{v}$, 그리고 $-2\mathbf{v}$와의 관계를 보여준다.

정의 3.2 크기가 0인 벡터를 **영벡터**(zero vector)라 정의하고, $\mathbf{0}$으로 나타낸다. 영벡터는 임의의 벡터 $\mathbf{v}$에 대하여

$$\mathbf{v} + \mathbf{0} = \mathbf{v}, \quad \mathbf{v} + (-1)\mathbf{v} = \mathbf{0}$$

이 성립한다. 여기서 $(-1)\mathbf{v} = -\mathbf{v}$로 정의하며 $-\mathbf{v}$를 $\mathbf{v}$의 음벡터(negative vector)라 한다.

벡터에 관한 여러 가지 문제들은 직교좌표계를 도입함으로써 간단하게 해결할 수 있다.

2차원 평면에서의 벡터를 다루고 난 후에 3차원 공간의 벡터를 다룰 것이다.

정의 3.3 v_1, v_2가 실수일 때 순서쌍 (v_1, v_2)를 **평면벡터**(vector in the plane, R^2)라 하고

$$\mathbf{v} = (v_1, v_2)$$

로 나타낸다. 이때 실수 v_1, v_2를 평면벡터 $\mathbf{v}$의 **성분**(components)이라 한다.

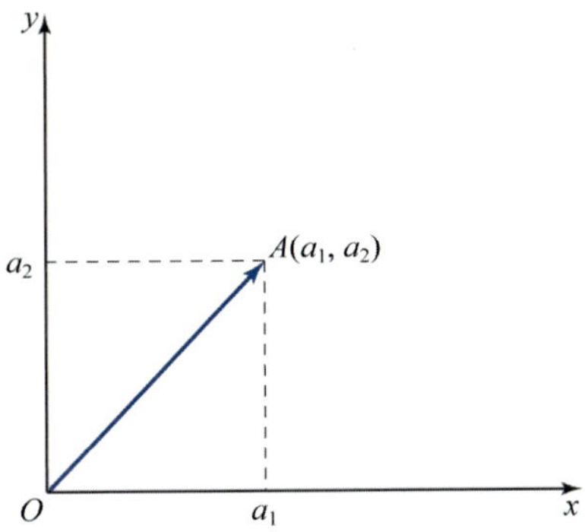

그림 3.4

순서쌍 (a_1, a_2)는 시점이 $O(0, 0)$이고, 종점이 $A(a_1, a_2)$인 유향선분 $\overrightarrow{OA} = (a_1, a_2)$를 대응시킬 수 있다. 따라서 그림 3.4와 같이 2차원 직교좌표계에서 R^2의 각 원소 (a_1, a_2)는 점 $A(a_1, a_2)$를 나타내기도 하고, 또 기하학적 벡터 $\overrightarrow{OA} = (a_1, a_2)$를 나타내기도 한다. $\overrightarrow{OA}$와 같이 시점이 원점 O이고 종점이 A인 벡터를 점 A의 **위치벡터**(position vector)라 한다.

만약 동치인 벡터 $\mathbf{v}$와 $\mathbf{w}$의 시점이 원점에 위치한다면, 그들의 종점도 일치한다. 따라서 두 벡터는 같은 성분을 가진다. 역으로 같은 성분을 가지는 두 벡터는 같은 크기와 방향을 가지며, 또한 동치이다. 다시 말해서 두 벡터 $\mathbf{v} = (v_1, v_2)$, $\mathbf{w} = (w_1, w_2)$가 동치일 필요충분조건은 다음과 같다.

$$v_1 = w_1, \quad v_2 = w_2$$

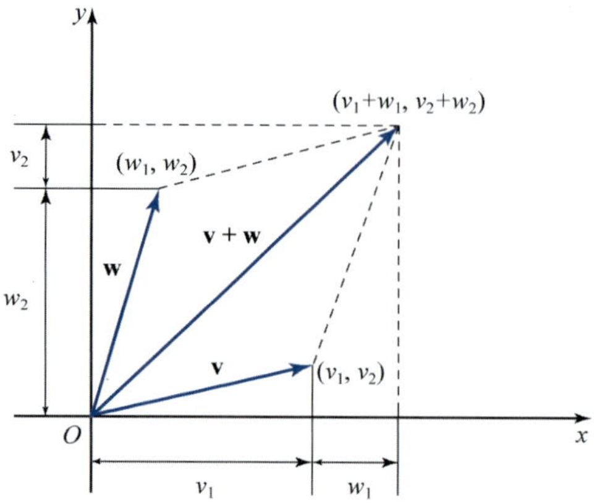

(a) 평행사변형 법칙

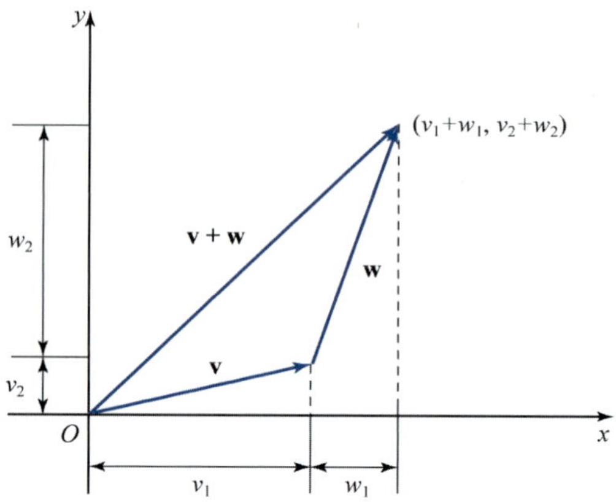

(b) 삼각형 법칙

그림 3.5

벡터의 합과 스칼라배 연산은 그 성분을 사용함으로써 쉽게 표현된다. 두 벡터 $\mathbf{v} = (v_1,\ v_2)$, $\mathbf{w} = (w_1,\ w_2)$와 스칼라 k에 대하여 벡터 $\mathbf{v}$와 $\mathbf{w}$의 합은

$$\mathbf{v} + \mathbf{w} = (v_1 + w_1,\ v_2 + w_2)$$

이다[그림 3.5(a), (b)].

벡터 $\mathbf{v}$(그림 3.6)의 k 스칼라배는

$$k\mathbf{v} = (kv_1,\ kv_2)$$

이다[그림 3.7(a), (b)].

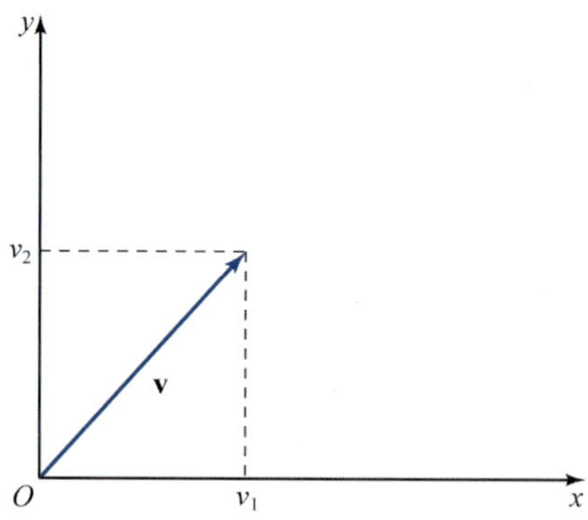

그림 3.6

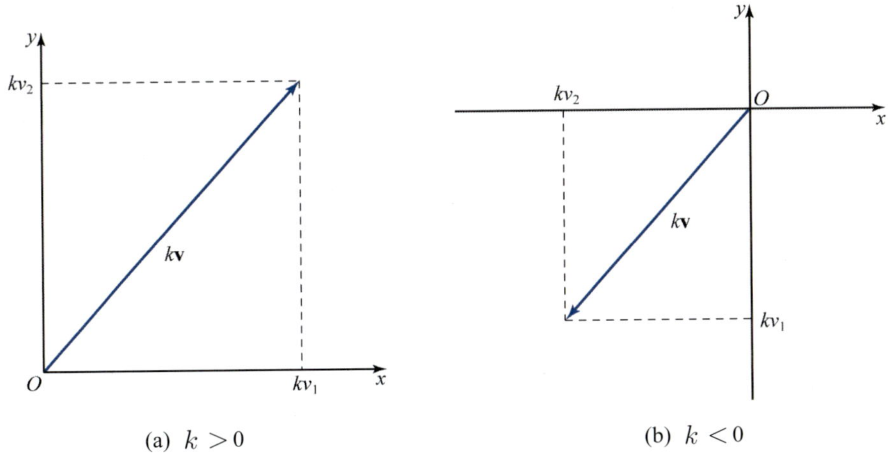

그림 3.7

정의 3.4 두 벡터 $\mathbf{v}=(v_1,\ v_2)$, $\mathbf{w}=(w_1,\ w_2)$의 차(difference)는 다음과 같이 정의한다.

$$\mathbf{v}-\mathbf{w}=\mathbf{v}+(-\mathbf{w})=(v_1-w_1,\ v_2-w_2)$$

이는 $\mathbf{v}$와 $-\mathbf{w}$를 같은 시점에 놓았을 때 만들어지는 평행사변형의 대각선으로 표시되는 벡터이다[그림 3.8(a)]. 또는 $\mathbf{v}$의 종점에 $-\mathbf{w}$의 시점을 일치시킨 벡터와 동일한 벡터가 된다[그림 3.8(b)].

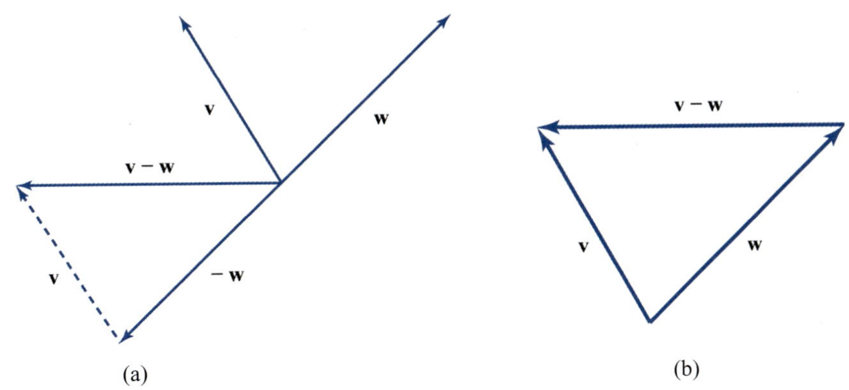

그림 3.8

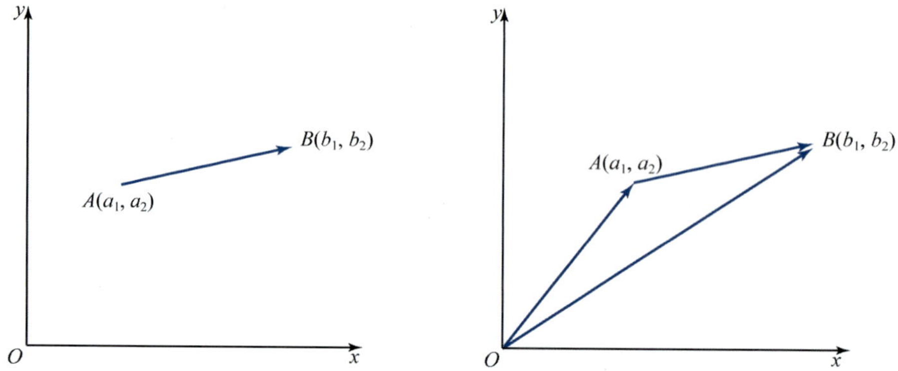

(a) $\overrightarrow{AB}$ (b) $\overrightarrow{AB} = \overrightarrow{OB} - \overrightarrow{OA}$

그림 3.9

이·공학의 응용분야에서는 시점이 원점이 아닌 점 $A(a_1,\ a_2)$와 종점이 $B(b_1,\ b_2)$인 2차원 벡터 $\overrightarrow{AB}$의 취급이 필요한 경우가 있다(그림 3.9). 이때 벡터는

$$\overrightarrow{AB} = \overrightarrow{OB} - \overrightarrow{OA} = (b_1 - a_1,\ b_2 - a_2)$$

와 같이 표현된다.

벡터들이 2차원 평면에서 2개의 실수로 표현될 수 있는 것처럼 3차원 공간에서도 직교좌표계에 의한 3개의 실수로 표현될 수 있다.

정의 3.5 $v_1,\ v_2,\ v_3$가 실수일 때 순서쌍 $(v_1,\ v_2,\ v_3)$를 공간벡터(vector in the space, R^3)라 하고

$$\mathbf{v} = (v_1,\ v_2,\ v_3)$$

로 나타낸다. 이때 실수 $v_1,\ v_2,\ v_3$를 공간벡터 $\mathbf{v}$의 성분(components)이라고 한다.

2차원 벡터와 마찬가지로 3차원 직교좌표계에서 R^3의 각 원소 $(a_1,\ a_2,\ a_3)$는 점 $A(a_1,\ a_2,\ a_3)$를 나타내기도 하고, 또 기하학적 벡터 $\overrightarrow{OA} = (a_1,\ a_2,\ a_3)$를 나타내기도 한다(그림 3.10). 또 시점이 원점이 아닌 점 $A(a_1,\ a_2,\ a_3)$와 종점이 $B(b_1,\ b_2,\ b_3)$인 3차원 벡터 $\overrightarrow{AB}$는

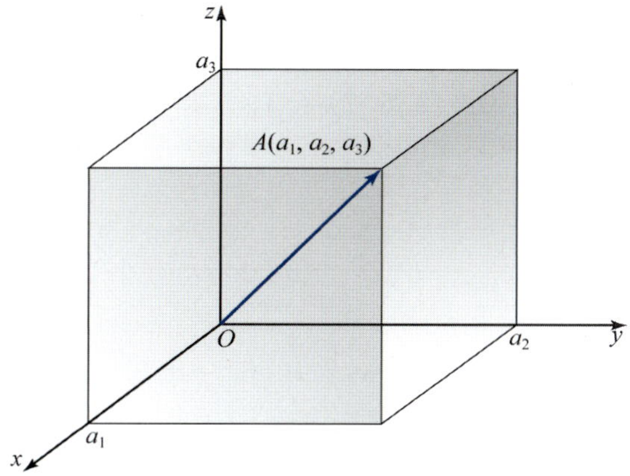

그림 3.10

$$\overrightarrow{AB} = \overrightarrow{OB} - \overrightarrow{OA} = (b_1 - a_1,\ b_2 - a_2,\ b_3 - a_3)$$

이다.

만약 3차원 공간 내에 두 벡터 $\mathbf{v} = (v_1, v_2, v_3)$와 $\mathbf{w} = (w_1, w_2, w_3)$가 주어지면, 평면에서와 마찬가지로 $\mathbf{v}$와 $\mathbf{w}$가 동치일 필요충분조건은

$$v_1 = w_1$$
$$v_2 = w_2$$
$$v_3 = w_3$$

이다. 두 벡터의 합과 스칼라배는

(a) $\mathbf{v} + \mathbf{w} = (v_1 + w_1,\ v_2 + w_2,\ v_3 + w_3)$

(b) $k\mathbf{v} = (kv_1,\ kv_2,\ kv_3)$ (k는 스칼라)

이다.

예제 1 $\mathbf{v} = (4, -2, 1)$, $\mathbf{w} = (-3, 2, 4)$일 때 $\mathbf{v}+\mathbf{w}$, $2\mathbf{v}$, $2\mathbf{v}-3\mathbf{w}$를 구하여라.

풀이 $\mathbf{v} + \mathbf{w} = (4 + (-3),\ (-2) + 2,\ 1 + 4) = (1, 0, 5)$

$2\mathbf{v} = (2 \times 4,\ 2 \times (-2),\ 2 \times 1) = (8, -4, 2)$

$$2\mathbf{v} - 3\mathbf{w} = (2 \times 4 - 3 \times (-3),\ 2 \times (-2) - 3 \times 2,\ 2 \times 1 - 3 \times 4)$$
$$= (17, -10, -10)$$

■

예제 2 시점이 $P_1(2, 5, 7)$이고 종점이 $P_2(3, 1, 2)$인 벡터 $\overrightarrow{P_1P_2}$를 구하여라.

풀이 벡터 $\mathbf{v} = \overrightarrow{P_1P_2} = (3, 1, 2) - (2, 5, 7) = (1, -4, -5)$이다. ■

연습문제 3.1

1 $\mathbf{u} = (2, -7, 1)$, $\mathbf{v} = (-3, 0, 4)$, $\mathbf{w} = (0, 5, -8)$일 때 다음과 같은 벡터의 성분을 구하여라.

(1) $3\mathbf{u} - 4\mathbf{v}$

(2) $2\mathbf{u} + 3\mathbf{v} - 5\mathbf{w}$

2 다음 식을 만족하는 스칼라 c_1, c_2, c_3를 구하여라.

$$c_1(1, 1, 1) + c_2(1, 1, 0) + c_3(1, 0, 0) = (2, -3, 4)$$

3 시점이 P_1이고 종점이 P_2인 아래와 같은 벡터의 성분을 구하여라.

(1) $P_1(3, 5)$, $P_2(2, 8)$

(2) $P_1(6, 5, 8)$, $P_2(8, -7, -3)$

4 벡터 $\mathbf{v} = (3, 1, -2)$와 같은 방향을 가지고, 시점이 $P(2, 5, 3)$인 벡터를 구하여라.

5 벡터 $\mathbf{v} = (-3, 0, 2)$와 반대 방향을 가지고, 종점이 $Q(2, 0, 7)$인 벡터를 구하여라.

3.2 벡터의 노름 및 연산

정리 3.6 2차원 평면 혹은 3차원 공간에서의 벡터 $\mathbf{u}$, $\mathbf{v}$, $\mathbf{w}$와 스칼라 k, l이 주어졌을 때, 다음의 관계식이 성립한다.

(a) $\mathbf{u}+\mathbf{v}=\mathbf{v}+\mathbf{u}$

(b) $(\mathbf{u}+\mathbf{v})+\mathbf{w}=\mathbf{u}+(\mathbf{v}+\mathbf{w})$

(c) $\mathbf{u}+\mathbf{0}=\mathbf{0}+\mathbf{u}=\mathbf{u}$

(d) $\mathbf{u}+(-\mathbf{u})=\mathbf{0}$

(e) $k(l\mathbf{u})=(kl)\mathbf{u}$

(f) $k(\mathbf{u}+\mathbf{v})=k\mathbf{u}+k\mathbf{v}$

(g) $(k+l)\mathbf{u}=k\mathbf{u}+l\mathbf{u}$

(h) $1\mathbf{u}=\mathbf{u}$

증명 (a)와 (b)만 증명하고 나머지는 연습문제로 남긴다. 먼저 평면벡터에 관해 증명하기로 하자. 공간벡터의 증명은 이를 확장하여 보일 수 있다.

$\mathbf{u}=(u_1,\ u_2)$, $\mathbf{v}=(v_1,\ v_2)$, $\mathbf{w}=(w_1,\ w_2)$라 하자.

(a) $$\begin{aligned}\mathbf{u}+\mathbf{v}&=(u_1+v_1,\ u_2+v_2)\\&=(v_1+u_1,\ v_2+u_2)\\&=(v_1,\ v_2)+(u_1,\ u_2)\\&=\mathbf{v}+\mathbf{u}\end{aligned}$$

(b) $$\begin{aligned}(\mathbf{u}+\mathbf{v})+\mathbf{w}&=[(u_1,\ u_2)+(v_1,\ v_2)]+(w_1,\ w_2)\\&=(u_1+v_1,\ u_2+v_2)+(w_1,\ w_2)\\&=([u_1+v_1]+w_1,\ [u_2+v_2]+w_2)\\&=(u_1+[v_1+w_1],\ u_2+[v_2+w_2])\\&=(u_1,\ u_2)+(v_1+w_1,\ v_2+w_2)\\&=\mathbf{u}+(\mathbf{v}+\mathbf{w})\end{aligned}$$

이것을 그림으로 나타내면 그림 3.11과 같다. ■

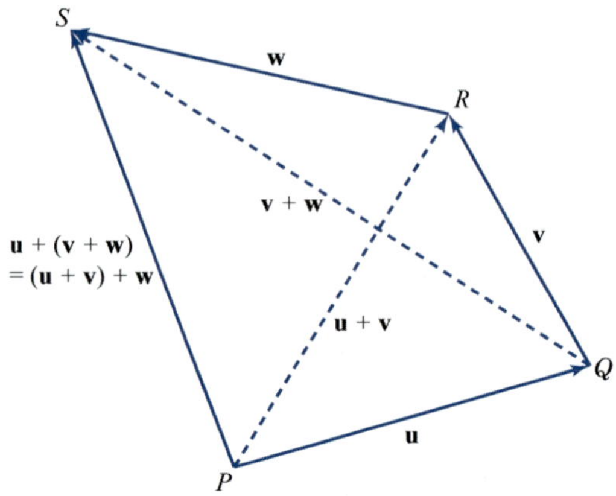

그림 3.11

벡터 $\mathbf{v}$의 크기를 벡터 $\mathbf{v}$의 노름(norm)이라 하고, $\|\mathbf{v}\|$로 표기한다. 2차원 평면에서의 벡터 $\mathbf{v} = (v_1,\ v_2)$의 노름은 피타고라스 정리에 의하여 다음과 같이 구해진다[그림 3.12(a)].

$$\|\mathbf{v}\| = \sqrt{v_1^2 + v_2^2}$$

두 점 $P_1(x_1,\ y_1)$, $P_2(x_2,\ y_2)$가 주어졌을 때, 그 두 점 사이의 거리 $d(P_1,\ P_2)$는 벡터 $\overrightarrow{P_1P_2}$의 노름이다. 즉

$$\overrightarrow{P_1P_2} = (x_2 - x_1,\ y_2 - y_1)$$

이므로

$$d(P_1,\ P_2) = \|\overrightarrow{P_1P_2}\| = \sqrt{(x_2 - x_1)^2 + (y_2 - y_1)^2}$$

으로 주어진다.

또한 3차원 공간에서의 벡터 $\mathbf{v} = (v_1,\ v_2,\ v_3)$의 노름은 피타고라스 정리에 의하여

$$\begin{aligned}\|\mathbf{v}\| &= \sqrt{\|\overrightarrow{OR}\|^2 + \|\overrightarrow{RP}\|^2} \\ &= \sqrt{\|\overrightarrow{OQ}\|^2 + \|\overrightarrow{OS}\|^2 + \|\overrightarrow{RP}\|^2} \\ &= \sqrt{v_1^2 + v_2^2 + v_3^2}\end{aligned}$$

이다[그림 3.12(b)].

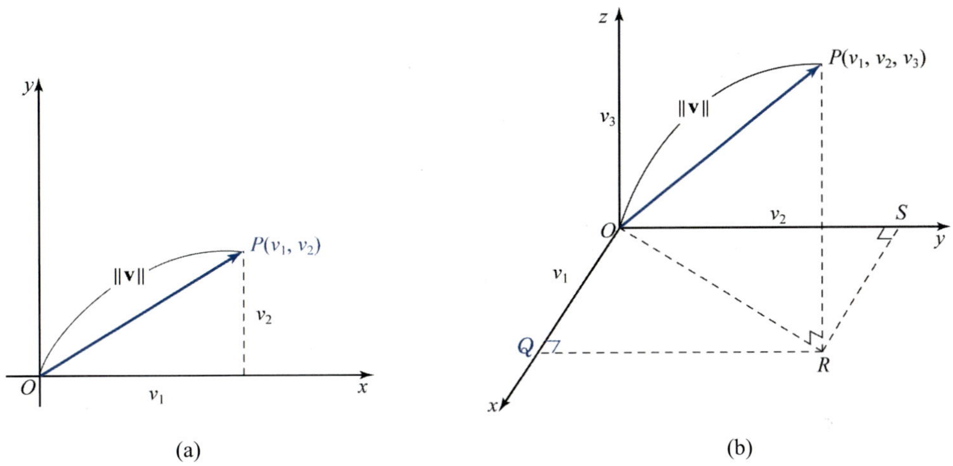

그림 3.12

3차원 공간상의 두 점 $P_1(x_1,\ y_1,\ z_1)$, $P_2(x_2,\ y_2,\ z_2)$가 주어졌을 때, 그 두 점 사이의 거리 $d(P_1,\ P_2)$는 벡터 $\overrightarrow{P_1P_2}$의 노름이다. 즉

$$\overrightarrow{P_1P_2} = (x_2 - x_1,\ y_2 - y_1,\ z_2 - z_1)$$

이고

$$\begin{aligned} d(P_1,\ P_2) &= \|\overrightarrow{P_1P_2}\| \\ &= \sqrt{(x_2 - x_1)^2 + (y_2 - y_1)^2 + (z_2 - z_1)^2} \end{aligned}$$

이다.

예제 3 $\mathbf{v} = (-2,\ 3)$일 때 $\|\mathbf{v}\|$를 구하고 두 점 $P_1(2,\ -1)$, $P_2(4,\ 6)$ 사이의 거리를 벡터의 노름을 이용하여 구하여라.

풀이 $\mathbf{v}$의 노름은

$$\|\mathbf{v}\| = \sqrt{(-2)^2 + (3)^2} = \sqrt{13}$$

이고, 두 점 P_1, P_2 사이의 거리는

$$d(P_1,\ P_2) = \|\overrightarrow{P_1P_2}\| = \sqrt{(4-2)^2 + (6-(-1))^2} = \sqrt{53}$$

이다. ■

크기가 1인 벡터를 단위벡터(unit vector)라 한다. v가 영벡터가 아닐 때, 벡터

$$\mathbf{u} = \frac{\mathbf{v}}{\|\mathbf{v}\|}$$

는 v 방향의 단위벡터가 된다. 따라서 임의의 벡터 v를 v의 크기와 v 방향의 단위벡터로 다음과 같이 나눌 수 있다.

$$\mathbf{v} = \underbrace{\|\mathbf{v}\|}_{\mathbf{v}\text{의 크기}} \cdot \underbrace{\frac{\mathbf{v}}{\|\mathbf{v}\|}}_{\mathbf{v}\text{ 방향의 단위벡터}}$$

예제 4 벡터 $\mathbf{v} = (-3,\ 4)$의 단위벡터를 구하여라.

풀이 $\mathbf{v} = (-3,\ 4)$로부터

$$\|\mathbf{v}\| = \sqrt{(-3)^2 + (4)^2} = 5$$

이므로, 단위벡터

$$\mathbf{u} = \frac{(-3,\ 4)}{5} = \left(-\frac{3}{5},\ \frac{4}{5}\right)$$

이다.

$$\|\mathbf{u}\| = \sqrt{\frac{9}{25} + \frac{16}{25}} = 1$$

로부터 u가 단위벡터임을 확인할 수 있다. ■

연습문제 3.2

1. 정리 3.6의 (c) ~ (h)를 증명하여라.

2. $\mathbf{u} \neq 0$일 때 $\frac{1}{\|\mathbf{u}\|}\mathbf{u}$의 노름이 1이 됨을 보여라.

3 다음과 같은 벡터 $\mathbf{v}$의 노름을 계산하여라.

(1) $\mathbf{v} = (2,\ -7)$

(2) $\mathbf{v} = (3,\ -12,\ -4)$

4 $\mathbf{u} = (1,\ 2)$, $\mathbf{v} = (2,\ -3)$일 때 다음을 구하여라.

(1) $\|\mathbf{u}+\mathbf{v}\|$　　(2) $\|\mathbf{u}\|+\|\mathbf{v}\|$

(3) $\dfrac{1}{\|\mathbf{u}\|}\mathbf{u}$　　(4) $\left\| \dfrac{1}{\|\mathbf{u}\|}\mathbf{u} \right\|$

5 다음과 같은 두 점 P_1과 P_2 사이의 거리를 구하여라.

(1) $P_1(1,\ 7)$, $P_2(6,\ -5)$

(2) $P_1(3,\ -5,\ 4)$, $P_2(6,\ 2,\ -1)$

3.3 유클리드 내적

정의 3.7　R^2의 두 벡터 $\mathbf{u} = (u_1,\ u_2)$와 $\mathbf{v} = (v_1,\ v_2)$에 대하여 실수

$$u_1v_1 + u_2v_2$$

를 $\mathbf{u}$와 $\mathbf{v}$의 유클리드 내적(Euclidean inner product 또는 scalar product)이라 하고 $\mathbf{u}\cdot\mathbf{v}$로 나타낸다. 즉

$$\mathbf{u}\cdot\mathbf{v} = u_1v_1 + u_2v_2$$

이다. 마찬가지로 R^3의 두 벡터 $\mathbf{u} = (u_1,\ u_2,\ u_3)$와 $\mathbf{v} = (v_1,\ v_2,\ v_3)$에 대하여

$$\mathbf{u}\cdot\mathbf{v} = u_1v_1 + u_2v_2 + u_3v_3$$

로 정의한다.

위의 정의와 코사인 제2법칙으로부터 영벡터가 아닌 두 벡터 $\mathbf{u}$와 $\mathbf{v}$에 대하여 다음 식이 성립한다.

$$\cos\theta = \frac{\mathbf{u} \cdot \mathbf{v}}{\|\mathbf{u}\|\|\mathbf{v}\|} \quad \text{또는} \quad \mathbf{u} \cdot \mathbf{v} = \|\mathbf{u}\|\|\mathbf{v}\|\cos\theta \quad (0 \le \theta \le \pi)$$

이다. 이때 θ는 두 벡터 $\mathbf{u}$와 $\mathbf{v}$의 사이의 각이다.

예제 5 두 벡터 $\mathbf{u} = (2,\ 4)$와 $\mathbf{v} = (-1,\ 2)$의 사이의 각을 구하여라.

풀이 $\mathbf{u} = (2,\ 4)$와 $\mathbf{v} = (-1,\ 2)$로부터

$$\mathbf{u} \cdot \mathbf{v} = (2)(-1) + (4)(2) = 6$$

이고,

$$\|\mathbf{u}\| = \sqrt{2^2 + 4^2} = \sqrt{20},$$
$$\|\mathbf{v}\| = \sqrt{(-1)^2 + 2^2} = \sqrt{5}$$

이다. 따라서

$$\cos\theta = \frac{\mathbf{u} \cdot \mathbf{v}}{\|\mathbf{u}\|\|\mathbf{v}\|} = \frac{6}{\sqrt{20}\sqrt{5}} = 0.6$$

이 되고, $\theta = \cos^{-1}(0.6)$으로 근삿값으로 표현하면 $53° 8'$이다. ■

예제 6 두 벡터 $\mathbf{u} = (2,\ -1,\ 1)$과 $\mathbf{v} = (1,\ 1,\ 2)$의 사이의 각을 구하여라.

풀이 $\mathbf{u} = (2,\ -1,\ 1)$과 $\mathbf{v} = (1,\ 1,\ 2)$로부터

$$\mathbf{u} \cdot \mathbf{v} = (2)(1) + (-1)(1) + (1)(2) = 3$$

이고,

$$\|\mathbf{u}\| = \sqrt{2^2 + (-1)^2 + 1^2} = \sqrt{6},$$
$$\|\mathbf{v}\| = \sqrt{1^2 + 1^2 + 2^2} = \sqrt{6}$$

이다. 따라서

$$\cos\theta = \frac{\mathbf{u} \cdot \mathbf{v}}{\|\mathbf{u}\|\|\mathbf{v}\|} = \frac{3}{\sqrt{6}\sqrt{6}} = 0.5$$

가 되고, θ의 값은 $\frac{\pi}{3}(=60°)$이다. ■

다음 정리는 벡터의 유클리드 내적과 노름 사이의 관계와 두 벡터의 유클리드 내적과 사이의 각의 관계를 보여준다.

정리 3.8 u와 v를 2차원 평면 혹은 3차원 공간에서의 두 벡터라 할 때 다음이 성립한다.

(a) $\mathbf{v}\cdot\mathbf{v}=\|\mathbf{v}\|^2$, 즉 $\|\mathbf{v}\|=(\mathbf{v}\cdot\mathbf{v})^{\frac{1}{2}}$

(b) 만약 $\mathbf{u}\neq 0$, $\mathbf{v}\neq 0$이고, θ가 u, v의 사이의 각이면

$\mathbf{u}\cdot\mathbf{v}>0 \Leftrightarrow \theta$: 예각

$\mathbf{u}\cdot\mathbf{v}<0 \Leftrightarrow \theta$: 둔각

$\mathbf{u}\cdot\mathbf{v}=0 \Leftrightarrow \theta=\frac{\pi}{2}$

증명 (a) v와 v의 사이의 각 θ는 0이므로

$$\mathbf{v}\cdot\mathbf{v}=\|\mathbf{v}\|\,\|\mathbf{v}\|\cos\theta=\|\mathbf{v}\|^2\cos 0=\|\mathbf{v}\|^2$$

이다.

(b) $\|\mathbf{u}\|>0$, $\|\mathbf{v}\|>0$이고 $\mathbf{u}\cdot\mathbf{v}=\|\mathbf{u}\|\,\|\mathbf{v}\|\cos\theta$이므로, $\mathbf{u}\cdot\mathbf{v}$는 $\cos\theta$와 같은 부호를 가진다. $0\leq\theta\leq\pi$ 이므로 θ가 예각일 필요충분조건은 $\mathbf{u}\cdot\mathbf{v}>0$, θ가 둔각일 필요충분조건은 $\mathbf{u}\cdot\mathbf{v}<0$이고, $\theta=\frac{\pi}{2}$일 필요충분조건은 $\mathbf{u}\cdot\mathbf{v}=0$이다. ■

예제 7 두 벡터 $\mathbf{u}=(2,\ 1)$과 $\mathbf{v}=(-1,\ 2)$는

$$\mathbf{u}\cdot\mathbf{v}=(2)(-1)+(1)(2)=0$$

이므로 직교한다. ■

정리 3.9 2차원 평면 혹은 3차원 공간에서의 벡터 u, v, w와 스칼라 k가 주어졌을 때, 다음의 관계식이 성립한다.

(a) $\mathbf{u}\cdot\mathbf{v}=\mathbf{v}\cdot\mathbf{u}$

(b) $(\mathbf{u}+\mathbf{v})\cdot\mathbf{w}=\mathbf{u}\cdot\mathbf{w}+\mathbf{v}\cdot\mathbf{w}$

(c) $(k\mathbf{u})\cdot\mathbf{v}=k(\mathbf{u}\cdot\mathbf{v})$

(d) $\mathbf{v}\cdot\mathbf{v}\geq 0,\ \mathbf{v}\cdot\mathbf{v}=0\Leftrightarrow\mathbf{v}=0$

증명 증명은 간단하므로 연습문제로 남긴다. ■

정리 3.8의 (b)에 의하여 영벡터가 아닌 두 벡터가 수직이기 위한 필요충분조건은 이들의 내적이 0인 것이다. 즉 벡터 $\mathbf{u}$와 $\mathbf{v}$가 둘 다 영벡터가 아닐 때, 두 벡터 $\mathbf{u}$와 $\mathbf{v}$가 직교하기 위한 필요충분조건은 $\mathbf{u}\cdot\mathbf{v}=0$이다. $\mathbf{u}$와 $\mathbf{v}$가 직교이면 $\mathbf{u}\perp\mathbf{v}$라고 표기한다. 또 영벡터가 아닌 벡터 $\mathbf{u}$와 적당한 실수 $k\in R$에 대하여 $\mathbf{w}=k\mathbf{u}$인 경우에 $\mathbf{u}$와 $\mathbf{w}$는 서로 **평행하다(parallel)**고 한다.

내적은 한 벡터를 2개의 수직인 벡터의 합으로 분해하는 문제에 유용하다. 영벡터가 아닌 두 벡터 $\mathbf{u}$, $\mathbf{v}$에 대하여 $\mathbf{u}$를 항상 그림 3.13과 같이 $\mathbf{v}$에 평행한 벡터 $\text{proj}_{\mathbf{v}}\mathbf{u}$와 $\mathbf{v}$에 수직인 벡터 $(\mathbf{u}-\text{proj}_{\mathbf{v}}\mathbf{u})$의 합으로 표현할 수 있다.

$$\mathbf{u}=\text{proj}_{\mathbf{v}}\mathbf{u}+(\mathbf{u}-\text{proj}_{\mathbf{v}}\mathbf{u})$$

이때 벡터 $\text{proj}_{\mathbf{v}}\mathbf{u}$를 $\mathbf{v}$ 위로의 $\mathbf{u}$의 **직교사영(orthogonal projection)**이라고 하고, 벡터 $(\mathbf{u}-\text{proj}_{\mathbf{v}}\mathbf{u})$를 $\mathbf{v}$에 대한 $\mathbf{u}$의 **직교성분(orthogonal component)**이라고 한다. $\text{proj}_{\mathbf{v}}\mathbf{u}$는 $\mathbf{v}$의 스칼라배이므로

$$\text{proj}_{\mathbf{v}}\mathbf{u}=k\mathbf{v}$$

로 쓸 수 있다. 따라서

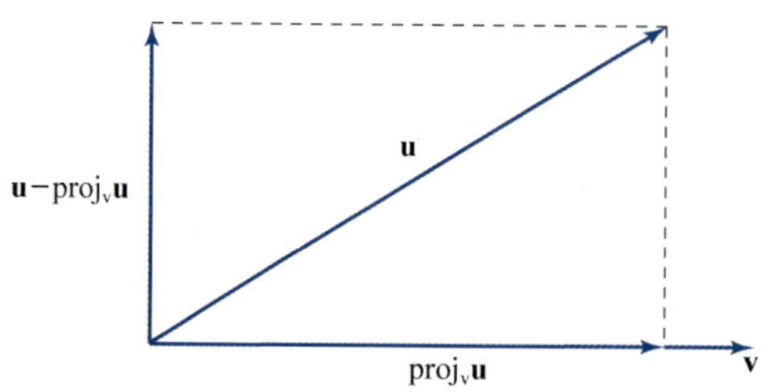

그림 3.13

$$\mathbf{u} = \text{proj}_{\mathbf{v}}\mathbf{u} + (\mathbf{u} - \text{proj}_{\mathbf{v}}\mathbf{u}) = k\mathbf{v} + (\mathbf{u} - \text{proj}_{\mathbf{v}}\mathbf{u}) \tag{3.1}$$

이다.

식 (3.1)의 $\mathbf{u}$와 $\mathbf{v}$의 내적을 취하면

$$\begin{aligned}\mathbf{u} \cdot \mathbf{v} &= [k\mathbf{v} + (\mathbf{u} - \text{proj}_{\mathbf{v}}\mathbf{u})] \cdot \mathbf{v} \\ &= k\|\mathbf{v}\|^2 + (\mathbf{u} - \text{proj}_{\mathbf{v}}\mathbf{u}) \cdot \mathbf{v}\end{aligned}$$

이다. $(\mathbf{u} - \text{proj}_{\mathbf{v}}\mathbf{u})$는 $\mathbf{v}$에 수직이므로

$$(\mathbf{u} - \text{proj}_{\mathbf{v}}\mathbf{u}) \cdot \mathbf{v} = 0$$

이다.

$$\mathbf{u} \cdot \mathbf{v} = k\|\mathbf{v}\|^2$$

이므로

$$k = \frac{\mathbf{u} \cdot \mathbf{v}}{\|\mathbf{v}\|^2}$$

이다. 따라서

$$\text{proj}_{\mathbf{v}}\mathbf{u} = \left(\frac{\mathbf{u} \cdot \mathbf{v}}{\|\mathbf{v}\|^2}\right)\mathbf{v} \quad (\mathbf{v} \text{ 위로의 } \mathbf{u}\text{의 직교사영})$$

이다. 또한

$$(\mathbf{u} - \text{proj}_{\mathbf{v}}\mathbf{u}) = \mathbf{u} - \left(\frac{\mathbf{u} \cdot \mathbf{v}}{\|\mathbf{v}\|^2}\right)\mathbf{v} \quad (\mathbf{v}\text{에 대한 } \mathbf{u}\text{의 직교성분})$$

를 얻을 수 있다.

예제 8 $\mathbf{u} = (2,\ 3)$과 $\mathbf{v} = (4,\ 2)$라 하면

$$\mathbf{u} \cdot \mathbf{v} = (2)(4) + (3)(2) = 14$$

이고,

$$\|\mathbf{v}\| = \sqrt{4^2 + 2^2} = \sqrt{20}$$

이므로 $\mathbf{v}$ 위로의 $\mathbf{u}$의 직교사영은

$$\mathrm{proj}_{\mathbf{v}}\mathbf{u} = \frac{\mathbf{u}\cdot\mathbf{v}}{\|\mathbf{v}\|^2}\mathbf{v} = \frac{14}{20}(4,\ 2) = \frac{7}{10}(4,\ 2) = \left(\frac{14}{5},\ \frac{7}{5}\right)$$

이다. 또한 $\mathbf{v}$에 대한 $\mathbf{u}$의 직교성분은

$$\mathbf{u} - \mathrm{proj}_{\mathbf{v}}\mathbf{u} = (2,\ 3) - \left(\frac{14}{5},\ \frac{7}{5}\right) = \left(-\frac{4}{5},\ \frac{8}{5}\right)$$

이다. ■

연습문제 3.3

1. 내적 $\mathbf{u}\cdot\mathbf{v}$를 구하여라.
   (1) $\mathbf{u} = (-3,\ 5)$, $\mathbf{v} = (2,\ 3)$
   (2) $\mathbf{u} = (2,\ -3,\ 6)$, $\mathbf{v} = (8,\ 2,\ -3)$
   (3) $\mathbf{u} = (2,\ -3,\ 6)$, $\mathbf{v} = (2,\ 3)$

2. $\mathbf{u} = (2,\ 4)$와 $\mathbf{v} = (-1,\ 2)$의 사이의 각 θ에 대하여 $\cos\theta$를 구하여라.

3. $\mathbf{u} = (2,\ 3,\ -1)$, $\mathbf{v} = (2,\ 2,\ 3)$일 때
   (1) $\mathbf{v}$ 위로의 $\mathbf{u}$의 직교사영을 구하여라.
   (2) $\mathbf{u}$ 위로의 $\mathbf{v}$의 직교사영을 구하여라.

4. $\mathbf{u} = (2,\ 3,\ -1)$, $\mathbf{v} = (2,\ 2,\ 3)$일 때
   (1) $\mathbf{v}$에 대한 $\mathbf{u}$의 직교성분을 구하여라.
   (2) $\mathbf{u}$에 대한 $\mathbf{v}$의 직교성분을 구하여라.

5. 두 벡터 $\mathbf{u} = (1,\ k,\ -3)$, $\mathbf{v} = (2,\ -5,\ 4)$가 수직이 되도록 하는 k를 구하여라.

6. 벡터 $(3,\ -2)$와 직교하고 노름이 1인 두 벡터를 구하여라.

7. 정리 3.9를 증명하여라.

3.4 외적

3차원 공간에서 주어진 두 벡터에 수직인 벡터를 구하는 것은 흥미로운 일이다. 이 절에서는 이것을 쉽게 하는 방법에 대하여 소개한다. 먼저 다음의 벡터

$$\mathbf{i} = (1,\ 0,\ 0),\ \ \mathbf{j} = (0,\ 1,\ 0),\ \ \mathbf{k} = (0,\ 0,\ 1)$$

를 생각해보자. 이 벡터들은 크기가 1이고, 각각 좌표축을 따라 놓여진다(그림 3.14). 이 벡터들을 3차원 공간에서의 **표준단위벡터**(standard unit vector)라고 한다. 3차원 공간에서의 모든 벡터 $\mathbf{v} = (v_1,\ v_2,\ v_3)$는 $\mathbf{i},\ \mathbf{j},\ \mathbf{k}$를 사용하여 표시할 수 있다. 즉

$$\begin{aligned}\mathbf{v} &= (v_1,\ v_2,\ v_3)\\ &= v_1(1,\ 0,\ 0) + v_2(0,\ 1,\ 0) + v_3(0,\ 0,\ 1)\\ &= v_1\mathbf{i} + v_2\mathbf{j} + v_3\mathbf{k}\end{aligned}$$

로 표현 가능하다. 3개보다 적은 벡터로는 3차원 공간상의 벡터를 모두 표현할 수 없음을 알 수 있다.

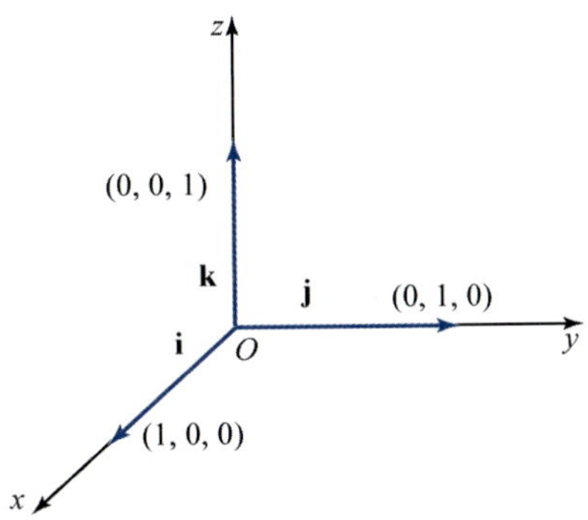

그림 3.14

정의 3.10 R^3의 두 벡터 $\mathbf{u} = (u_1,\ u_2,\ u_3)$, $\mathbf{v} = (v_1,\ v_2,\ v_3)$에 대하여 외적(cross product) $\mathbf{u} \times \mathbf{v}$는 다음과 같이 정의된다.

$$\mathbf{u} \times \mathbf{v} = (u_2v_3 - u_3v_2,\ u_3v_1 - u_1v_3,\ u_1v_2 - u_2v_1)$$

이것을 행렬식으로 표현하면

$$\mathbf{u}\times\mathbf{v}=\begin{vmatrix}\mathbf{i} & \mathbf{j} & \mathbf{k}\\ u_1 & u_2 & u_3\\ v_1 & v_2 & v_3\end{vmatrix}$$

$$=\begin{vmatrix}u_2 & u_3\\ v_2 & v_3\end{vmatrix}\mathbf{i}-\begin{vmatrix}u_1 & u_3\\ v_1 & v_3\end{vmatrix}\mathbf{j}+\begin{vmatrix}u_1 & u_2\\ v_1 & v_2\end{vmatrix}\mathbf{k}$$

이다.

예제 9 $\mathbf{u}=(1,3,4)$, $\mathbf{v}=(2,7,-5)$일 때 $\mathbf{u}\times\mathbf{v}$를 구하여라.

풀이 $$\mathbf{u}\times\mathbf{v}=\begin{vmatrix}\mathrm{i} & \mathrm{j} & \mathrm{k}\\ 1 & 3 & 4\\ 2 & 7 & -5\end{vmatrix}$$

$$=\begin{vmatrix}3 & 4\\ 7 & -5\end{vmatrix}\mathrm{i}-\begin{vmatrix}1 & 4\\ 2 & -5\end{vmatrix}\mathrm{j}+\begin{vmatrix}1 & 3\\ 2 & 7\end{vmatrix}\mathrm{k}$$

$$=-43\mathrm{i}+13\mathrm{j}+\mathrm{k}$$

■

두 벡터의 내적은 스칼라인 반면에 외적은 벡터이며, 3차원 공간에서만 정의된다. 다음 정리는 외적의 성질과 내적과 외적 사이의 관계를 보여준다.

정리 3.11 3차원 공간벡터 $\mathbf{u}$, $\mathbf{v}$, $\mathbf{w}$와 스칼라 k가 주어졌을 때

(a) $\mathbf{u}\times\mathbf{v}=-(\mathbf{v}\times\mathbf{u})$

(b) $\mathbf{u}\times(\mathbf{v}+\mathbf{w})=(\mathbf{u}\times\mathbf{v})+(\mathbf{u}\times\mathbf{w})$

(c) $(\mathbf{u}+\mathbf{v})\times\mathbf{w}=(\mathbf{u}\times\mathbf{w})+(\mathbf{v}\times\mathbf{w})$

(d) $k(\mathbf{u}\times\mathbf{v})=(k\mathbf{u})\times\mathbf{v}=\mathbf{u}\times(k\mathbf{v})$

(e) $\mathbf{u}\times\mathbf{0}=\mathbf{0}\times\mathbf{u}=\mathbf{0}$

(f) $\mathbf{u}\times\mathbf{u}=\mathbf{0}$

(g) $\mathbf{u}\cdot(\mathbf{u}\times\mathbf{v})=0$ ($\mathbf{u}\times\mathbf{v}\perp\mathbf{u}$)

(h) $\mathbf{v}\cdot(\mathbf{u}\times\mathbf{v})=0$ ($\mathbf{u}\times\mathbf{v}\perp\mathbf{v}$)

(i) $\|\mathbf{u}\times\mathbf{v}\|^2=\|\mathbf{u}\|^2\|\mathbf{v}\|^2-(\mathbf{u}\cdot\mathbf{v})^2$ (Lagrange 공식)

증명 외적의 정의와 행렬식의 성질로부터 (a) ~ (f)를 쉽게 증명할 수 있으므로, (g) ~ (i)만 증명하기로 한다.

$\mathbf{u} = (u_1,\ u_2,\ u_3)$, $\mathbf{v} = (v_1,\ v_2,\ v_3)$라 하자.

$$\begin{aligned}\text{(g)}\ \mathbf{u} \cdot (\mathbf{u} \times \mathbf{v}) &= (u_1,\ u_2,\ u_3) \cdot (u_2v_3 - u_3v_2,\ u_3v_1 - u_1v_3,\ u_1v_2 - u_2v_1) \\ &= u_1(u_2v_3 - u_3v_2) + u_2(u_3v_1 - u_1v_3) + u_3(u_1v_2 - u_2v_1) \\ &= 0\end{aligned}$$

$$\begin{aligned}\text{(h)}\ \mathbf{v} \cdot (\mathbf{u} \times \mathbf{v}) &= (v_1,\ v_2,\ v_3) \cdot (u_2v_3 - u_3v_2,\ u_3v_1 - u_1v_3,\ u_1v_2 - u_2v_1) \\ &= v_1(u_2v_3 - u_3v_2) + v_2(u_3v_1 - u_1v_3) + v_3(u_1v_2 - u_2v_1) \\ &= 0\end{aligned}$$

$$\text{(i)}\ \|\mathbf{u} \times \mathbf{v}\|^2 = (u_2v_3 - u_3v_2)^2 + (u_3v_1 - u_1v_3)^2 + (u_1v_2 - u_2v_1)^2$$

$$\begin{aligned}\|\mathbf{u}\|^2\|\mathbf{v}\|^2 - (\mathbf{u} \cdot \mathbf{v})^2 &= (u_1^2 + u_2^2 + u_3^2)(v_1^2 + v_2^2 + v_3^2) - (u_1v_1 + u_2v_2 + u_3v_3)^2 \\ &= (u_1^2v_2^2 + u_1^2v_3^2 + u_2^2v_3^2) + (u_2^2v_1^2 + u_3^2v_1^2 + u_3^2v_2^2) \\ &\quad - 2(u_1v_1u_2v_2 + u_1v_1u_3v_3 + u_2v_2u_3v_3) \\ &= (u_1v_2 - u_2v_1)^2 + (u_1v_3 - u_3v_1)^2 + (u_2v_3 - u_3v_2)^2\end{aligned}$$

이므로 Lagrange 공식은 증명된다. ■

예제 10 예제 9에서 $\mathbf{u} = (1,\ 3,\ 4)$, $\mathbf{v} = (2,\ 7,\ -5)$일 때

$$\mathbf{u} \times \mathbf{v} = (-43,\ 13,\ 1)$$

이다. 여기서

$$\mathbf{u} \cdot (\mathbf{u} \times \mathbf{v}) = (1)(-43) + (3)(13) + (4)(1) = 0$$

이고

$$\mathbf{v} \cdot (\mathbf{u} \times \mathbf{v}) = (2)(-43) + (7)(13) + (-5)(1) = 0$$

이므로 $\mathbf{u} \times \mathbf{v}$는 $\mathbf{u}$, $\mathbf{v}$에 수직이다. ■

외적의 정의로부터 다음의 결과들은 쉽게 얻을 수 있다.

$$
\begin{aligned}
\mathbf{i}\times\mathbf{j} &= \begin{vmatrix} \mathbf{i} & \mathbf{j} & \mathbf{k} \\ 1 & 0 & 0 \\ 0 & 1 & 0 \end{vmatrix} \\
&= \begin{vmatrix} 0 & 0 \\ 1 & 0 \end{vmatrix}\mathbf{i} - \begin{vmatrix} 1 & 0 \\ 0 & 0 \end{vmatrix}\mathbf{j} + \begin{vmatrix} 1 & 0 \\ 0 & 1 \end{vmatrix}\mathbf{k} \\
&= \mathbf{k}
\end{aligned}
$$

이므로 비슷한 원리에 의해

$$\mathbf{i}\times\mathbf{j} = \mathbf{k},\ \ \mathbf{j}\times\mathbf{k} = \mathbf{i},\ \ \mathbf{k}\times\mathbf{i} = \mathbf{j}$$

이고 외적의 성질과 행렬식의 성질로부터

$$\mathbf{i}\times\mathbf{i} = \mathbf{j}\times\mathbf{j} = \mathbf{k}\times\mathbf{k} = \mathbf{0}$$
$$\mathbf{j}\times\mathbf{i} = -\mathbf{k},\ \ \mathbf{k}\times\mathbf{j} = -\mathbf{i},\ \ \mathbf{i}\times\mathbf{k} = -\mathbf{j}$$

임을 확인할 수 있다. 다음 그림은 이러한 결과를 기억하는 데 도움을 준다.

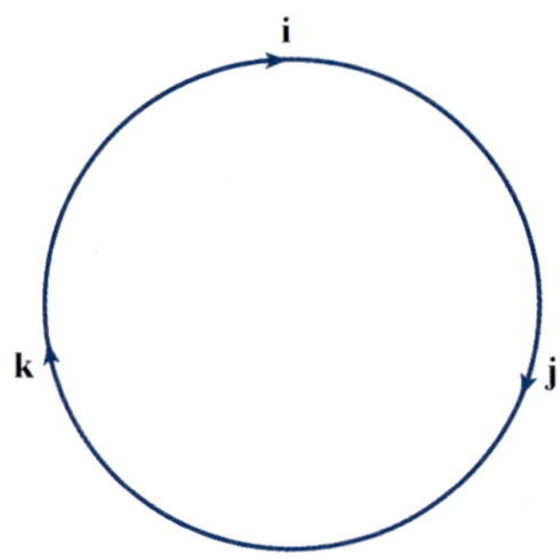

위 그림에 따르면, 시계방향으로 연결된 연속적인 두 벡터의 외적은 그 다음 벡터이고, 반시계방향으로 연결된 연속적인 두 벡터의 외적은 그 다음 벡터에 (-1)배를 한 벡터이다.

주의 $\mathbf{i}\times(\mathbf{j}\times\mathbf{j}) = \mathbf{i}\times\mathbf{0} = \mathbf{0}$이고 $(\mathbf{i}\times\mathbf{j})\times\mathbf{j} = \mathbf{k}\times\mathbf{j} = -(\mathbf{j}\times\mathbf{k}) = -\mathbf{i}$이므로

$$\mathbf{i}\times(\mathbf{j}\times\mathbf{j}) \neq (\mathbf{i}\times\mathbf{j})\times\mathbf{j}$$

이다. 따라서 일반적으로 3차원 공간벡터 $\mathbf{u}$, $\mathbf{v}$, $\mathbf{w}$에 대하여 $\mathbf{u}\times(\mathbf{v}\times\mathbf{w}) \neq (\mathbf{u}\times\mathbf{v})\times\mathbf{w}$이다.

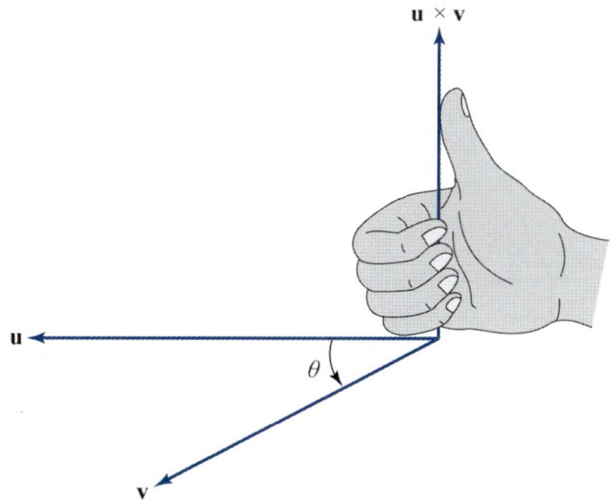

그림 3.15

정리 3.11의 (g), (h)로부터 $\mathbf{u} \times \mathbf{v}$가 $\mathbf{u}$, $\mathbf{v}$에 수직인 것을 알았다. 만약 영벡터가 아닌 두 벡터 $\mathbf{u}$, $\mathbf{v}$가 시점이 같은 유향선분으로 표현된다면 $\mathbf{u} \times \mathbf{v}$는 $\mathbf{u}$와 $\mathbf{v}$가 이루는 평면에 수직인 방향을 가리키고 있음을 알 수 있다. 외적 $\mathbf{u} \times \mathbf{v}$의 방향은 오른손 법칙에 따라 주어진다(그림 3.15).

$\mathbf{u}$와 $\mathbf{v}$의 사이의 각을 θ라 하고, $\mathbf{u}$와 $\mathbf{v}$가 일치할 때까지 $\mathbf{u}$를 θ만큼 회전시킨다고 하자. 이 경우 오른손 손가락들이 회전방향을 가리키면, 이때 엄지 방향이 바로 $\mathbf{u} \times \mathbf{v}$ 방향이다.

정리 3.11의 Lagrange 공식에 의하여

$$\|\mathbf{u} \times \mathbf{v}\|^2 = \|\mathbf{u}\|^2 \|\mathbf{v}\|^2 - (\mathbf{u} \cdot \mathbf{v})^2 \tag{3.2}$$

이다. θ가 $\mathbf{u}$와 $\mathbf{v}$의 사이의 각이면, $\mathbf{u} \cdot \mathbf{v} = \|\mathbf{u}\|\|\mathbf{v}\|\cos\theta \ (0 \leq \theta \leq \pi)$이므로 식 (3.2)는 다음과 같이 다시 쓸 수 있다.

$$\begin{aligned}\|\mathbf{u} \times \mathbf{v}\|^2 &= \|\mathbf{u}\|^2\|\mathbf{v}\|^2 - \|\mathbf{u}\|^2\|\mathbf{v}\|^2\cos^2\theta \\ &= \|\mathbf{u}\|^2\|\mathbf{v}\|^2(1-\cos^2\theta) \\ &= \|\mathbf{u}\|^2\|\mathbf{v}\|^2\sin^2\theta\end{aligned}$$

따라서

$$\|\mathbf{u} \times \mathbf{v}\| = \|\mathbf{u}\|\|\mathbf{v}\|\sin\theta \tag{3.3}$$

이다. 여기서 $\|\mathbf{u}\|$는 $\mathbf{u}$와 $\mathbf{v}$가 이루는 평행사변형의 밑변 길이이고, $\|\mathbf{v}\|\sin\theta$는 $\mathbf{u}$와 $\mathbf{v}$가 이루는 평행사변형의 높이이다(그림 3.16). 그러므로 $\|\mathbf{u} \times \mathbf{v}\|$는 $\mathbf{u}$와 $\mathbf{v}$가 이루는 평행사변형의 넓이와 같다.

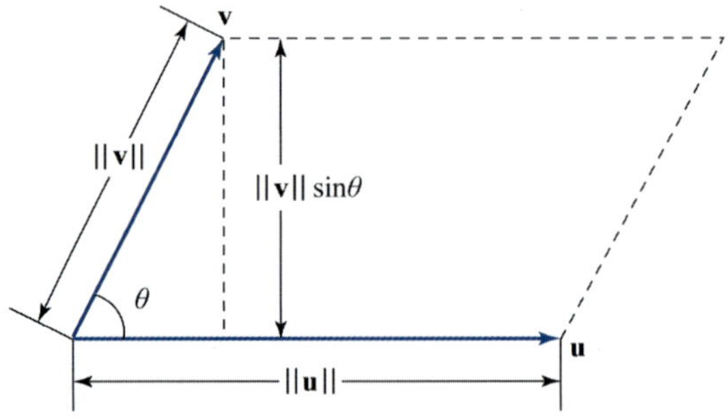

그림 3.16

예제 11 R^3의 세 점 $P_1(1,\ -1,\ 0)$, $P_2(2,\ 1,\ -1)$, $P_3(-1,\ 1,\ 2)$로 이루어지는 삼각형의 넓이를 구하여라.

풀이 삼각형의 넓이 A는 벡터 $\overrightarrow{P_1P_2}$와 벡터 $\overrightarrow{P_1P_3}$에 의하여 만들어지는 평행사변형 넓이의 $\frac{1}{2}$이다.

$$\overrightarrow{P_1P_2} = (1,\ 2,\ -1),\quad \overrightarrow{P_1P_3} = (-2,\ 2,\ 2)$$

이다. 따라서

$$\overrightarrow{P_1P_2} \times \overrightarrow{P_1P_3} = (6,\ 0,\ 6)$$

이므로

$$A = \frac{1}{2}\|\overrightarrow{P_1P_2} \times \overrightarrow{P_1P_3}\| = \frac{1}{2}\|6\mathbf{i} + 6\mathbf{k}\| = \|3\mathbf{i} + 3\mathbf{k}\| = 3\sqrt{2}$$

이다. ■

정의 3.12 R^3의 세 벡터 $\mathbf{u} = (u_1,\ u_2,\ u_3)$, $\mathbf{v} = (v_1,\ v_2,\ v_3)$, $\mathbf{w} = (w_1,\ w_2,\ w_3)$의 스칼라 삼중적(triple scalar product)을

$$\mathbf{u} \cdot (\mathbf{v} \times \mathbf{w}) = \begin{vmatrix} u_1 & u_2 & u_3 \\ v_1 & v_2 & v_3 \\ w_1 & w_2 & w_3 \end{vmatrix}$$

로 정의한다.

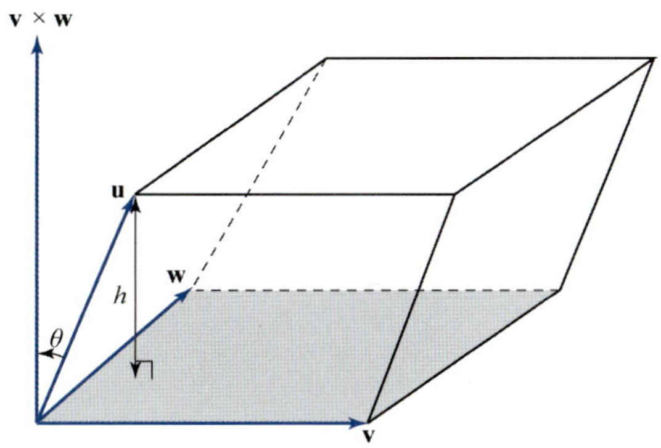

그림 3.17

벡터 $\mathbf{v} \times \mathbf{w}$는 벡터 $\mathbf{u}$, $\mathbf{v}$, $\mathbf{w}$로 결정되는 평행육면체의 밑면에 수직이 되고, 밑면의 넓이는 $\mathbf{v}$, $\mathbf{w}$가 이루는 평행사변형의 넓이 $\|\mathbf{v} \times \mathbf{w}\|$이다. 따라서 이 평행육면체의 부피 V는 $\mathbf{v}$와 $\mathbf{w}$를 포함하는 면의 넓이 $\|\mathbf{v} \times \mathbf{w}\|$에 이 면과 평행인 면까지의 거리 h를 곱한 것이 된다. $\mathbf{u}$와 $\mathbf{v} \times \mathbf{w}$의 사이의 각을 θ라 하면

$$h = \|\mathbf{u}\|\,|\cos\theta|$$

이므로

$$V = \|\mathbf{v} \times \mathbf{w}\|\,\|\mathbf{u}\|\,|\cos\theta| = |\mathbf{u} \cdot (\mathbf{v} \times \mathbf{w})|$$

가 된다. 또 행렬식의 성질에 의하여 다음이 성립한다.

$$\mathbf{u} \cdot (\mathbf{v} \times \mathbf{w}) = \mathbf{v} \cdot (\mathbf{w} \times \mathbf{u}) = \mathbf{w} \cdot (\mathbf{u} \times \mathbf{v})$$
$$\mathbf{u} \cdot (\mathbf{v} \times \mathbf{w}) = -\mathbf{v} \cdot (\mathbf{u} \times \mathbf{w}) = -\mathbf{w} \cdot (\mathbf{v} \times \mathbf{u}) = -\mathbf{u} \cdot (\mathbf{w} \times \mathbf{v})$$

예제 12 R^3의 세 벡터 $\mathbf{u} = (1, 0, 2)$, $\mathbf{v} = (4, 6, 2)$, $\mathbf{w} = (3, 3, -6)$으로 이루어지는 평행육면체의 부피를 구하여라.

풀이

$$\mathbf{u} \cdot (\mathbf{v} \times \mathbf{w}) = \begin{vmatrix} 1 & 0 & 2 \\ 4 & 6 & 2 \\ 3 & 3 & -6 \end{vmatrix} = -54$$

이므로

$$V = |\mathbf{u} \cdot (\mathbf{v} \times \mathbf{w})| = |-54| = 54$$

이다. ■

연습문제 3.4

1. 두 벡터 $\mathbf{u}=(4, -1, 3)$, $\mathbf{v}=(2, 3, -1)$에 대하여 $\mathbf{u}\times\mathbf{v}$를 구하여라.

2. 두 벡터 $\mathbf{u}=(2, 3, -1)$, $\mathbf{v}=(-1, 2, 3)$에 대하여 $\mathbf{u}\times\mathbf{v}$를 구하여라.

3. 두 벡터가 $\mathbf{u}=(3, 2, 1)$, $\mathbf{v}=(-1, 3, 2)$일 때 $\mathbf{u}\times\mathbf{v}$와 $\mathbf{v}\times\mathbf{u}$를 구하여라.

4. 두 벡터 $\mathbf{u}=(4, -1, 3)$, $\mathbf{v}=(2, 3, -1)$에 동시에 수직인 단위벡터를 구하여라.

5. 두 벡터 $\mathbf{u}=(2, 3, -1)$, $\mathbf{v}=(-1, 2, 3)$에 대하여 $\mathbf{u}$, $\mathbf{v}$를 포함하는 평행사변형의 넓이를 구하여라.

6. 꼭짓점이 $P(3, -2, 1)$, $Q(7, -3, 4)$, $R(5, 1, 0)$인 삼각형의 넓이를 구하여라.

7. 세 점이 $P(1, 3, 2)$, $Q(2, -1, 1)$, $R(-1, 2, 3)$일 때 $\triangle PQR$의 넓이를 구하여라.

8. 벡터 $\mathbf{u}$가 벡터 $\mathbf{v}$, $\mathbf{w}$에 동시에 수직이라고 하자. 이때 벡터 $\mathbf{u}$는 임의의 스칼라 r, s에 대하여 $r\mathbf{v}+s\mathbf{w}$에 수직임을 증명하여라.

9. $\|\mathbf{u}+\mathbf{v}\|^2=\|\mathbf{u}\|^2+\|\mathbf{v}\|^2$이 성립할 필요충분조건은 $\mathbf{u}\cdot\mathbf{v}=0$임을 증명하여라.

10. $\|\mathbf{u}+\mathbf{v}\|^2+\|\mathbf{u}-\mathbf{v}\|^2=2\|\mathbf{u}\|^2+2\|\mathbf{v}\|^2$이 성립함을 증명하여라. (이 식을 평행사변형 법칙이라 한다.)

11. Jacobi 항등식

$$(\mathbf{u}\times\mathbf{v})\times\mathbf{w}+(\mathbf{v}\times\mathbf{w})\times\mathbf{u}+(\mathbf{w}\times\mathbf{u})\times\mathbf{v}=0$$

이 성립함을 증명하여라.

3.5 직선과 평면의 방정식

3차원 공간의 직선 L은 L 위의 한 점 $P_0(x_0, y_0, z_0)$와 L의 방향을 알 때 결정된다. 3차원에서 직선의 방향은 벡터에 의하여 편리하게 기술되므로 $\mathbf{v}$를 L과 평행인 벡터라 하자. $P(x, y, z)$를 L 위의 임의의 점이라 하고, $\mathbf{r}_0$와 $\mathbf{r}$을 P_0와 P의 위치벡터(즉 $\mathbf{r}_0$와 $\mathbf{r}$은 $\overrightarrow{OP_0}$와 $\overrightarrow{OP}$를 나타낸다)라 하자. 그림 3.18에서와 같이 $\mathbf{a}$를 $\overrightarrow{P_0P}$로 표현되는 벡터라 하면, 벡터의 합에 관한 삼각형 법칙으로부터 $\mathbf{r} = \mathbf{r}_0 + \mathbf{a}$를 얻는다. 그런데 $\mathbf{a}$와 $\mathbf{v}$가 평행이므로 $\mathbf{a} = t\mathbf{v}$를 만족하는 스칼라 t가 존재한다. 따라서 L의 벡터방정식은

$$\mathbf{r} = \mathbf{r}_0 + t\mathbf{v} \quad (-\infty < t < \infty) \tag{3.4}$$

이다. 스칼라 t의 값에 따라 L 위의 점의 위치벡터 $\mathbf{r}$이 정해지고, 이후 t의 범위는 생략한다.

L의 방향을 정해주는 벡터 $\mathbf{v}$를 $\mathbf{v} = (a, b, c)$와 같이 쓴다면 $t\mathbf{v} = (ta, tb, tc)$를 얻는다. 또 $\mathbf{r} = (x, y, z)$와 $\mathbf{r}_0 = (x_0, y_0, z_0)$로 쓸 수 있으므로 벡터방정식 (3.4)는

$$(x, y, z) = (x_0 + ta, y_0 + tb, z_0 + tc) \tag{3.5}$$

가 된다. 그러므로 $t \in R$일 때 세 방정식

$$x = x_0 + at, \quad y = y_0 + bt, \quad z = z_0 + ct$$

를 얻는다. 이들 방정식을 점 $P_0(x_0, y_0, z_0)$를 지나고, 벡터 $\mathbf{v} = (a, b, c)$에 평행인 직선 L의 **매개방정식**(parametric equation)이라 한다. 일반적으로 $\mathbf{v} = (a, b, c)$가 직선 L의 방향을 묘사하는 데 이용될 때, 수 a, b, c를 L의 **방향계수**(directional coefficient)라 한다.

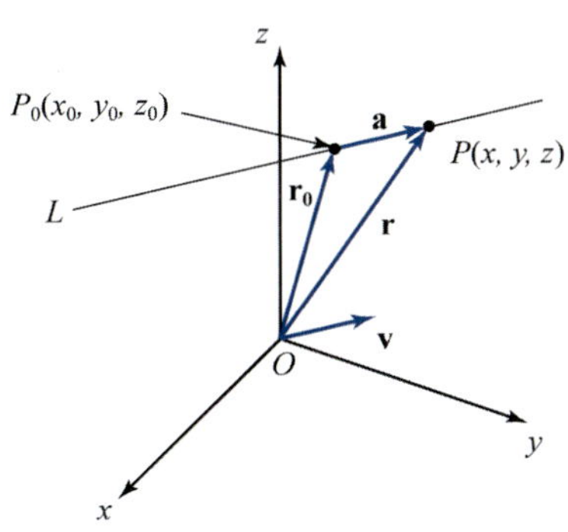

그림 3.18

$\mathbf{v}$와 평행인 벡터는 어느 것이나 이용될 수 있으므로, a, b, c와 비례하는 세 수도 L의 방향계수로 이용될 수 있다.

직선 L을 묘사하는 다른 방법은 방정식 (3.5)에서 스칼라 t를 소거하는 것이다. a, b, c 중 어느 것도 0이 아니면, 각 방정식을 t에 관하여 풀 수 있으므로 다음 식을 얻는다.

$$\frac{x-x_0}{a}=\frac{y-y_0}{b}=\frac{z-z_0}{c} \tag{3.6}$$

이 방정식을 L의 **대칭방정식(symmetric equation)**이라 한다. 방정식 (3.6)의 분모에 나타난 수 a, b, c가 L의 방향계수이다. a, b, c 중의 어느 하나가 0인 경우에도 t를 소거할 수 있다. 예를 들면 $b=0$일 때 L의 방정식은

$$\frac{x-x_0}{a}=\frac{z-z_0}{c}, \qquad y=y_0$$

와 같이 쓸 수 있다. 이것은 $x=x_0+at$, $z=z_0+ct$가 평면 $y=y_0$에 놓여 있음을 의미한다.

예제 13 점 $(1,\ 2,\ -3)$을 지나고 벡터 $(4,\ 5,\ -7)$에 평행인 직선의 벡터방정식과 매개방정식을 구하여라.

풀이 $\mathbf{r}_0=(1,\ 2,\ -3)$이고 $\mathbf{v}=(4,\ 5,\ -7)$이므로 벡터방정식은

$$\mathbf{r}=(1+4t,\ 2+5t,\ -3-7t) \quad (\infty<t<\infty)$$

이다. 매개방정식은

$$x=1+4t,\quad y=2+5t,\quad z=-3-7t \quad (-\infty<t<\infty)$$

이다. ■

예제 14 두 점 $A(2,\ 4,\ -1)$, $B(5,\ 0,\ 7)$을 지나는 직선의 매개방정식과 대칭방정식을 구하여라.

풀이 $\overrightarrow{AB}$로 표현되는 벡터 $\mathbf{v}$는 직선과 평행하고

$$\mathbf{v}=(5-2,\ 0-4,\ 7-(-1))=(3,\ -4,\ 8)$$

이다. 따라서 방향계수는 $a=3$, $b=-4$, $c=8$이다. 점 $A(2,\ 4,\ -1)$을 P_0로 두면 매개

방정식은

$$x=2+3t, \quad y=4-4t, \quad z=-1+8t \ (-\infty<t<\infty)$$

이고, 대칭방정식은

$$\frac{x-2}{3}=\frac{y-4}{-4}=\frac{z+1}{8}$$

이다. ■

예제 15 예제 14에서 구한 직선은 어느 점에서 xy평면과 만나는가?

풀이 주어진 직선은 $z=0$일 때 xy평면과 만난다. 따라서 대칭방정식에서 $z=0$이라 놓으면

$$\frac{x-2}{3}=\frac{y-4}{-4}=\frac{1}{8}$$

이므로 $x=\frac{19}{8}$, $y=\frac{7}{2}$이다. 따라서 주어진 직선은 점 $\left(\frac{19}{8}, \frac{7}{2}, 0\right)$에서 xy평면과 만난다. ■

평면에 평행인 벡터 하나로 평면을 나타내기에는 충분하지 않으나, 평면에 수직인 벡터를 이용하면 이를 해결할 수 있다. 공간에서 평면은 평면 위의 한 점 $P_0(x_0, y_0, z_0)$와 평면에 수직인 벡터 $\mathbf{n}$에 의하여 결정되는데, 벡터 $\mathbf{n}$을 평면의 **법선벡터(normal vector)**라 한다.

$P(x, y, z)$를 평면 위의 임의의 점이라 하고, $\mathbf{r}_0$와 $\mathbf{r}$을 P_0와 P의 위치벡터(즉 $\mathbf{r}_0$와 $\mathbf{r}$은 $\overrightarrow{OP_0}$와 $\overrightarrow{OP}$를 나타낸다)라 하면 벡터 $\mathbf{r}-\mathbf{r}_0$는 그림 3.19와 같이 $\overrightarrow{P_0P}$로 표현된다. 법선벡터 $\mathbf{n}$은 주어진 평면 위의 모든 벡터와 수직이므로

$$\mathbf{n}\cdot(\mathbf{r}-\mathbf{r}_0)=0 \tag{3.7}$$

이다. 방정식 (3.7)을 **평면의 방정식(equation of a plane)**이라 한다. 만약 $\mathbf{n}=(a, b, c)$, $\mathbf{r}=(x, y, z)$, $\mathbf{r}_0=(x_0, y_0, z_0)$라 하면 방정식 (3.7)은

$$a(x-x_0)+b(y-y_0)+c(z-z_0)=0 \tag{3.8}$$

으로 표현할 수 있으며, 방정식 (3.8)은 $P_0(x_0, y_0, z_0)$를 지나고 법선벡터가 $\mathbf{n}=(a, b, c)$

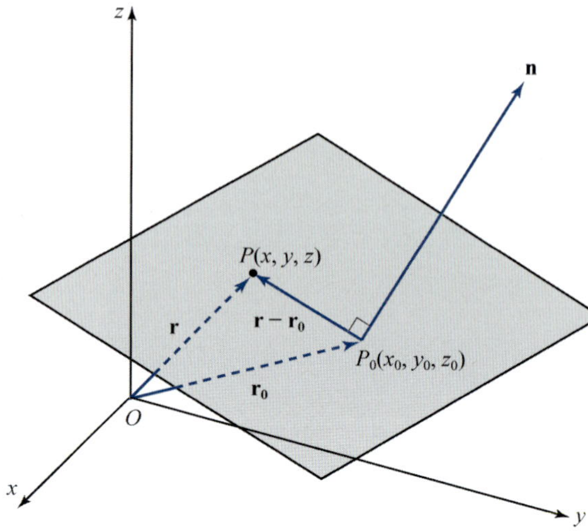

그림 3.19

인 평면의 방정식이다. $d = ax_0 + by_0 + cz_0$일 때

$$ax + by + cz = d$$

로 간단히 정리할 수 있다.

예제 16 점 $(3, -1, 7)$을 지나고 법선벡터가 $(4, 2, -5)$인 평면의 방정식을 구하고, 이 평면이 좌표축과 만나는 점을 구하여라.

풀이 $a = 4,\ b = 2,\ c = -5,\ x_0 = 3,\ y_0 = -1,\ z_0 = 7$이라 두면 방정식 (3.8)로부터 평면의 방정식은

$$4(x-3) + 2(y+1) - 5(z-7) = 0$$

이므로,

$$4x + 2y - 5z = -25$$

이다. x절편을 구하기 위하여 방정식에서 $y = z = 0$이라 두면 $x = -\dfrac{25}{4}$를 얻는다. 마찬가지로 y절편은 $-\dfrac{25}{2}$, z절편은 5이다. ■

예제 17 세 점 $P(1,\ 1,\ -1)$, $Q(-1,\ -1,\ 1)$, $R(1,\ -1,\ 2)$를 지나는 평면의 방정식을 구하여라.

풀이 $\overrightarrow{PQ} = (-2,\ -2,\ 2)$, $\overrightarrow{PR} = (0,\ -2,\ 3)$이므로 평면의 법선벡터

$$\overrightarrow{PQ} \times \overrightarrow{PR} = \begin{vmatrix} \mathbf{i} & \mathbf{j} & \mathbf{k} \\ -2 & -2 & 2 \\ 0 & -2 & 3 \end{vmatrix} = (-2,\ 6,\ 4)$$

이다. 따라서 점 $P(1,\ 1,\ -1)$을 지나고 법선벡터가 $\mathbf{n} = (-2,\ 6,\ 4)$인 평면이므로 구하는 방정식은

$$x - 3y - 2z = 0$$

이다. ■

연습문제 3.5

1 점 $(5,\ 1,\ 3)$을 지나고 벡터 $(1,\ 4,\ -2)$에 평행인 직선의 벡터방정식과 매개방정식을 구하여라.

2 두 점 $A(2,\ 4,\ -3)$, $B(3,\ -1,\ 1)$을 지나는 직선의 매개방정식과 대칭방정식을 구하여라. 이 직선은 어느 점에서 xy평면과 만나는가?

3 매개방정식이

$$\begin{aligned} L_1 &: x = 1 + t, \quad y = -2 + 3t, \quad z = 4 - t \\ L_2 &: x = 2s, \quad y = 3 + s, \quad z = -3 + 4s \end{aligned}$$

인 직선 L_1과 L_2는 서로 꼬인 직선, 즉 두 직선은 만나지도 평행하지도 않은 직선임을 보여라.

4 점 $(2,\ 4,\ -1)$을 지나고 법선벡터가 $(2,\ 3,\ 4)$인 평면의 방정식을 구하고 이 평면이 좌표축과 만나는 점을 구하여라.

5 세 점 $P(1,\ 3,\ 2)$, $Q(3,\ -1,\ 6)$, $R(5,\ 2,\ 0)$을 지나는 평면의 방정식을 구하여라.

❻ 매개방정식 $x=2+3t,\ y=\ -4t,\ z=5+t$로 주어지는 직선이 평면 $4x+5y-2z=18$과 만나는 점을 구하여라.

❼ 평면 $x+y+z\ =1$과 $x-2y+3z\ =1$ 사이의 각을 구하여라.

❽ 점 $P(x_1,\ y_1,\ z_1)$에서 평면 $ax+by+cz+d=0$까지의 거리 D에 관한 공식을 구하여라.

❾ 평행한 두 평면 $10x+2y-2z=5$와 $5x+y-z=1$ 사이의 거리를 구하여라.

❿ 서로 꼬인 두 직선 L_1과 L_2 사이의 거리를 구하여라.

$$\begin{aligned} L_1 &: \ x=1+t, \quad y=-2+3t, \quad z=4-t \\ L_2 &: \ x=2s, \quad y=3+s, \quad z=-3+4s \end{aligned}$$

CHAPTER 4

벡터공간

CHAPTER 4
벡터공간

4.1 n차원 공간

정의 4.1 자연수 n에 대하여 n개의 실수 $a_1, a_2, \cdots, a_n$으로 구성된 순서쌍을 n-순서쌍(ordered n-tuple)이라고 한다. 모든 n-순서쌍의 집합을 n차원 공간(n-space)이라 하며 R^n으로 표기한다.

3차원 공간에서와 마찬가지로 n-순서쌍 $(a_1, a_2, \cdots, a_n)$은 두 가지의 다른 기하학적인 의미를 갖는다. 그 하나는 점으로 보는 경우이고 다른 하나는 벡터로 보는 경우인데, 이때 $a_1, a_2, \cdots, a_n$은 성분(components)을 의미하게 된다. 따라서 n-순서쌍 $(a_1, a_2, \cdots, a_n)$은 n차원 공간상의 '일반적인 점'으로 보아도 좋고 시점이 원점인 '일반적인 벡터'로 보아도 무방하다.

정의 4.2 R^n의 두 벡터 $\mathbf{u} = (u_1, u_2, \cdots, u_n)$, $\mathbf{v} = (v_1, v_2, \cdots, v_n)$는

$$u_1 = v_1,\ u_2 = v_2,\ \cdots,\ u_n = v_n$$

일 때 같다(equal)고 한다. 또 두 벡터의 합(sum) $\mathbf{u} + \mathbf{v}$는

$$\mathbf{u} + \mathbf{v} = (u_1 + v_1,\ u_2 + v_2,\ \cdots,\ u_n + v_n)$$

으로 정의되며, k가 임의의 스칼라일 때 스칼라배(scalar multiple) $k\mathbf{u}$는

$$k\mathbf{u} = (ku_1,\ ku_2,\ \cdots,\ ku_n)$$

으로 정의된다. 이러한 합과 스칼라배 연산을 R^n 에서의 **표준연산**(standard operation)이라 한다. R^n 의 영벡터(zero vector)는 $\mathbf{0} = (0, 0, \cdots, 0)$으로 정의된다. 만약 $\mathbf{u} = (u_1, u_2, \cdots, u_n)$이 R^n에 있는 임의의 벡터이면 $\mathbf{u}$의 음벡터(negative vector)는 $-\mathbf{u}$로 표시되며

$$-\mathbf{u} = (-u_1, -u_2, \cdots, -u_n)$$

으로 정의된다. R^n에 있는 벡터들의 차 $\mathbf{v} - \mathbf{u}$는 $\mathbf{v} + (-\mathbf{u})$로 정의되며

$$\begin{aligned}\mathbf{v} - \mathbf{u} &= \mathbf{v} + (-\mathbf{u}) \\ &= (v_1, v_2, \cdots, v_n) + (-u_1, -u_2, \cdots, -u_n) \\ &= (v_1 - u_1, v_2 - u_2, \cdots, v_n - u_n)\end{aligned}$$

로 쓸 수 있다.

R^n의 벡터들의 합과 스칼라배에 대한 중요한 성질들을 다음 정리로 묶어 놓았다.

정리 4.3 R^n의 임의의 벡터 $\mathbf{u}$, $\mathbf{v}$, $\mathbf{w}$와 임의의 스칼라 k, l에 대하여 다음 식이 성립한다.

(a) $\mathbf{u} + \mathbf{v} = \mathbf{v} + \mathbf{u}$

(b) $(\mathbf{u} + \mathbf{v}) + \mathbf{w} = \mathbf{u} + (\mathbf{v} + \mathbf{w})$

(c) $\mathbf{u} + \mathbf{0} = \mathbf{0} + \mathbf{u} = \mathbf{u}$를 만족하는 $\mathbf{0}$(영벡터)가 R^n 안에 단 하나 존재한다.

(d) $\mathbf{u}+(-\mathbf{u})=0$를 만족하는 $-\mathbf{u}$(음벡터)가 R^n 안에 단 하나 존재한다.

(e) $k(l\mathbf{u})=(kl)\mathbf{u}$

(f) $k(\mathbf{u}+\mathbf{v})=k\mathbf{u}+k\mathbf{v}$

(g) $(k+l)\mathbf{u}=k\mathbf{u}+l\mathbf{u}$

(h) $1\mathbf{u}=\mathbf{u}$

R^n에서의 노름을 이해하기 위하여 R^2, R^3에서의 내적을 일반화시켜 보자.

정의 4.4 R^n의 두 벡터 $\mathbf{u}=(u_1, u_2, \cdots, u_n)$, $\mathbf{v}=(v_1, v_2, \cdots, v_n)$에 대하여

$$\mathbf{u}\cdot\mathbf{v}=u_1v_1+u_2v_2+\cdots+u_nv_n$$

을 $\mathbf{u}$, $\mathbf{v}$의 내적(inner product)이라 한다.

예제 1 R^4의 두 벡터 $\mathbf{u}=(1, 3, -2, 5)$, $\mathbf{v}=(7, -2, 3, 5)$의 내적을 구하여라.

풀이 $\mathbf{u}\cdot\mathbf{v}=(1)(7)+(3)(-2)+(-2)(3)+(5)(5)=20$ ■

정의 4.5 R^n의 벡터 $\mathbf{u}=(u_1, u_2, \cdots, u_n)$의 노름(norm)을 다음과 같이 정의한다.

$$\|\mathbf{u}\|=(\mathbf{u}\cdot\mathbf{u})^{\frac{1}{2}}=\sqrt{u_1^2+u_2^2+\cdots+u_n^2}$$

R^n상의 두 벡터 $\mathbf{u}=(u_1, u_2, \cdots, u_n)$, $\mathbf{v}=(v_1, v_2, \cdots, v_n)$ 사이의 거리(distance)는 다음과 같이 정의된다.

$$d(\mathbf{u}, \mathbf{v})=\|\mathbf{u}-\mathbf{v}\|=\sqrt{(u_1-v_1)^2+(u_2-v_2)^2+\cdots+(u_n-v_n)^2}$$

예제 2 $\mathbf{u}=(1, 3, -2, 5)$, $\mathbf{v}=(7, -2, 3, 5)$일 때 $\|\mathbf{u}\|$와 $d(\mathbf{u}, \mathbf{v})$를 구하여라.

풀이 $$\|\mathbf{u}\| = \sqrt{1^2+3^2+(-2)^2+5^2} = \sqrt{39}$$

이고, 또한 두 벡터 사이의 거리는

$$d(\mathbf{u},\ \mathbf{v}) = \sqrt{(1-7)^2+(3-(-2))^2+((-2)-3)^2+(5-5)^2} = \sqrt{86}$$

이다. ■

R^n에서 내적은 R^2, R^3에서와 같은 성질을 갖고 있다.

> **정리 4.6** R^n의 임의의 벡터 $\mathbf{u}$, $\mathbf{v}$, $\mathbf{w}$와 임의의 스칼라 k에 대하여 다음 식이 성립한다.
>
> (a) $\mathbf{u}\cdot\mathbf{v} = \mathbf{v}\cdot\mathbf{u}$
>
> (b) $\mathbf{u}\cdot(\mathbf{v}+\mathbf{w}) = \mathbf{u}\cdot\mathbf{v}+\mathbf{u}\cdot\mathbf{w}$
>
> (c) $k(\mathbf{u}\cdot\mathbf{v}) = (k\mathbf{u})\cdot\mathbf{v} = \mathbf{u}\cdot(k\mathbf{v})$
>
> (d) $\mathbf{v}\neq 0$이면 $\mathbf{v}\cdot\mathbf{v}>0$, $\mathbf{v}=0$이면 $\mathbf{v}\cdot\mathbf{v}=0$이다.

증명 (a)~(c)는 연습문제로 남기고 (d)만 증명한다.

(d) 내적의 정의로부터

$$\mathbf{v}\cdot\mathbf{v} = v_1^2+v_2^2+\cdots+v_n^2 \geq 0$$

이다. 여기서 등식이 성립하는 경우는 $v_1=v_2=\cdots=v_n=0$일 때, 즉 $\mathbf{v}=0$일 때 뿐이다. ■

2차원 평면, 3차원 공간의 개념과 유사하게 합, 스칼라배, 내적을 갖는 R^n공간을 n차원 공간(n-space)이라 정의한다.

R^n의 벡터를 $\mathbf{u}=(u_1,\ u_2,\ \cdots,\ u_n)$로 표기하는 대신에 행렬 형태

$$\mathbf{u} = \begin{bmatrix} u_1 \\ u_2 \\ \vdots \\ u_n \end{bmatrix}$$

로 표시하기도 한다.

연습문제 4.1

1 $\mathbf{u} = (3,\ -5,\ 2,\ 1)$, $\mathbf{v} = (4,\ 1,\ -2,\ 5)$, $\mathbf{w} = (3,\ 6,\ 4,\ 2)$일 때 다음을 구하여라.

(1) $3\mathbf{u} - 4\mathbf{v}$　　(2) $\mathbf{u} \cdot \mathbf{v}$　　(3) $\mathbf{u} \cdot \mathbf{w}$

2 $\mathbf{u} = (1,\ -3,\ 2,\ 4)$, $\mathbf{v} = (3,\ 5,\ -1,\ -2)$일 때 다음과 같은 벡터의 성분을 구하여라.

(1) $\mathbf{u} + \mathbf{v}$　　(2) $5\mathbf{u}$　　(3) $2\mathbf{u} - 3\mathbf{v}$

3 두 벡터 $\mathbf{u} = (2,\ 3k,\ -4,\ 1,\ 5)$, $\mathbf{v} = (6,\ -1,\ 3,\ 7,\ 2k)$가 수직이 되도록 하는 k를 구하여라.

4 두 벡터 $\mathbf{u} = (5,\ 3,\ -2,\ -4,\ -1)$, $\mathbf{v} = (2,\ -1,\ 0,\ -7,\ 2)$ 사이의 거리 $d(\mathbf{u},\ \mathbf{v})$를 구하여라.

5 두 벡터 $\mathbf{u} = (2,\ k,\ 1,\ -4)$, $\mathbf{v} = (3,\ -1,\ 6,\ -3)$이고 $d(u,\ v) = 6$일 때 k를 구하여라.

6 $\mathbf{u} = (1,\ k,\ -2,\ 5)$이고 $\|\mathbf{u}\| = \sqrt{39}$일 때 k를 구하여라.

7 다음 식을 만족하는 스칼라 $c_1,\ c_2,\ c_3,\ c_4$를 구하여라.

$$c_1(-1,\ 3,\ 2,\ 0) + c_2(2,\ 0,\ 4,\ -1) + c_3(7,\ 1,\ 1,\ 4) + c_4(6,\ 3,\ 1,\ 2) = (0,\ 5,\ 6,\ -3)$$

8 $\mathbf{u} = (3,\ 0,\ 1,\ 2)$, $\mathbf{v} = (-1,\ 2,\ 7,\ 3)$일 때 다음을 구하여라.

(1) $\|\mathbf{u} + \mathbf{v}\|$　　(2) $\|\mathbf{u}\| + \|\mathbf{v}\|$

(3) $\dfrac{1}{\|\mathbf{u}\|}\mathbf{u}$　　(4) $\left\| \dfrac{1}{\|\mathbf{u}\|}\mathbf{u} \right\|$

9 정리 4.3의 (a) ~ (h)를 증명하여라.

10 정리 4.6의 (a) ~ (c)를 증명하여라.

4.2 벡터공간

1장에서 살펴보았듯이 Gauss-Jordan 소거법은 선형연립방정식 $AX=B$의 해를 구하는 방법으로, 연립방정식의 해는 Gauss-Jordan 소거법 후에 쉽게 구할 수 있었다. $AX=O$의 해의 집합은 정의 4.7의 수학적 구조를 갖는데, 이 구조는 선형연립방정식 $AX=B$의 해를 이해하는 데 도움을 준다.

정의 4.7 다음 성질을 만족하는 두 연산, 합과 스칼라배를 가진 집합 V를 벡터공간(vector space)이라 한다.

(1) V 위에 합이 정의되어 있고, 즉

$$\mathbf{u}, \mathbf{v} \in V \Rightarrow \mathbf{u}+\mathbf{v} \in V$$

이고, 임의의 원소 $\mathbf{u}, \mathbf{v}, \mathbf{w} \in V$에 대하여 다음이 성립한다.

(a) $\mathbf{u}+\mathbf{v}=\mathbf{v}+\mathbf{u}$ (교환법칙)

(b) $\mathbf{u}+(\mathbf{v}+\mathbf{w})=(\mathbf{u}+\mathbf{v})+\mathbf{w}$ (결합법칙)

(c) 모든 $\mathbf{u} \in V$에 대하여, $\mathbf{u}+\mathbf{0}=\mathbf{0}+\mathbf{u}=\mathbf{u}$인 $\mathbf{0} \in V$가 존재한다.

(d) 모든 $\mathbf{u} \in V$에 대하여, $\mathbf{u}+(-\mathbf{u})=(-\mathbf{u})+\mathbf{u}=\mathbf{0}$인 $-\mathbf{u} \in V$가 존재한다.

(2) V 위에 스칼라배가 정의되어 있고, 즉

$$k \in R,\ \mathbf{u} \in V \Rightarrow k\mathbf{u} \in V$$

이고, $k, l \in R$과 $\mathbf{u}, \mathbf{v} \in V$에 대하여 다음이 성립한다.

(e) $k(\mathbf{u}+\mathbf{v})=k\mathbf{u}+k\mathbf{v}$ (분배법칙)

(f) $(k+l)\mathbf{u}=k\mathbf{u}+l\mathbf{u}$ (분배법칙)

(g) $k(l\mathbf{u})=(kl)\mathbf{u}$ (결합법칙)

(h) $1\mathbf{u}=\mathbf{u}$

벡터공간 V의 원소를 벡터(vector)라 하고, 특히 정의 4.7의 조건 (c)를 만족시키는 $\mathbf{0}$를 영벡터(zero vector), 조건 (d)를 만족시키는 $-\mathbf{u}$를 음벡터(negative vector)라고 한다. $\mathbf{0}$와

$-\mathbf{u}$는 각각 합의 항등원과 역원이 된다. 또 R의 원소를 스칼라(scalar)라고 한다.

예제 3 합과 스칼라배가 표준연산으로 정의된 집합 $V=R^n$은 벡터공간이다. ■

예제 4 행렬의 합과 스칼라배 연산이 주어지고 행렬의 원소들이 실수인 $m\times n$ 행렬 전체 집합 $M_{m\times n}$은 벡터공간이 된다. $m\times n$ 영행렬은 영벡터 $\mathbf{0}$가 되며, $\mathbf{u}$가 $m\times n$ 행렬 A라면 행렬 $-A$는 음벡터 $-\mathbf{u}$가 된다. 나머지 조건들은 행렬의 연산법칙에 의하여 만족된다. ■

표준연산이 정의된 n차 정사각행렬 중 가역행렬 전체의 집합은 영벡터를 포함하지 않으므로 벡터공간이 아님에 유의하자.

예제 5 P_n을 n차 이하 차수인 모든 다항식들의 집합이라 하자. 만약 $p,\ q\in P_n$이고 k가 실수일 때, 실수 x에 대하여 $p+q,\ kp$를

$$(p+q)(x)=p(x)+q(x),\quad (kp)(x)=kp(x)$$

와 같이 정의하면 정의 4.7의 모든 조건이 성립됨을 쉽게 알 수 있다. 따라서 함수에 관한 합과 스칼라배 연산을 갖는 집합 P_n은 벡터공간이다. ■

예제 6 폐구간 $[a,\ b]$에서 정의되어 있고, 연속인 실함수 전체의 집합을 V라 한다. V의 두 함수 f와 g의 합 $f+g$를 $x\in[a,\ b]$에 대하여

$$(f+g)(x)=f(x)+g(x)$$

로 정의할 때, 새로 정의된 함수 $f+g$도 V의 원소이다. 왜냐하면 두 연속함수의 합은 연속함수이기 때문이다. 또한 $f\in V$이고 k가 스칼라일 때, kf를 $x\in[a,\ b]$에 대하여

$$(kf)(x)=kf(x)$$

로 정의하면, 연속함수와 상수의 곱은 항상 연속함수이므로 kf도 V의 원소이다. 집합 V는 이러한 연산하에서 벡터공간이 된다. 이 공간의 영벡터는 영상수함수(zero-constant function)이다. ■

예제 7 V를 R^2의 1사분면(즉 $\{(x, y) | x \geq 0, y \geq 0\}$)에 있는 모든 점 (x, y)의 집합이라고 하자. V에 표준연산이 정의되어 있으면 정의 4.7의 조건 (d)를 만족하지 않으므로 벡터공간이 되지 않는다. 예를 들면 V의 점 $\mathbf{v} = (1, 1)$은 V에 있지만 $(-1)\mathbf{v} = -\mathbf{v} = (-1, -1)$은 V에 있지 않다. ■

예제 8 V가 원소 0 하나만으로 이루어지고

$$0 + 0 = 0$$
$$k0 = 0 \quad (\text{모든 스칼라 } k\text{에 대하여})$$

로 정의하면 벡터공간의 조건을 만족함을 쉽게 알게 된다. 이 공간을 **영벡터 공간**(zero vector space)이라고 한다. ■

> **정리 4.8** 벡터공간 V에 대하여 $\mathbf{u}$는 V의 벡터이고 k가 스칼라이면, 다음 식이 성립한다.
> (a) $0\mathbf{u} = \mathbf{0}$
> (b) $(-1)\mathbf{u} = -\mathbf{u}$

증명 (a)

$$0\mathbf{u} + 0\mathbf{u} = (0+0)\mathbf{u} = 0\mathbf{u}$$

정의 4.7의 조건 (d)에 의해 벡터 $0\mathbf{u}$는 음벡터 $-0\mathbf{u}$를 가지므로 음벡터를 양변에 더하면

$$[0\mathbf{u} + 0\mathbf{u}] + (-0\mathbf{u}) = 0\mathbf{u} + (-0\mathbf{u})$$
$$0\mathbf{u} + [0\mathbf{u} + (-0\mathbf{u})] = 0\mathbf{u} + (-0\mathbf{u})$$
$$0\mathbf{u} + \mathbf{0} = \mathbf{0}$$

따라서 $0\mathbf{u} = \mathbf{0}$이다.

(b)

$$\begin{aligned} \mathbf{u} + (-1)\mathbf{u} &= 1\mathbf{u} + (-1)\mathbf{u} \\ &= [1 + (-1)]\mathbf{u} \\ &= 0\mathbf{u} = \mathbf{0} \end{aligned}$$

따라서 $(-1)\mathbf{u} = -\mathbf{u}$이다. ■

연습문제 4.2

❶ S를 실수의 모든 순서쌍 $(x,\ y)$들의 집합이라 하자. 이때 S상의 합과 스칼라배를

$$(x_1,\ x_2) + (y_1,\ y_2) = (x_1 + y_1,\ 0), \quad k(x_1,\ x_2) = (kx_1,\ kx_2)$$

로 정의하면 집합 S는 벡터공간이 되는가?

❷ S를 실수의 모든 순서쌍 $(x,\ y,\ z)$들의 집합이라 하자. 이때 S상의 합과 스칼라배를

$$\begin{aligned}(x_1,\ x_2,\ x_3) + (y_1,\ y_2,\ y_3) &= (x_1 + y_1,\ x_2 + y_2,\ x_3 + y_3), \\ k(x_1,\ x_2,\ x_3) &= (0,\ 0,\ 0)\end{aligned}$$

로 정의하면 집합 S는 벡터공간이 되는가?

❸ S를 실수의 모든 순서쌍 $(x,\ y,\ z)$들의 집합이라 하자. 이때 S상의 합과 스칼라배가 다음과 같이 정의된다면,

$$\begin{aligned}(x_1,\ x_2,\ x_3) + (y_1,\ y_2,\ y_3) &= (x_1 + y_1,\ x_2 + y_2,\ x_3 + y_3), \\ k(x_1,\ x_2,\ x_3) &= (kx_1,\ x_2,\ x_3)\end{aligned}$$

집합 S는 벡터공간이 되는가?

❹ S를 $\begin{bmatrix} a & 1 \\ 1 & b \end{bmatrix}$ 형태로 된 2×2 행렬들의 집합이라 하자. 이때 S상의 합과 스칼라배는 행렬의 기본연산을 따른다면 집합 S는 벡터공간이 되는가?

❺ S를 $\begin{bmatrix} a & a+b \\ a+b & b \end{bmatrix}$ 형태로 된 2×2 행렬들의 집합이라 하자. 이때 S상의 합과 스칼라배는 행렬의 기본연산을 따른다면 집합 S는 벡터공간이 되는가?

4.3 부분공간

V가 벡터공간일 때 벡터공간 V의 어떤 부분집합은 V에서 정의된 합과 스칼라배 연산 아래에서 벡터공간이 될 수 있다.

정의 4.9 벡터공간 V의 부분집합 W가 그 자신이 V에서 정의된 합과 스칼라배에 대하여 벡터공간이 될 때 W를 V의 **부분공간**(subspace)이라 한다.

예를 들면 표준연산이 정의되어 있을 때, R^1은 R^2의 부분공간이고 R^1, R^2는 R^3의 부분공간이다. 또 임의의 벡터공간 V에 대하여 $\{\mathbf{0}\}$와 V 자신은 V의 부분공간이다.

일반적으로 합과 스칼라배가 정의된 집합 W가 벡터공간임을 보이기 위하여 정의 4.7의 조건들을 모두 밝혀야 한다. 그러나 W가 벡터공간 V의 부분집합이면 V로부터 '전수'되는 몇 가지 조건들은 밝힐 필요가 없다. 예를 들면 W의 원소 $\mathbf{u}$에 대하여 $k(l\mathbf{u})=(kl)\mathbf{u}$는 밝힐 필요가 없다. 왜냐하면 이 조건은 V의 모든 벡터에 대하여 성립하므로 자동적으로 W에 대해서도 성립하기 때문이다.

정리 4.10 공집합이 아닌 벡터공간 V의 부분집합 W가 다음 조건 (a), (b)를 만족하면 W는 V의 부분공간이다.

(a) $\mathbf{u}$, $\mathbf{v}$가 W의 원소이면, $\mathbf{u}+\mathbf{v}$도 W의 원소이다.

(b) k가 임의의 스칼라이고 $\mathbf{u}$가 W의 원소이면, $k\mathbf{u}$도 W의 원소이다.

증명 조건 (a), (b)가 성립하므로 W가 나머지 조건들을 만족시키는지 보이면 된다. 정의 4.7의 조건 (a), (b), (e), (f), (g), (h)는 V의 모든 원소들에 대하여 만족하므로 W의 원소들에 대해서도 자동적으로 만족한다. 따라서 정의 4.7의 조건 (c), (d)가 W에 의하여 만족하는지 보이기만 하면 증명은 끝난다.

$\mathbf{u}$를 W의 임의의 원소라고 하자. 조건 (b)에 따르면 $k\mathbf{u}$도 W에 있으므로 $k=0$인 경우인 $0\mathbf{u}=\mathbf{0}$도 W에 있게 된다. 또한 $k=-1$로 두면 $(-1)\mathbf{u}=-\mathbf{u}$도 W에 있다. ■

다음 예제들은 부분공간이 되는 예들이다.

예제 9 주대각원소들이 0인 모든 2×2 행렬들의 집합 W는 모든 2×2 행렬들로 이루어진 벡터공간 $M_{2\times 2}$의 부분공간임을 보여라.

풀이

$$A = \begin{bmatrix} 0 & a_{12} \\ a_{21} & 0 \end{bmatrix}, \quad B = \begin{bmatrix} 0 & b_{12} \\ b_{21} & 0 \end{bmatrix}$$

를 W에 있는 임의의 두 행렬이라 하고 k를 임의의 스칼라라고 하자. 그러면

$$A+B = \begin{bmatrix} 0 & a_{12}+b_{12} \\ a_{21}+b_{21} & 0 \end{bmatrix}, \quad kA = \begin{bmatrix} 0 & ka_{12} \\ ka_{21} & 0 \end{bmatrix}$$

이다. 이때 $A+B$, kA는 주대각원소들이 모두 0이므로 W에 있다. 따라서 W는 $M_{2\times 2}$의 부분공간이다. ■

예제 10 미지수가 n개인 m개의 1차방정식으로 이루어진 연립방정식

$$\begin{aligned} a_{11}x_1 + a_{12}x_2 + \cdots + a_{1n}x_n &= b_1 \\ a_{21}x_1 + a_{22}x_2 + \cdots + a_{2n}x_n &= b_2 \\ \vdots \qquad \vdots \qquad\qquad \vdots \quad &\quad \vdots \\ a_{m1}x_1 + a_{m2}x_2 + \cdots + a_{mn}x_n &= b_m \end{aligned}$$

을 생각해보자. 이 식을 행렬 형태로 쓰면 $AX = B$가 된다. R^n의 벡터

$$\mathbf{w} = \begin{bmatrix} w_1 \\ w_2 \\ \vdots \\ w_n \end{bmatrix}$$

가 위 방정식의 해일 때 $\mathbf{w}$를 해벡터(solution vector)라고 한다. 이 예제에서는 동차연립1차방정식의 해벡터들의 집합이 R^n의 부분공간임을 보인다.

위 방정식에서 $B=0$인 동차연립방정식의 해벡터들의 집합을 W라 하자. 만약 $\mathbf{w}$, $\mathbf{w}'$이 W의 원소라고 하면

$$A\mathbf{w} = 0, \quad A\mathbf{w}' = 0$$

이다. 따라서

$$A(\mathbf{w} + \mathbf{w}') = A\mathbf{w} + A\mathbf{w}' = 0 + 0 = 0$$

$$A(k\mathbf{w}) = k(A\mathbf{w}) = k0 = 0$$

이다. 이 두 식은 $\mathbf{w} + \mathbf{w}'$, $k\mathbf{w}$가 방정식 $AX = 0$을 만족함을 뜻한다. 따라서 $\mathbf{w} + \mathbf{w}' \in W$, $k\mathbf{w} \in W$이다. 이러한 부분공간 W는 $AX = 0$의 해공간(solution space)이라고 한다.

한편, $B \neq 0$인 경우의 $AX = B$의 해벡터들의 집합은 R^n의 부분공간이 아니다. 이는 $AX = B$의 두 해 $\mathbf{w}$, $\mathbf{w}'$에 대하여 $\mathbf{w} + \mathbf{w}'$은 해가 아니기 때문이다. ■

연습문제 4.3

1. $W = \{(a, b, 0) | a, b \in R\}$는 R^3의 부분공간이 되는가?

2. $W = \{(a, b, c) | a \geq 0\}$는 R^3의 부분공간이 되는가?

3. $W = \{(a, b, c) | a^2 + b^2 + c^2 \leq 1\}$는 R^3의 부분공간이 되는가?

4. $W = \{(a, b, c) | a + b + c = 0\}$는 R^3의 부분공간이 되는가?

5. $W = \{(a, b, c) | a, b, c \in Q\}$는 R^3의 부분공간이 되는가?

6. $W = \{A \in M_{2\times 2} | A$는 대칭행렬$\}$은 $M_{n\times n}$의 부분공간이 되는가?

7. $W = \{A \in M_{2\times 2} | \det(A) = 0\}$는 $M_{2\times 2}$의 부분공간이 되는가?

8. $W = \{f | f(3) = 0\}$는 실직선상에서 정의된 모든 실함수들로 된 공간의 부분공간이 되는가?

9. $W = \{f | f(7) = 2 + f(1)\}$는 실직선상에서 정의된 모든 실함수들로 된 공간의 부분공간이 되는가?

4.4 1차결합

벡터공간 V의 벡터들의 집합 $S=\{\mathbf{v}_1, \mathbf{v}_2, \cdots, \mathbf{v}_r\}$를 이용하여 S를 포함하는 V의 '최소' 부분공간을 구하는 일반적인 방법에 대하여 알아보기로 하자.

정의 4.11 벡터 $\mathbf{w}$가 벡터 $\mathbf{v}_1, \mathbf{v}_2, \cdots, \mathbf{v}_r$ 및 스칼라 $k_1, k_2, \cdots, k_r$에 대하여

$$\mathbf{w}=k_1\mathbf{v}_1+k_2\mathbf{v}_2+\cdots+k_r\mathbf{v}_r$$

의 형태로 표시될 때, $\mathbf{w}$는 $\mathbf{v}_1, \mathbf{v}_2, \cdots, \mathbf{v}_r$의 1차결합(linear combination)이라 한다.

예제 11 R^3의 벡터 $\mathbf{u}=(1, 1, 1)$, $\mathbf{v}=(1, 2, 3)$, $\mathbf{w}=(2, -1, 1)$에 대하여 $\mathbf{x}=(1, -2, 5)$는 $\mathbf{u}, \mathbf{v}, \mathbf{w}$의 1차결합임을 보여라.

풀이 $\mathbf{x}$가 $\mathbf{u}, \mathbf{v}, \mathbf{w}$의 1차결합이 되기 위해서는

$$\mathbf{x}=k_1\mathbf{u}+k_2\mathbf{v}+k_3\mathbf{w}$$

를 만족하는 k_1, k_2, k_3를 찾을 수 있어야 한다. 따라서

$$\begin{aligned}(1, -2, 5)&=k_1(1, 1, 1)+k_2(1, 2, 3)+k_3(2, -1, 1)\\&=(k_1, k_1, k_1)+(k_2, 2k_2, 3k_2)+(2k_3, -k_3, k_3)\\&=(k_1+k_2+2k_3,\ k_1+2k_2-k_3,\ k_1+3k_2+k_3)\end{aligned}$$

가 된다. 대응하는 성분이 같아야 하므로

$$\begin{aligned}k_1+\ k_2+2k_3&=1\\k_1+2k_2-\ k_3&=-2\\k_1+3k_2+\ k_3&=5\end{aligned}$$

이다. 연립방정식을 풀면

$$k_1=-6,\quad k_2=3,\quad k_3=2$$

가 되므로

$$\mathbf{x} = -6\mathbf{u} + 3\mathbf{v} + 2\mathbf{w}$$

로서 $\mathbf{x}$는 $\mathbf{u}$, $\mathbf{v}$, $\mathbf{w}$의 1차결합이다. ■

예제 12 R^3의 벡터 $\mathbf{u} = (1,\ 2,\ -1)$, $\mathbf{v} = (6,\ 4,\ 2)$에 대하여 $\mathbf{x} = (4,\ -1,\ 8)$은 $\mathbf{u}$, $\mathbf{v}$의 1차결합이 아님을 보여라.

풀이 $\mathbf{x}$가 $\mathbf{u}$, $\mathbf{v}$의 1차결합이 되기 위해서는

$$\mathbf{x} = k_1\mathbf{u} + k_2\mathbf{v}$$

를 만족하는 k_1, k_2를 찾을 수 있어야 한다. 따라서

$$\begin{aligned}(4,\ -1,\ 8) &= k_1(1,\ 2,\ -1) + k_2(6,\ 4,\ 2)\\ &= (k_1,\ 2k_1,\ -k_1) + (6k_2,\ 4k_2,\ 2k_2)\\ &= (k_1 + 6k_2,\ 2k_1 + 4k_2,\ -k_1 + 2k_2)\end{aligned}$$

가 된다. 대응하는 성분이 같아야 하므로

$$\begin{aligned}k_1 + 6k_2 &= 4\\ 2k_1 + 4k_2 &= -1\\ -k_1 + 2k_2 &= 8\end{aligned}$$

이다. 연립방정식은 해를 갖지 않으므로, $\mathbf{x}$는 $\mathbf{u}$, $\mathbf{v}$의 1차결합이 아니다. ■

정의 4.12 $\mathbf{v}_1$, $\mathbf{v}_2$, $\cdots$, $\mathbf{v}_r$이 벡터공간 V의 원소이고, V의 모든 벡터들이 이들의 1차결합으로 표시되면, 즉 임의의 $\mathbf{x} \in V$에 대하여

$$\mathbf{x} = k_1\mathbf{v}_1 + k_2\mathbf{v}_2 + \cdots + k_r\mathbf{v}_r$$

을 만족하는 스칼라 k_1, k_2, $\cdots$, k_r이 존재하면 이 벡터들은 V를 생성한다(span)고 하고, $V = \langle \mathbf{v}_1,\ \mathbf{v}_2,\ \cdots,\ \mathbf{v}_r \rangle$과 같이 표기한다.

예제 13 벡터 $\mathbf{i} = (1, 0, 0)$, $\mathbf{j} = (0, 1, 0)$, $\mathbf{k} = (0, 0, 1)$은 R^3을 생성하는가?

풀이 R^3의 임의의 벡터 (a, b, c)는

$$(a, b, c) = a\mathbf{i} + b\mathbf{j} + c\mathbf{k}$$

로 표시되므로 $\mathbf{i}$, $\mathbf{j}$, $\mathbf{k}$의 1차결합이다. 따라서 $\mathbf{i}$, $\mathbf{j}$, $\mathbf{k}$는 R^3을 생성한다. ■

예제 14 R^3의 벡터 $\mathbf{u} = (1, 2, 3)$, $\mathbf{v} = (0, 1, 2)$, $\mathbf{w} = (0, 0, 1)$은 R^3을 생성하는가?

풀이 먼저 R^3의 임의의 벡터 $\mathbf{x} = (a, b, c)$가 $\mathbf{u}$, $\mathbf{v}$, $\mathbf{w}$의 1차결합

$$(a, b, c) = k_1\mathbf{u} + k_2\mathbf{v} + k_3\mathbf{w}$$

로 표시되는지를 알아보자.

$$\begin{aligned}(a, b, c) &= k_1(1, 2, 3) + k_2(0, 1, 2) + k_3(0, 0, 1) \\ &= (k_1, 2k_1 + k_2, 3k_1 + 2k_2 + k_3)\end{aligned}$$

이 되고, 대응하는 성분이 같아야 하므로

$$\begin{aligned} k_1 \qquad\qquad &= a \\ 2k_1 + k_2 \qquad &= b \\ 3k_1 + 2k_2 + k_3 &= c \end{aligned}$$

이다. 연립방정식을 풀면

$$k_1 = a, \quad k_2 = b - 2a, \quad k_3 = c - 2b + a$$

가 된다. 따라서 $\mathbf{u}$, $\mathbf{v}$, $\mathbf{w}$는 R^3을 생성한다.

별해 위의 연립방정식은 a, b, c가 어떠한 값을 가지더라도 해를 갖느냐 갖지 않느냐 하는 것이 문제가 된다. 이 연립방정식은 행렬

$$A = \begin{bmatrix} 1 & 0 & 0 \\ 2 & 1 & 0 \\ 3 & 2 & 1 \end{bmatrix}$$

가 가역일 때만 해를 갖게 된다. 그런데 $\det(A) = 1$이므로(정사각행렬 A가 가역이기 위한 필요충분조건은 $\det(A) \neq 0$이다) A는 가역이다. 따라서 $\mathbf{u}$, $\mathbf{v}$, $\mathbf{w}$는 R^3을 생성한다. ■

예제 15 R^3의 벡터 $\mathbf{u} = (1, 4, 7)$, $\mathbf{v} = (2, 5, 8)$, $\mathbf{w} = (3, 6, 9)$는 R^3을 생성하는가?

풀이 R^3의 임의의 벡터 $\mathbf{x} = (a, b, c)$가 $\mathbf{u}, \mathbf{v}, \mathbf{w}$의 1차결합

$$(a, b, c) = k_1\mathbf{u} + k_2\mathbf{v} + k_3\mathbf{w}$$

로 표시되는지 알아보자. 따라서

$$\begin{aligned}(a, b, c) &= k_1(1, 4, 7) + k_2(2, 5, 8) + k_3(3, 6, 9) \\ &= (1k_1 + 2k_2 + 3k_3,\ 4k_1 + 5k_2 + 6k_3,\ 7k_1 + 8k_2 + 9k_3)\end{aligned}$$

이 되고, 대응하는 성분이 같아야 하므로

$$\begin{aligned} k_1 + 2k_2 + 3k_3 &= a \\ 4k_1 + 5k_2 + 6k_3 &= b \\ 7k_1 + 8k_2 + 9k_3 &= c \end{aligned}$$

이다. 연립방정식의 계수행렬

$$A = \begin{bmatrix} 1 & 2 & 3 \\ 4 & 5 & 6 \\ 7 & 8 & 9 \end{bmatrix}$$

에 대하여 $\det(A) = 0$이므로 A는 비가역이다. 따라서 $\mathbf{u}, \mathbf{v}, \mathbf{w}$는 R^3을 생성하지 않는다. ■

벡터공간 V의 부분집합은 V를 생성하는 경우도 있고 그렇지 못한 경우도 있다. $\{\mathbf{v}_1, \mathbf{v}_2, \cdots, \mathbf{v}_r\}$이 V를 생성하는 경우에는 V의 모든 벡터들이 $\mathbf{v}_1, \mathbf{v}_2, \cdots, \mathbf{v}_r$의 1차결합으로 표시될 수 있다. 생성하지 않는 경우, 어떤 벡터는 1차결합으로 표시되지만 그렇지 않은 벡터들도 있다. 다음 정리는 $\mathbf{v}_1, \mathbf{v}_2, \cdots, \mathbf{v}_r$의 1차결합으로 표시되는 V의 모든 벡터들의 집합이 V의 부분공간임을 보여준다.

정리 4.13 $\mathbf{v}_1, \mathbf{v}_2, \cdots, \mathbf{v}_r$이 벡터공간 V의 원소이면

(a) $\mathbf{v}_1, \mathbf{v}_2, \cdots, \mathbf{v}_r$의 모든 1차결합으로 이루어진 집합 W는 V의 부분공간이다.

(b) W는 $\mathbf{v}_1, \mathbf{v}_2, \cdots, \mathbf{v}_r$을 포함하는 벡터공간 V의 최소 부분공간이

다. 즉 $\mathbf{v}_1, \mathbf{v}_2, \cdots, \mathbf{v}_r$을 포함하는 벡터공간 V의 다른 모든 부분공간은 W를 포함한다.

증명 (a) W가 V의 부분공간임을 보이기 위해서는 합과 스칼라배 연산에 대하여 닫혀 있음을 보여야 한다. $\mathbf{u}, \mathbf{v}$가 W의 벡터이면

$$\mathbf{u} = k_1\mathbf{v}_1 + k_2\mathbf{v}_2 + \cdots + k_r\mathbf{v}_r$$
$$\mathbf{v} = l_1\mathbf{v}_1 + l_2\mathbf{v}_2 + \cdots + l_r\mathbf{v}_r$$

이다. 여기서 $k_1, k_2, \cdots, k_r, l_1, l_2, \cdots, l_r$은 스칼라이다. 그러므로

$$\mathbf{u} + \mathbf{v} = (k_1 + l_1)\mathbf{v}_1 + (k_2 + l_2)\mathbf{v}_2 + \cdots + (k_r + l_r)\mathbf{v}_r$$

이고, 임의의 스칼라 k에 대하여

$$k\mathbf{u} = (kk_1)\mathbf{v}_1 + (kk_2)\mathbf{v}_2 + \cdots + (kk_r)\mathbf{v}_r$$

이다. 따라서 $\mathbf{u} + \mathbf{v}$, $k\mathbf{u}$는 $\mathbf{v}_1, \mathbf{v}_2, \cdots, \mathbf{v}_r$의 1차결합이므로, W는 V의 부분공간이다.

(b) 벡터 $\mathbf{v}_i$는

$$\mathbf{v}_i = 0\mathbf{v}_1 + 0\mathbf{v}_2 + \cdots + 1\mathbf{v}_i + \cdots + 0\mathbf{v}_r$$

로 쓸 수 있으므로 $\mathbf{v}_1, \mathbf{v}_2, \cdots, \mathbf{v}_r$의 1차결합이다. 그러므로 부분공간 W는 벡터 $\mathbf{v}_1, \mathbf{v}_2, \cdots, \mathbf{v}_r$을 모두 포함한다. W'가 $\mathbf{v}_1, \mathbf{v}_2, \cdots, \mathbf{v}_r$을 포함하는 다른 부분공간이라고 하자. W'는 합과 스칼라배 연산에 대하여 닫혀 있으므로 $\mathbf{v}_1, \mathbf{v}_2, \cdots, \mathbf{v}_r$의 모든 1차결합

$$k_1\mathbf{v}_1 + k_2\mathbf{v}_2 + \cdots + k_r\mathbf{v}_r$$

을 포함해야 한다. 따라서 W의 모든 벡터를 포함하게 된다. ■

위의 정리에서 언급한 W를 $S = \{\mathbf{v}_1, \mathbf{v}_2, \cdots, \mathbf{v}_r\}$에 의하여 생성되는 선형공간(linear space)이라고 하고

$$\text{lin}(S), \quad \text{lin}\{\mathbf{v}_1, \mathbf{v}_2, \cdots, \mathbf{v}_r\} \quad \text{또는} \quad \langle \mathbf{v}_1, \mathbf{v}_2, \cdots, \mathbf{v}_r \rangle$$

로 표시한다.

예제 16 $\mathbf{v}$가 R^2 또는 R^3의 $\mathbf{0}$가 아닌 벡터이면 모든 스칼라배 $k\mathbf{v}$로 이루어지는 $\operatorname{lin}\{\mathbf{v}\}$는 $\mathbf{v}$에 의하여 결정되는 직선이다(그림 4.1).

마찬가지로 $\mathbf{0}$가 아닌 $\mathbf{v}_1$, $\mathbf{v}_2$가 원점이 시점이고 동일 직선상에 있지 않은 R^3의 두 벡터이면 모든 1차결합 $k_1\mathbf{v}_1 + k_2\mathbf{v}_2$로 이루어지는 $\operatorname{lin}\{\mathbf{v}_1, \mathbf{v}_2\}$는 $\mathbf{v}_1$, $\mathbf{v}_2$에 의해 생성되는 평면이 된다(그림 4.2).

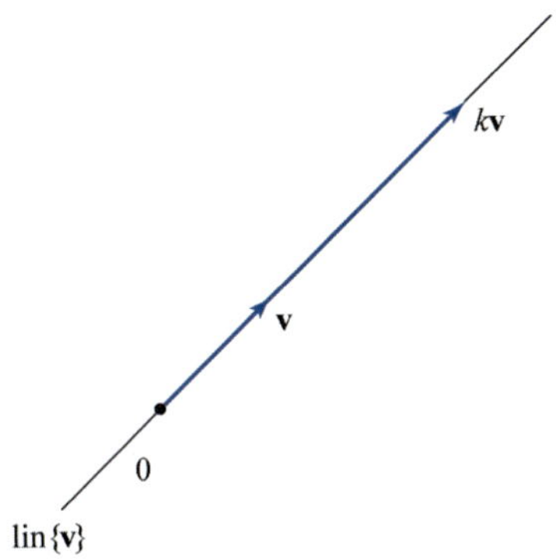

그림 4.1

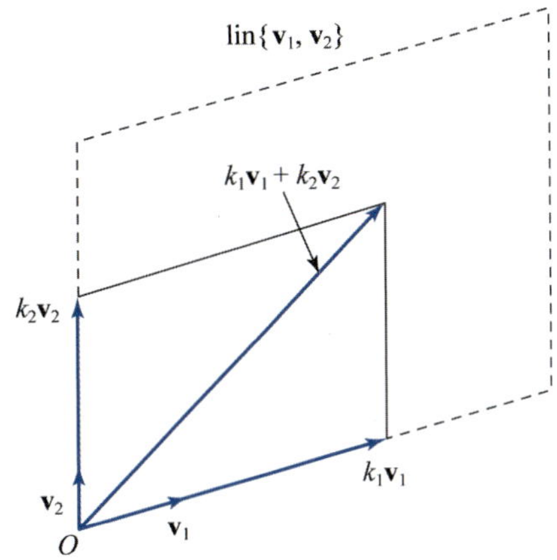

그림 4.2 ■

연습문제 4.4

1 $\mathbf{x} = (1,\ -2,\ 5)$를 $\mathbf{u} = (1,\ 1,\ 1)$, $\mathbf{v} = (1,\ 2,\ 3)$, $\mathbf{w} = (2,\ -1,\ 1)$의 1차결합으로 표시하여라.

2 $\mathbf{x} = (2,\ -5,\ 3)$이 $\mathbf{u} = (1,\ -3,\ 2)$, $\mathbf{v} = (2,\ -4,\ -1)$, $\mathbf{w} = (1,\ -5,\ 7)$의 1차결합이 아님을 보여라.

3 $\mathbf{x} = (1,\ -2,\ k)$가 $\mathbf{u} = (3,\ 0,\ -2)$와 $\mathbf{v} = (2,\ -1,\ -5)$의 1차결합으로 표시되도록 하는 k를 구하여라.

4 $P = x^2 + 4x - 3$을 $P_1 = x^2 - 2x + 5$, $P_2 = 2x^2 - 3x$, $P_3 = x + 3$의 1차결합으로 표시하여라.

❺ $E=\begin{bmatrix}3 & 1\\1 & -1\end{bmatrix}$를 $A=\begin{bmatrix}1 & 1\\1 & 0\end{bmatrix}$, $B=\begin{bmatrix}0 & 0\\1 & 1\end{bmatrix}$, $C=\begin{bmatrix}0 & 2\\0 & -1\end{bmatrix}$의 1차결합으로 표시하여라.

❻ $\mathbf{x}=(a, b, c)$를 $\mathbf{u}=(1, -3, 2)$, $\mathbf{v}=(2, -4, -1)$, $\mathbf{w}=(1, -5, 7)$에 의하여 생성되도록 하는 a, b, c의 조건을 구하여라.

❼ xy평면 $W=\{(a, b, 0) \mid a, b\in R\}(W\subset R^3)$는 $\mathbf{u}=(1, 2, 0)$, $\mathbf{v}=(0, 1, 0)$에 의하여 생성되는가?

4.5 1차종속과 1차독립

벡터공간 V의 모든 벡터들이 $\mathbf{v}_1, \mathbf{v}_2, \cdots, \mathbf{v}_r$의 1차결합이 되면 V는 집합 $S=\{\mathbf{v}_1, \mathbf{v}_2, \cdots, \mathbf{v}_r\}$에 의하여 생성된다. 벡터공간 V를 생성하기 위하여 집합 S는 꼭 필요한 원소만을 갖도록 가능한 작게 잡는 것이 바람직하다. 이를 위하여 집합 S의 원소들 사이에 연관관계를 조사하는 것이 필요하며, 다음의 1차종속과 1차독립의 개념이 도움이 된다. 이 개념은 벡터공간의 구조를 이해하는 데 중요한 열쇠를 제공할 것이다.

정의 4.14 $S=\{\mathbf{v}_1, \mathbf{v}_2, \cdots, \mathbf{v}_r\}$을 벡터공간 V의 서로 다른 벡터들의 집합이라 하자. 만약 벡터방정식

$$k_1\mathbf{v}_1+k_2\mathbf{v}_2+\cdots+k_r\mathbf{v}_r=\mathbf{0}$$

에 대하여 적어도 하나는 0이 아닌 스칼라 $k_1, k_2, \cdots, k_r$이 존재할 때 S를 1차종속(linearly dependent)이라 하고, S가 1차종속이 아닐 때 1차독립(linearly independent)이라 한다. 즉 위의 벡터방정식을

$$k_1=0,\ k_2=0,\ \cdots,\ k_r=0$$

일 때만 만족할 때, S는 1차독립이라 한다.

예제 17 R^2의 벡터 $\mathbf{v}_1 = (1,\ 1)$, $\mathbf{v}_2 = (1,\ 2)$가 1차독립인지 1차종속인지를 판정하여라.

풀이 $k_1(1,\ 1) + k_2(1,\ 2) = (0,\ 0)$이라 하면

$$\begin{aligned} k_1 + \ \ k_2 &= 0 \\ k_1 + 2k_2 &= 0 \end{aligned}$$

이다. 연립방정식이 $k_1 = k_2 = 0$일 때만 성립하므로 1차독립이다.

별해 위의 벡터방정식을 미지수 k_1, k_2에 대한 행렬로 표현하면

$$\begin{bmatrix} 1 & 1 \\ 1 & 2 \end{bmatrix} \begin{bmatrix} k_1 \\ k_2 \end{bmatrix} = \begin{bmatrix} 0 \\ 0 \end{bmatrix}$$

이다. 위와 같이 만약 계수행렬이 정사각행렬이라면 자명해($k_1 = k_2 = 0$)만을 갖기 위해서는 계수행렬이 가역이어야 하므로 행렬식은 0이 아니어야 한다. 행렬식이 0이 아니므로 두 벡터는 1차독립이다. 계수행렬이 정사각행렬일 경우에 1차종속과 1차독립을 판정하기 위해서 계수행렬의 행렬식을 구하면 알 수 있다. ■

예제 18 R^3의 벡터 $(4,\ 2,\ 3)$, $(2,\ 3,\ 1)$, $(2,\ -5,\ 3)$이 1차독립인지 1차종속인지를 판정하여라.

풀이 $$k_1(4,\ 2,\ 3) + k_2(2,\ 3,\ 1) + k_3(2,\ -5,\ 3) = (0,\ 0,\ 0)$$

이라 하자. 이것을 다시 미지수 k_1, k_2, k_3에 대한 행렬로 표현하면

$$\begin{bmatrix} 4 & 2 & 2 \\ 2 & 3 & -5 \\ 3 & 1 & 3 \end{bmatrix} \begin{bmatrix} k_1 \\ k_2 \\ k_3 \end{bmatrix} = \begin{bmatrix} 0 \\ 0 \\ 0 \end{bmatrix}$$

이다. 계수행렬이 3×3 정사각행렬이고

$$\begin{vmatrix} 4 & 2 & 2 \\ 2 & 3 & -5 \\ 3 & 1 & 3 \end{vmatrix} = 0$$

이므로 1차종속이다. ■

예제 19 R^3의 벡터 $\mathbf{i}=(1, 0, 0)$, $\mathbf{j}=(0, 1, 0)$, $\mathbf{k}=(0, 0, 1)$, $\mathbf{x}=(1, 2, 3)$가 1차독립인지 1차종속인지를 판정하여라.

풀이 $\mathbf{i}+2\mathbf{j}+3\mathbf{k}-\mathbf{x}=0$이므로 1차종속이다. ■

예제 20 $M_{2\times 2}$의 벡터 $A=\begin{bmatrix}1 & 1\\1 & 1\end{bmatrix}$, $B=\begin{bmatrix}1 & 0\\0 & 1\end{bmatrix}$, $C=\begin{bmatrix}1 & 1\\0 & 0\end{bmatrix}$가 1차독립인지 1차종속인지를 판정하여라.

풀이 $k_1A+k_2B+k_3C=O$이라 하면

$$\begin{bmatrix}k_1 & k_1\\k_1 & k_1\end{bmatrix}+\begin{bmatrix}k_2 & 0\\0 & k_2\end{bmatrix}+\begin{bmatrix}k_3 & k_3\\0 & 0\end{bmatrix}=\begin{bmatrix}0 & 0\\0 & 0\end{bmatrix}$$

이다. 즉

$$k_1+k_2+k_3=0,\quad k_1+k_3=0$$
$$k_1=0,\quad k_1+k_2=0$$

이고, 이를 풀면

$$k_1=k_2=k_3=0$$

이다. 따라서 A, B, C는 1차독립이다. ■

예제 21 P_2의 벡터 $p_1=1-x$, $p_2=5+3x-2x^2$, $p_3=1+3x-x^2$이 1차독립인지 1차종속인지를 판정하여라.

풀이 $3p_1-p_2+2p_3=0$이므로 집합 $S=\{p_1, p_2, p_3\}$는 1차종속이다. ■

두 벡터 $\mathbf{x}$와 $\mathbf{y}$가 1차종속이면 벡터방정식 $k_1\mathbf{x}+k_2\mathbf{y}=0$을 만족하는 모두는 0이 아닌 스칼라 k_1, k_2가 존재한다. 만약 $k_1\neq 0$이라면

$$\mathbf{x}=-\frac{k_2}{k_1}\mathbf{y}$$

이다. 이 식은 $\mathbf{x}$가 $\mathbf{y}$의 스칼라배임을 뜻한다. R^2의 두 벡터가 1차종속이면, 두 벡터 중 하나는 나머지 하나의 상수배로 표시할 수 있다. 따라서 두 벡터의 시점이 원점에 있으면

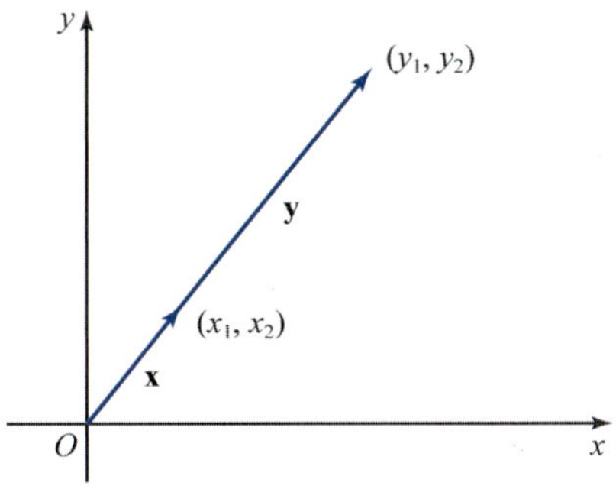

(a) $\mathbf{x}$와 $\mathbf{y}$는 1차종속

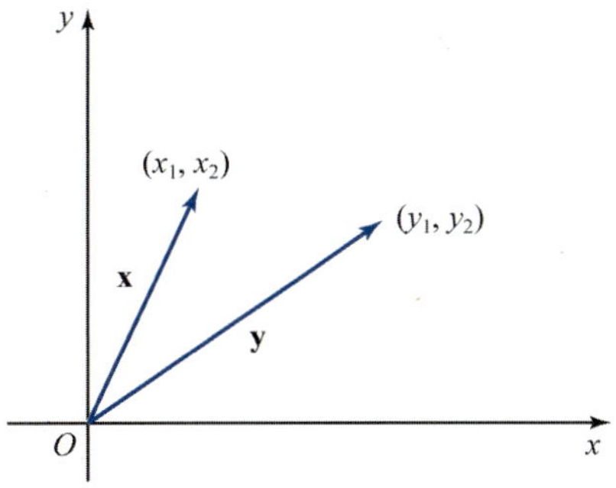

(b) $\mathbf{x}$와 $\mathbf{y}$는 1차독립

그림 4.3

두 벡터는 같은 직선상에 있다(그림 4.3).

R^3의 두 벡터 $\mathbf{x} = (x_1,\ x_2,\ x_3)$, $\mathbf{y} = (y_1,\ y_2,\ y_3)$가 1차독립이면, 점 $(x_1,\ x_2,\ x_3)$와 점 $(y_1,\ y_2,\ y_3)$는 3차원 공간에서 원점을 지나는 동일한 직선상에 있지 않다. 점 $(0,\ 0,\ 0)$, $(x_1,\ x_2,\ x_3)$와 점 $(y_1,\ y_2,\ y_3)$는 동일 직선상에 있지 않으므로 세 점은 하나의 평면을 결정한다. 점 $(z_1,\ z_2,\ z_3)$가 이 평면상의 점이면, 벡터 $\mathbf{z} = (z_1,\ z_2,\ z_3)$를 $\mathbf{x}$와 $\mathbf{y}$의 1차결합으로 표시할 수 있으므로 $\mathbf{x}$, $\mathbf{y}$, $\mathbf{z}$는 1차종속이다. $(z_1,\ z_2,\ z_3)$가 이 평면상에 있지 않으면 세 벡터 $\mathbf{x}$, $\mathbf{y}$, $\mathbf{z}$는 1차독립이다.

다음 정리는 R^n의 1차독립인 집합은 기껏해야 n개의 벡터를 포함한다는 것을 말해준다.

정리 4.15 $S = \{\mathbf{v}_1,\ \mathbf{v}_2,\ \cdots,\ \mathbf{v}_r\}$을 R^n의 벡터들의 집합이라고 하자. $r > n$이면 S는 1차종속이다.

증명

$$\begin{array}{l} \mathbf{v}_1 = (v_{11},\ v_{12},\ \cdots,\ v_{1n}) \\ \mathbf{v}_2 = (v_{21},\ v_{22},\ \cdots,\ v_{2n}) \\ \ \vdots \qquad \vdots \qquad \vdots \qquad\quad \vdots \\ \mathbf{v}_r = (v_{r1},\ v_{r2},\ \cdots,\ v_{rn}) \end{array}$$

이라 하고 벡터방정식

$$k_1\mathbf{v}_1 + k_2\mathbf{v}_2 + \cdots + k_r\mathbf{v}_r = 0$$

을 생각해보자. 양변의 대응하는 성분이 같다고 놓으면

$$\begin{aligned} v_{11}k_1 + v_{21}k_2 + \cdots + v_{r1}k_r &= 0 \\ v_{12}k_1 + v_{22}k_2 + \cdots + v_{r2}k_r &= 0 \\ \vdots \qquad \vdots \qquad\quad \vdots \quad &\ \ \vdots \\ v_{1n}k_1 + v_{2n}k_2 + \cdots + v_{rn}k_r &= 0 \end{aligned}$$

을 얻는다. 이 식은 미지수 r개인 n개 동차연립1차방정식이다. $r > n$이므로 이 연립방정식은 비자명해를 가진다. 따라서 $S = \{\mathbf{v}_1, \mathbf{v}_2, \cdots, \mathbf{v}_r\}$은 1차종속이다. ■

이 정리에 따르면 R^2에서 3개 이상의 벡터로 된 집합과 R^3에서 4개 이상의 벡터로 된 집합은 1차종속이다.

연습문제 4.5

1 벡터 $\mathbf{u} = (3, 4)$, $\mathbf{v} = (1, -3)$가 1차독립인지 1차종속인지를 판정하여라.

2 다음 R^3 벡터들이 1차독립인지 1차종속인지를 판정하여라.

(1) $\mathbf{u} = (4, 3, -2)$, $\mathbf{v} = (2, -6, 7)$

(2) $\mathbf{u} = (1, -1, 0)$, $\mathbf{v} = (1, 3, -1)$, $\mathbf{w} = (5, 3, -2)$

(3) $\mathbf{u} = (1, -3, 7)$, $\mathbf{v} = (2, 0, -6)$, $\mathbf{w} = (3, -1, -1)$, $\mathbf{x} = (2, 4, 5)$

3 벡터 $\mathbf{u} = (6, 2, 3, 4)$, $\mathbf{v} = (0, 5, -3, 1)$, $\mathbf{w} = (0, 0, 7, -2)$가 1차독립인지 1차종속인지를 판정하여라.

4 다음 P_3의 벡터들이 1차독립인지 1차종속인지를 판정하여라.

(1) $\mathbf{u} = 2 - 5x + 6x^2 - x^3$, $\mathbf{v} = 3 + 2x - 4x^2 + 5x^3$

(2) $\mathbf{u} = 1 - 3x + 2x^2 - 3x^3$, $\mathbf{v} = -3 + 9x - 6x^2 + 7x^3$

(3) $\mathbf{u} = 3 - 2x + 4x^2 + x^3$, $\mathbf{v} = 4 - x + 6x^2 + x^3$, $\mathbf{w} = 7 - 8x + 8x^2 + 3x^3$

5 다음 $M_{2\times 2}$의 벡터들이 1차독립인지 1차종속인지를 판정하여라.

(1) $A=\begin{bmatrix}1&1\\1&1\end{bmatrix}$, $B=\begin{bmatrix}1&0\\0&1\end{bmatrix}$, $C=\begin{bmatrix}1&1\\0&0\end{bmatrix}$

(2) $A=\begin{bmatrix}1&2\\3&1\end{bmatrix}$, $B=\begin{bmatrix}3&-1\\2&2\end{bmatrix}$, $C=\begin{bmatrix}1&-5\\-4&0\end{bmatrix}$

(3) $A=\begin{bmatrix}1&1\\1&1\end{bmatrix}$, $B=\begin{bmatrix}2&3\\1&2\end{bmatrix}$, $C=\begin{bmatrix}3&1\\2&1\end{bmatrix}$, $D=\begin{bmatrix}2&2\\1&1\end{bmatrix}$

6 $\mathbf{u}$, $\mathbf{v}$, $\mathbf{w}$가 1차독립일 때 $\mathbf{u}+\mathbf{v}$, $\mathbf{u}-\mathbf{v}$, $\mathbf{u}-2\mathbf{v}+\mathbf{w}$가 1차독립인지 1차종속인지를 판정하여라.

7 $S=\{\mathbf{v}_1, \mathbf{v}_2, \cdots, \mathbf{v}_n\}$가 1차독립일 때 공집합이 아닌 S의 모든 부분집합도 역시 1차독립이 됨을 보여라.

8 $\{\mathbf{v}_1, \mathbf{v}_2, \cdots, \mathbf{v}_r\}$이 벡터공간 V에 있는 1차종속인 벡터들의 집합일 때, V에 있는 임의의 벡터 $\mathbf{v}_{r+1}$, $\mathbf{v}_{r+2}$, $\cdots$, $\mathbf{v}_n$에 대해서도

$$\{\mathbf{v}_1, \mathbf{v}_2, \cdots, \mathbf{v}_r, \mathbf{v}_{r+1}, \cdots, \mathbf{v}_n\}$$

은 1차종속이 됨을 보여라.

4.6 기저와 차원

정의 4.16 벡터공간 V의 유한집합 $S=\{\mathbf{v}_1, \mathbf{v}_2, \cdots, \mathbf{v}_r\}$가 다음 조건

(a) S는 V를 생성한다.

(b) S는 1차독립이다.

를 만족할 때, S를 V의 기저(basis)라 한다.

예제 22 $S=\{\mathbf{e}_1=(1, 0, 0),\ \mathbf{e}_2=(0, 1, 0),\ \mathbf{e}_3=(0, 0, 1)\}$은 R^3의 기저임을 보여라.

풀이 R^3의 임의의 벡터 $\mathbf{v}=(v_1, v_2, v_3)$는

$$\mathbf{v}=v_1\mathbf{e}_1+v_2\mathbf{e}_2+v_3\mathbf{e}_3$$

로 표시할 수 있으므로 S는 R^3을 생성한다. 벡터방정식

$$k_1\mathbf{e}_1+k_2\mathbf{e}_2+k_3\mathbf{e}_3=\mathbf{0}$$
$$k_1(1, 0, 0)+k_2(0, 1, 0)+k_3(0, 0, 1)=(0, 0, 0)$$

으로부터 $k_1=0,\ k_2=0,\ k_3=0$이므로, 집합 $S=\{\mathbf{e}_1, \mathbf{e}_2, \mathbf{e}_3\}$는 1차독립이다. 따라서 S는 R^3의 기저이다. ■

일반적으로 $\{\mathbf{e}_1=(1, 0, 0, \cdots, 0),\}\ \mathbf{e}_2=(0, 1, 0, \cdots, 0), \cdots, \mathbf{e}_n=(0, 0, 0, \cdots, 1)\}$은 R^n의 기저가 되며, 이 기저를 R^n의 **표준기저(standard basis)**라 한다.

예제 23 $S=\{\mathbf{v}_1=(1, 1, 1),\ \mathbf{v}_2=(1, 2, 3),\ \mathbf{v}_3=(2, -1, 1)\}$은 R^3의 기저임을 보여라.

풀이 S가 R^3을 생성함을 보이기 위하여 임의의 벡터 $\mathbf{a}=(a_1, a_2, a_3)$가 $\mathbf{v}_1, \mathbf{v}_2, \mathbf{v}_3$의 1차결합

$$(a_1, a_2, a_3)=k_1\mathbf{v}_1+k_2\mathbf{v}_2+k_3\mathbf{v}_3$$

로 표시되는지 알아보자. 따라서

$$\begin{aligned}(a_1, a_2, a_3)&=k_1(1, 1, 1)+k_2(1, 2, 3)+k_3(2, -1, 1)\\&=(k_1+k_2+2k_3,\ k_1+2k_2-k_3,\ k_1+3k_2+k_3)\end{aligned}$$

이 되고, 대응하는 성분이 같아야 하므로

$$\begin{aligned}k_1+\ k_2+2k_3&=a_1\\k_1+2k_2-\ k_3&=a_2\\k_1+3k_2+\ k_3&=a_3\end{aligned}\tag{4.1}$$

이다. 따라서 S가 R^3을 생성함을 보이기 위해서는 식 (4.1)이 모든 a_1, a_2, a_3에 대하여

해를 가짐을 보이면 된다. 또 S가 1차독립임을 보이기 위해서는

$$k_1\mathbf{v}_1 + k_2\mathbf{v}_2 + k_3\mathbf{v}_3 = 0 \tag{4.2}$$

의 해가 $k_1 = k_2 = k_3 = 0$뿐임을 보이면 된다. 식 (4.2)를 풀면

$$\begin{aligned} k_1 + \ \ k_2 + 2k_3 &= 0 \\ k_1 + 2k_2 - \ \ k_3 &= 0 \\ k_1 + 3k_2 + \ \ k_3 &= 0 \end{aligned} \tag{4.3}$$

을 얻고 식 (4.3)이 자명해만을 가지면 1차독립이 된다. 식 (4.1)과 (4.2)는 동일한 계수행렬

$$A = \begin{bmatrix} 1 & 1 & 2 \\ 1 & 2 & -1 \\ 1 & 3 & 1 \end{bmatrix}$$

을 갖는다. 여기서 이 계수행렬 A가 가역임을 보이면, S가 R^3을 생성하고 1차독립임을 동시에 보이게 된다. $\det(A) = 5$이므로 정리 2.15에 의해 A는 가역이다. 따라서 S는 R^3의 기저이다. ■

예제 24 $S = \left\{ E_{11} = \begin{bmatrix} 1 & 0 \\ 0 & 0 \end{bmatrix}, E_{12} = \begin{bmatrix} 0 & 1 \\ 0 & 0 \end{bmatrix}, E_{21} = \begin{bmatrix} 0 & 0 \\ 1 & 0 \end{bmatrix}, E_{22} = \begin{bmatrix} 0 & 0 \\ 0 & 1 \end{bmatrix} \right\}$은 $M_{2\times 2}$의 기저임을 보여라.

풀이 $M_{2\times 2}$의 임의의 행렬을

$$A = \begin{bmatrix} a_1 & a_2 \\ a_3 & a_4 \end{bmatrix}$$

라 하면 $A = a_1E_{11} + a_2E_{12} + a_3E_{21} + a_4E_{22}$이므로 $E_{11}, E_{12}, E_{21}, E_{22}$는 $M_{2\times 2}$를 생성한다. $k_1E_{11} + k_2E_{12} + k_3E_{21} + k_4E_{22} = O$이면

$$\begin{bmatrix} k_1 & k_2 \\ k_3 & k_4 \end{bmatrix} = \begin{bmatrix} 0 & 0 \\ 0 & 0 \end{bmatrix}$$

에서 $k_1 = k_2 = k_3 = k_4 = 0$이다. 따라서 $E_{11}, E_{12}, E_{21}, E_{22}$는 1차독립이다. 따라서 $E_{11}, E_{12}, E_{21}, E_{22}$는 $M_{2\times 2}$의 기저이다. ■

정의 4.17 영벡터공간이 아닌 벡터공간 V의 기저가 되는 집합의 원소가 유한개이면 V는 유한차원(finite dimension)이라 하고, 집합의 원소가 유한개인 기저가 존재하지 않으면 V를 무한차원(infinite dimension)이라고 한다.

정리 4.18 $S=\{\mathbf{v}_1, \mathbf{v}_2, \cdots, \mathbf{v}_n\}$이 벡터공간 V의 기저이면, n보다 많은 벡터들로 이루어진 집합은 1차종속이다.

증명 $S'=\{\mathbf{u}_1, \mathbf{u}_2, \cdots, \mathbf{u}_m\}$을 V의 $m(>n)$개 벡터들의 집합이라 하고 S'이 1차종속임을 보이자. $S=\{\mathbf{v}_1, \mathbf{v}_2, \cdots, \mathbf{v}_n\}$이 기저이므로 S'의 모든 원소 $\mathbf{u}_i(1 \le i \le m)$는 S에 있는 벡터들의 1차결합으로 표시된다. 즉

$$\begin{aligned}
\mathbf{u}_1 &= a_{11}\mathbf{v}_1 + a_{21}\mathbf{v}_2 + \cdots + a_{n1}\mathbf{v}_n \\
\mathbf{u}_2 &= a_{12}\mathbf{v}_1 + a_{22}\mathbf{v}_2 + \cdots + a_{n2}\mathbf{v}_n \\
\vdots \quad & \quad \vdots \qquad\quad \vdots \qquad\qquad\quad \vdots \\
\mathbf{u}_m &= a_{1m}\mathbf{v}_1 + a_{2m}\mathbf{v}_2 + \cdots + a_{nm}\mathbf{v}_n
\end{aligned} \tag{4.4}$$

S'이 1차종속임을 보이기 위해서는

$$k_1\mathbf{u}_1 + k_2\mathbf{u}_2 + \cdots + k_m\mathbf{u}_m = 0 \tag{4.5}$$

에서 적어도 하나는 0이 아닌 스칼라 $k_1, k_2, \cdots, k_m$을 찾으면 된다.

식 (4.5)에 식 (4.4)를 대입하면

$$\begin{aligned}
&(k_1a_{11} + k_2a_{12} + \cdots + k_ma_{1m})\mathbf{v}_1 + (k_1a_{21} + k_2a_{22} + \cdots + k_ma_{2m})\mathbf{v}_2 + \cdots \\
&\quad + (k_1a_{n1} + k_2a_{n2} + \cdots + k_ma_{nm})\mathbf{v}_n = 0
\end{aligned}$$

이 되고 1차종속임을 보이는 것은

$$\begin{aligned}
a_{11}k_1 + a_{12}k_2 + \cdots + a_{1m}k_m &= 0 \\
a_{21}k_1 + a_{22}k_2 + \cdots + a_{2m}k_m &= 0 \\
\vdots \qquad \vdots \qquad\quad \vdots \qquad\quad \vdots \quad & \quad \vdots \\
a_{n1}k_1 + a_{n2}k_2 + \cdots + a_{nm}k_m &= 0
\end{aligned} \tag{4.6}$$

을 만족하는 미지수 $k_1, k_2, \cdots, k_m$ 중에서 비자명해가 존재함을 보이는 문제가 된다. 동

차연립1차방정식 (4.6)은 방정식의 수보다 미지수의 수가 많으므로 무한개의 해가 존재한다. 따라서 식 (4.6)은 비자명해를 가지므로 S'은 1차종속이다. ■

정리 4.18에 따르면 벡터공간의 1차독립인 집합의 원소 개수는 기저의 개수보다 작거나 같다.

정리 4.19 유한차원 벡터공간의 두 기저가 가지는 벡터들의 수는 같다.

증명 $S = \{\mathbf{v}_1, \mathbf{v}_2, \cdots, \mathbf{v}_n\}$, $S' = \{\mathbf{u}_1, \mathbf{u}_2, \cdots, \mathbf{u}_m\}$이 유한차원 벡터공간 V의 두 기저라 하자. S는 기저이고 S'이 1차독립이므로, 정리 4.18에 따르면 $m \leq n$이다. 마찬가지로 S'은 기저이고 S가 1차독립이므로 $n \leq m$이다. 따라서 $m = n$이다. ■

예제 25 벡터공간 R^n의 표준기저는 n개의 벡터를 갖는다. 따라서 R^n의 모든 기저는 n개의 벡터를 갖는다. ■

유한차원 벡터공간의 기저가 가지는 벡터들의 수는 중요한 의미를 갖는다. R^2의 모든 기저는 2개의 벡터를 갖고, R^3의 모든 기저는 3개의 벡터를 가진다. 직관적으로 R^2은 2차원이고 R^3은 3차원임을 알고, 나아가 이들 공간의 차원은 그들의 기저가 가지는 벡터들의 수와 일치한다.

정의 4.20 유한차원 벡터공간 V의 **차원**(dimension)은 V의 기저가 가지는 벡터들의 수로 정의한다. 기저의 개수가 n개인 벡터공간 V를 **n차원**(n-dimensional) **벡터공간**이라 하고 $\dim(V) = n$으로 표기한다. 영벡터공간의 차원은 0이라고 정의한다.

집합 $\{\mathbf{u}_1, \mathbf{u}_2, \cdots, \mathbf{u}_n\}$이 벡터공간 V의 기저가 됨을 보이기 위해서는 집합이 V를 생성하고 1차독립임을 보여야만 한다. 그러나 다음 정리로부터 V가 n차원임을 안다면 생성과 1차독립 조건 중에 하나만을 보이면 나머지 조건은 자동으로 성립된다.

정리 4.21 (a) $S=\{\mathbf{u}_1, \mathbf{u}_2, \cdots, \mathbf{u}_n\}$이 n차원 벡터공간 V에 있는 n개의 1차독립인 벡터들의 집합이면 S는 V의 기저이다.

(b) $S=\{\mathbf{u}_1, \mathbf{u}_2, \cdots, \mathbf{u}_n\}$이 n차원 벡터공간 V를 생성하는 n개의 벡터들의 집합이면 S는 V의 기저이다.

증명 (a) V가 n차원이고 S가 1차독립이므로 임의의 벡터 $\mathbf{u} \in V$에 대하여 $n+1$개의 벡터 $\{S, \mathbf{u}\}$는 1차종속이다. 따라서

$$k_1\mathbf{u}_1 + k_2\mathbf{u}_2 + \cdots + k_n\mathbf{u}_n + k_{n+1}\mathbf{u} = 0$$

을 만족시키는 0이 아닌 k_i가 적어도 하나 존재한다.

만약 $k_{n+1}=0$이라면 $\{\mathbf{u}_1, \mathbf{u}_2, \cdots, \mathbf{u}_n, \mathbf{u}\}$가 1차독립이 되어 $\{S, \mathbf{u}\}$가 1차종속이라는 사실에 모순이다. 따라서 $k_{n+1} \neq 0$이다. 즉 벡터 $\mathbf{u}$는 S에 의하여 생성된다. 따라서 S는 V의 기저이다.

(b) V가 n차원이고 S가 V를 생성하므로 임의의 벡터 $\mathbf{u} \in V$에 대하여

$$\mathbf{u} = k_1\mathbf{u}_1 + k_2\mathbf{u}_2 + \cdots + k_n\mathbf{u}_n$$

이 성립한다. 만약 S가 1차독립이 아니라면 $\mathbf{u}_1, \mathbf{u}_2, \cdots, \mathbf{u}_n$ 중에서 적어도 하나는 다른 것의 1차결합으로 표시될 수 있다. 예를 들어 $\mathbf{u}_1$이 나머지 벡터들로

$$\mathbf{u}_1 = k_2\mathbf{u}_2 + k_3\mathbf{u}_3 + \cdots + k_n\mathbf{u}_n$$

으로 표시된다면 V는 $\{\mathbf{u}_2, \cdots, \mathbf{u}_n\}$에 의하여 생성되므로 S가 V를 생성한다는 사실에 모순이다. 따라서 S는 V의 기저이다. ■

다음 정리는 모든 1차독립인 집합은 V의 기저의 부분집합임을 말해준다.

정리 4.22 $S=\{\mathbf{u}_1, \mathbf{u}_2, \cdots, \mathbf{u}_r\}$이 n차원 벡터공간 V에서 1차독립이고 $r<n$이면 S는 V의 기저로 확장될 수 있다. 즉

$$\{\mathbf{u}_1, \mathbf{u}_2, \cdots, \mathbf{u}_r, \mathbf{u}_{r+1}, \cdots, \mathbf{u}_n\}$$

이 V의 기저가 되도록 하는 $\mathbf{u}_{r+1}, \cdots, \mathbf{u}_n$이 존재한다.

연습문제 4.6

1. 다음 벡터들이 R^3의 기저가 되는지 판정하여라.

(1) $\mathbf{u}=(1,\ 1,\ 1),\ \mathbf{v}=(1,\ -1,\ 5)$

(2) $\mathbf{u}=(1,\ 1,\ 1),\ \mathbf{v}=(1,\ 2,\ 3),\ \mathbf{w}=(2,\ -1,\ 1)$

(3) $\mathbf{u}=(1,\ 2,\ 3),\ \mathbf{v}=(1,\ 0,\ -1),\ \mathbf{w}=(3,\ -1,\ 0),\ \mathbf{x}=(2,\ 1,\ -2)$

2. W를 $\mathbf{u}=(1,\ -2,\ 5,\ -3),\ \mathbf{v}=(2,\ 3,\ 1,\ -4),\ \mathbf{w}=(3,\ 8,\ -3,\ -5)$에 의하여 생성되는 R^4의 부분공간이라면 W의 기저와 차원을 구하여라.

3. W를

$$P_1=x^3-2x^2+4x+1,\qquad P_2=x^3+6x-5,$$
$$P_3=2x^3-3x^2+9x-1,\quad P_4=2x^3-5x^2+7x+5$$

에 의하여 생성되는 공간이라면 W의 기저와 차원을 구하여라.

4. 다음 동차연립방정식의 해공간의 기저와 차원을 구하여라.

$$\begin{aligned} x+2y+2z-s+3t&=0\\ x+2y+3z+s+\ \ t&=0\\ 3x+6y+8z+s+5t&=0 \end{aligned}$$

5. $U=\{(x,\ y,\ z,\ w)\mid y+z+w=0\},\ \ V=\{(x,\ y,\ z,\ w)\mid x+y=0,\ z=2w\}$를 R^4의 부분공간이라고 하면 다음 공간의 기저와 차원을 구하여라.

(1) U (2) V (3) $U\cap V$

6. V가 유한차원 벡터공간 W의 부분공간이면 $\dim(V)\le\dim(W)$임을 보여라.

7. $\{\mathbf{v}_1,\ \mathbf{v}_2,\ \mathbf{v}_3\}$가 벡터공간 V의 기저이고

$$\mathbf{u}_1=\mathbf{v}_1,\quad \mathbf{u}_2=\mathbf{v}_1+\mathbf{v}_2,\quad \mathbf{u}_3=\mathbf{v}_1+\mathbf{v}_2+\mathbf{v}_3$$

을 만족하면 $\{\mathbf{u}_1,\ \mathbf{u}_2,\ \mathbf{u}_3\}$도 역시 V의 기저가 됨을 보여라.

4.7 내적공간

이 절에서는 벡터공간에서 '내적'을 정의하고, 이를 이용하여 벡터공간에 기하학적인 개념을 도입한다.

정의 4.23 벡터공간 V의 임의의 벡터 $\mathbf{u}, \mathbf{v}, \mathbf{w} \in V$와 $k \in R$에 대하여 다음 네 조건을 만족하는 사상

$$\langle \cdot, \cdot \rangle : V \times V \to R$$

을 V 위의 내적(inner product)이라고 한다.

(a) $\langle \mathbf{u}, \mathbf{v} \rangle = \langle \mathbf{v}, \mathbf{u} \rangle$

(b) $\langle \mathbf{u} + \mathbf{v}, \mathbf{w} \rangle = \langle \mathbf{u}, \mathbf{w} \rangle + \langle \mathbf{v}, \mathbf{w} \rangle$

(c) $\langle k\mathbf{u}, \mathbf{v} \rangle = k\langle \mathbf{u}, \mathbf{v} \rangle$

(d) $\langle \mathbf{v}, \mathbf{v} \rangle \geq 0$, $\langle \mathbf{v}, \mathbf{v} \rangle = 0 \Leftrightarrow \mathbf{v} = 0$

내적이 정의되는 벡터공간을 내적공간(inner product space)이라고 한다.

예제 26 $\mathbf{u} = (u_1, u_2, \cdots, u_n)$, $\mathbf{v} = (v_1, v_2, \cdots, v_n)$을 R^n의 벡터라 하자. 이때

$$\langle \mathbf{u}, \mathbf{v} \rangle = \mathbf{u} \cdot \mathbf{v} = u_1v_1 + u_2v_2 + \cdots + u_nv_n$$

이 R^n상에서 내적이 됨을 보여라.

풀이 4.1절의 정리 4.6에 의해 모든 내적의 조건들을 만족하므로,

$$\langle \mathbf{u}, \mathbf{v} \rangle = u_1v_1 + u_2v_2 + \cdots + u_nv_n$$

은 내적이다. ■

예제 26에서의 내적을 R^n 위의 유클리드 내적(Euclidean inner product 또는 scalar product)이라고 한다.

예제 27 $\mathbf{u} = (u_1, u_2)$, $\mathbf{v} = (v_1, v_2)$가 R^2의 벡터라면

$$\langle \mathbf{u}, \mathbf{v} \rangle = 3u_1v_1 + 2u_2v_2$$

는 R^2상에서 내적이 됨을 보여라.

풀이 (a) $\langle \mathbf{u}, \mathbf{v} \rangle = 3u_1v_1 + 2u_2v_2 = 3v_1u_1 + 2v_2u_2 = \langle \mathbf{v}, \mathbf{u} \rangle$

(b) 만약 $\mathbf{w} = (w_1, w_2)$이면,

$$\begin{aligned}\langle \mathbf{u}+\mathbf{v}, \mathbf{w} \rangle &= 3(u_1 + v_1)w_1 + 2(u_2 + v_2)w_2 \\ &= (3u_1w_1 + 2u_2w_2) + (3v_1w_1 + 2v_2w_2) \\ &= \langle \mathbf{u}, \mathbf{w} \rangle + \langle \mathbf{v}, \mathbf{w} \rangle\end{aligned}$$

(c) $\langle k\mathbf{u}, \mathbf{v} \rangle = 3(ku_1)v_1 + 2(ku_2)v_2$

$= k(3v_1u_1 + 2v_2u_2)$

$= k\langle \mathbf{u}, \mathbf{v} \rangle$

(d) $\langle \mathbf{u}, \mathbf{u} \rangle = 3u_1u_1 + 2u_2u_2 = 3u_1^2 + 2u_2^2 \geq 0$이고,

$\langle \mathbf{u}, \mathbf{u} \rangle = 0$이기 위한 필요충분조건은 $u_1 = 0,\ u_2 = 0$이다.

(a), (b), (c), (d)에 의하여 $\langle \mathbf{u}, \mathbf{v} \rangle = 3u_1v_1 + 2u_2v_2$는 내적이다. ■

예제 28 $U = \begin{bmatrix} u_1 & u_2 \\ u_3 & u_4 \end{bmatrix},\ V = \begin{bmatrix} v_1 & v_2 \\ v_3 & v_4 \end{bmatrix}$가 $M_{2\times 2}$의 벡터라면

$$\langle U, V \rangle = u_1v_1 + u_2v_2 + u_3v_3 + u_4v_4$$

는 $M_{2\times 2}$상에서 내적이 됨을 보여라.

풀이 (a) $\langle U, V \rangle = u_1v_1 + u_2v_2 + u_3v_3 + u_4v_4$

$= v_1u_1 + v_2u_2 + v_3u_3 + v_4u_4 = \langle V, U \rangle$

(b) 만약 $W = \begin{bmatrix} w_1 & w_2 \\ w_3 & w_4 \end{bmatrix}$이면,

$$\begin{aligned}\langle U + V, W \rangle &= (u_1 + v_1)w_1 + (u_2 + v_2)w_2 + (u_3 + v_3)w_3 + (u_4 + v_4)w_4 \\ &= (u_1w_1 + u_2w_2 + u_3w_3 + u_4w_4) + (v_1w_1 + v_2w_2 + v_3w_3 + v_4w_4) \\ &= \langle U, W \rangle + \langle V, W \rangle\end{aligned}$$

(c) $\langle kU, V \rangle = (ku_1)v_1 + (ku_2)v_2 + (ku_3)v_3 + (ku_4)v_4$

$= k(u_1v_1 + u_2v_2 + u_3v_3 + u_4v_4)$

$= k\langle U, V \rangle$

(d) $\langle U, U \rangle = u_1u_1 + u_2u_2 + u_3u_3 + u_4u_4 = u_1^2 + u_2^2 + u_3^2 + u_4^2 \geq 0$이고,

$\langle U, U \rangle = 0$이기 위한 필요충분조건은 $u_1 = 0,\ u_2 = 0,\ u_3 = 0,\ u_4 = 0$이다.

(a), (b), (c), (d)에 의하여 $\langle U, V \rangle = u_1v_1 + u_2v_2 + u_3v_3 + u_4v_4$는 내적이다. ■

예제 29 $\mathbf{p} = p(x)$, $\mathbf{q} = q(x)$가 P_n에서의 두 벡터이고 a, b가 $a < b$를 만족하는 임의의 실수들일 때

$$\langle \mathbf{p}, \mathbf{q} \rangle = \int_a^b p(x)q(x)dx$$

는 P_n상에서 내적이 됨을 보여라.

풀이 (a) $\langle \mathbf{p}, \mathbf{q} \rangle = \int_a^b p(x)q(x)dx = \int_a^b q(x)p(x)dx = \langle \mathbf{q}, \mathbf{p} \rangle$

(b) 만약 $\mathbf{s} = s(x)$이면,

$$\begin{aligned}\langle \mathbf{p} + \mathbf{q}, \mathbf{s} \rangle &= \int_a^b [p(x) + q(x)]s(x)dx \\ &= \int_a^b p(x)s(x)dx + \int_a^b q(x)s(x)dx \\ &= \langle \mathbf{p}, \mathbf{s} \rangle + \langle \mathbf{q}, \mathbf{s} \rangle\end{aligned}$$

(c) $\langle k\mathbf{p}, \mathbf{q} \rangle = \int_a^b kp(x)q(x)dx = k\int_a^b p(x)q(x)dx = k\langle \mathbf{p}, \mathbf{q} \rangle$

(d) 만약 $\mathbf{p} = p(x)$가 P_n에서 임의의 다항식이라면 모든 x에 대하여

$$p(x)^2 \geq 0$$

이므로

$$\langle \mathbf{p}, \mathbf{p} \rangle = \int_a^b p(x)^2dx \geq 0$$

이다. 또한 $p(x)^2 \geq 0$이고 다항식은 연속함수이므로 $\int_a^b p(x)^2dx = 0$이기 위한 필요충분조건은 $a \leq x \leq b$인 모든 x에 대하여 $p(x) = 0$이다.

따라서 $\langle \mathbf{p}, \mathbf{p} \rangle = \int_a^b p(x)^2dx = 0$이기 위한 필요충분조건은 $\mathbf{p} = 0$이다. ■

만약 $\mathbf{u}$와 $\mathbf{v}$가 R^3에서 0이 아닌 벡터들이라면

$$\mathbf{u} \cdot \mathbf{v} = \|\mathbf{u}\|\|\mathbf{v}\|\cos\theta \quad (\text{단, } \theta\text{는 } \mathbf{u}\text{와 } \mathbf{v} \text{ 사이의 각})$$

이다. 여기서 $\|\mathbf{u}\|^2 = \mathbf{u} \cdot \mathbf{u}$, $\|\mathbf{v}\|^2 = \mathbf{v} \cdot \mathbf{v}$와 $\cos^2\theta \le 1$인 관계식을 이용하여 부등식

$$(\mathbf{u} \cdot \mathbf{v})^2 \le (\mathbf{u} \cdot \mathbf{u})(\mathbf{v} \cdot \mathbf{v})$$

을 얻을 수 있다. 다음 정리는 이러한 부등식이 내적공간에서 일반화될 수 있음을 보여준다.

정리 4.24 (Cauchy-Schwarz 부등식) $\mathbf{u}$, $\mathbf{v}$가 내적공간 V의 벡터들이라면

$$\langle \mathbf{u}, \mathbf{v} \rangle^2 \le \langle \mathbf{u}, \mathbf{u} \rangle \langle \mathbf{v}, \mathbf{v} \rangle \tag{4.7}$$

이다.

증명 만약 $\mathbf{u} = 0$이면 $\langle \mathbf{u}, \mathbf{v} \rangle = 0$이고 $\langle \mathbf{u}, \mathbf{u} \rangle = 0$이므로 등식은 명백히 성립한다. $\mathbf{u} \ne 0$라고 하자. $a = \langle \mathbf{u}, \mathbf{u} \rangle$, $b = 2\langle \mathbf{u}, \mathbf{v} \rangle$, $c = \langle \mathbf{v}, \mathbf{v} \rangle$라 두고 t를 임의의 실수라 하면

$$\begin{aligned} 0 \le \langle (t\mathbf{u} + \mathbf{v}), (t\mathbf{u} + \mathbf{v}) \rangle &= \langle \mathbf{u}, \mathbf{u} \rangle t^2 + 2\langle \mathbf{u}, \mathbf{v} \rangle t + \langle \mathbf{v}, \mathbf{v} \rangle \\ &= at^2 + bt + c \end{aligned}$$

이다. 이 부등식은 2차방정식 $at^2 + bt + c = 0$이 실근을 갖지 않거나 중근을 갖는 것임을 의미한다. 방정식의 판별식은 $b^2 - 4ac \le 0$이며 이것을 $\mathbf{u}$, $\mathbf{v}$로 표시하면

$$4\langle \mathbf{u}, \mathbf{v} \rangle^2 - 4\langle \mathbf{u}, \mathbf{u} \rangle \langle \mathbf{v}, \mathbf{v} \rangle \le 0$$

이므로

$$\langle \mathbf{u}, \mathbf{v} \rangle^2 \le \langle \mathbf{u}, \mathbf{u} \rangle \langle \mathbf{v}, \mathbf{v} \rangle$$

이다. ■

내적공간 V에서 '길이'는 R^n에서의 '길이' 개념의 일반화로 다음과 같이 정의된다.

정의 4.25 V가 내적공간이라면 벡터 $\mathbf{u}$의 노름(norm)을

$$\|\mathbf{u}\| = \langle \mathbf{u},\ \mathbf{u} \rangle^{\frac{1}{2}}$$

로 정의한다. 또한 두 벡터 $\mathbf{u}$와 $\mathbf{v}$ 사이의 거리(distance)를

$$d(\mathbf{u},\ \mathbf{v}) = \|\mathbf{u} - \mathbf{v}\|$$

로 정의한다.

예제 30 $\mathbf{u} = (u_1,\ u_2,\ \cdots,\ u_n)$, $\mathbf{v} = (v_1,\ v_2,\ \cdots,\ v_n)$가 유클리드 내적을 갖는 R^n의 벡터들이라면

$$\|\mathbf{u}\| = \langle \mathbf{u},\ \mathbf{u} \rangle^{\frac{1}{2}} = \sqrt{u_1^2 + u_2^2 + \ \cdots\ + u_n^2}$$

$$\begin{aligned} d(\mathbf{u},\ \mathbf{v}) &= \|\mathbf{u} - \mathbf{v}\| = \langle \mathbf{u} - \mathbf{v},\ \mathbf{u} - \mathbf{v} \rangle^{\frac{1}{2}} \\ &= \sqrt{(u_1 - v_1)^2 + (u_2 - v_2)^2 + \ \cdots\ + (u_n - v_n)^2} \end{aligned}$$

이다. ■

참고 같은 벡터공간에서 내적이 다르게 정의되면 벡터들의 노름과 거리도 변할 수 있다는 사실을 유의하자.

$\mathbf{u}$와 $\mathbf{v}$가 내적공간 V 내에 있는 벡터들이라면 식 (4.7)과 같이 주어진 Cauchy-Schwarz 부등식은

$$\left(\frac{\langle \mathbf{u},\ \mathbf{v} \rangle}{\|\mathbf{u}\|\|\mathbf{v}\|} \right)^2 \le 1$$

또는

$$-1 \le \frac{\langle \mathbf{u},\ \mathbf{v} \rangle}{\|\mathbf{u}\|\|\mathbf{v}\|} \le 1$$

과 같이 쓰일 수 있다. 이러한 결과로부터

$$\cos\theta = \frac{\langle \mathbf{u},\ \mathbf{v} \rangle}{\|\mathbf{u}\|\|\mathbf{v}\|} \quad (0 \le \theta \le \pi)$$

를 만족하는 각 θ가 유일하게 존재하고, 이를 $\mathbf{u}$와 $\mathbf{v}$ 사이의 각으로 정의한다.

정의 4.26 내적공간에서 $\langle \mathbf{u}, \mathbf{v} \rangle = 0$이면 두 벡터 $\mathbf{u}$와 $\mathbf{v}$는 직교(orthogonal)한다고 한다. 또한 $\mathbf{u}$가 집합 W 내의 모든 벡터와 수직일 때 $\mathbf{u}$는 W에 직교한다고 한다.

예제 31 내적공간에서 두 벡터 $\mathbf{u}$와 $\mathbf{v}$가 서로 직교하면

$$\langle \mathbf{u}, \mathbf{v} \rangle = \langle \mathbf{v}, \mathbf{u} \rangle = 0$$

이므로

$$\begin{aligned} \|\mathbf{u}+\mathbf{v}\|^2 &= \langle \mathbf{u}+\mathbf{v}, \mathbf{u}+\mathbf{v} \rangle \\ &= \|\mathbf{u}\|^2 + 2\langle \mathbf{u}, \mathbf{v} \rangle + \|\mathbf{v}\|^2 = \|\mathbf{u}\|^2 + \|\mathbf{v}\|^2 \end{aligned}$$

이다. ■

정리 4.27 (삼각부등식) $\mathbf{u}$와 $\mathbf{v}$가 내적공간 V에 있는 벡터들이라면

$$\|\mathbf{u}+\mathbf{v}\| \le \|\mathbf{u}\| + \|\mathbf{v}\|$$

이다.

증명 정의에 의하여

$$\|\mathbf{u}+\mathbf{v}\|^2 = \langle \mathbf{u}+\mathbf{v}, \mathbf{u}+\mathbf{v} \rangle = \|\mathbf{u}\|^2 + 2\langle \mathbf{u}, \mathbf{v} \rangle + \|\mathbf{v}\|^2$$

이고 Cauchy-Schwarz 부등식에 의하여

$$\langle \mathbf{u}, \mathbf{v} \rangle^2 \le \langle \mathbf{u}, \mathbf{u} \rangle \langle \mathbf{v}, \mathbf{v} \rangle = \|\mathbf{u}\|^2 \|\mathbf{v}\|^2$$

이다. 따라서

$$\begin{aligned} \|\mathbf{u}+\mathbf{v}\|^2 &= \langle \mathbf{u}+\mathbf{v}, \mathbf{u}+\mathbf{v} \rangle = \|\mathbf{u}\|^2 + 2\langle \mathbf{u}, \mathbf{v} \rangle + \|\mathbf{v}\|^2 \\ &\le \|\mathbf{u}\|^2 + 2\|\mathbf{u}\|\|\mathbf{v}\| + \|\mathbf{v}\|^2 \\ &= (\|\mathbf{u}\| + \|\mathbf{v}\|)^2 \end{aligned}$$

이므로,

$$\|\mathbf{u}+\mathbf{v}\| \le \|\mathbf{u}\|+\|\mathbf{v}\|$$

이 성립한다. ■

연습문제 4.7

1 만약 $\mathbf{u}=(u_1,\ u_2)$, $\mathbf{v}=(v_1,\ v_2)$가 R^2의 벡터이면

$$\langle \mathbf{u},\mathbf{v} \rangle = u_1v_1 - u_1v_2 - u_2v_1 + 3u_2v_2$$

는 R^2의 내적임을 보여라.

2 만약 $\mathbf{u}=(1,\ 2)$, $\mathbf{v}=(2,\ 3)$가 R^2의 벡터이고 내적이 아래와 같이 정의될 때 $\mathbf{u}$와 $\mathbf{v}$의 내적과 $\mathbf{u}$의 노름을 구하여라.

(1) 유클리드 내적

(2) 연습문제 1의 내적

3 $\mathbf{p}=p(x)$, $\mathbf{q}=q(x)$가 P_2 내의 다항식일 때

$$\langle \mathbf{p},\mathbf{q} \rangle = p(0)q(0)+p\left(\frac{1}{2}\right)q\left(\frac{1}{2}\right)+p(1)q(1)$$

은 P_2에서 내적이 됨을 보여라.

4 내적 $\langle \mathbf{p},\mathbf{q} \rangle = \int_0^1 p(x)q(x)dx$를 사용하여 P_2에서의 벡터

$$\mathbf{p}=p(x)=x+2,\quad \mathbf{q}=q(x)=x^2-2x-3$$

에 대하여 다음을 계산하여라.

(1) $\langle \mathbf{p},\mathbf{q} \rangle$

(2) $\|\mathbf{p}\|$

5 $\langle \mathbf{f},\mathbf{g} \rangle = \int_0^1 f(x)g(x)dx$를 사용하여 $C[0,\ 1]$의 벡터들 $\mathbf{f}=f(x)$, $\mathbf{g}=g(x)$에 대

하여 $\langle \mathbf{f}, \mathbf{g} \rangle$를 계산하여라(단, $C[0, 1]$은 폐구간 $[0, 1]$에서 연속인 실함수 전체의 집합).

(1) $\mathbf{f} = \cos 2\pi x$, $\mathbf{g} = \sin 2\pi x$

(2) $\mathbf{f} = x$, $\mathbf{g} = e^x$

6 $f(x)$, $g(x)$가 $[0, 1]$에서 연속함수라 할 때 다음을 증명하여라.

(1) $\left[\int_0^1 f(x)g(x)dx\right]^2 \le \left[\int_0^1 f(x)^2 dx\right]\left[\int_0^1 g(x)^2 dx\right]$

(2) $\left[\int_0^1 \{f(x)+g(x)\}^2 dx\right]^{\frac{1}{2}} \le \left[\int_0^1 f(x)^2 dx\right]^{\frac{1}{2}} + \left[\int_0^1 g(x)^2 dx\right]^{\frac{1}{2}}$

4.8 직교기저

내적공간에 관계되는 많은 문제들을 쉽게 해결하기 위해서는 일반적으로 서로 직교하는 단위벡터들로 이루어진 기저를 선택하는 것이 좋다. 예를 들면 R^2에서 다른 벡터를 표현하는 것은 일반적으로 $\{(2, 1), (3, 5)\}$ 등과 같은 기저를 사용하는 것보다 표준기저 $\{\mathbf{e}_1, \mathbf{e}_2\}$를 사용하는 것이 더 편리하다. 이것은 표준기저의 원소들이 직교단위벡터이기 때문이다. 이 절에서는 기저를 서로 직교하는 단위벡터로 이루어진 기저로 바꾸는 방법을 알아보자.

> **정의 4.28** 내적공간 V의 벡터들의 집합에서 집합 내의 모든 벡터들이 서로 직교할 때 **직교집합(orthogonal set)**이라고 한다. 특히 각 벡터의 노름이 1인 직교집합을 **정규직교집합(orthonormal set)**이라고 한다.

만약 $S = \{\mathbf{u}_1, \mathbf{u}_2, \cdots, \mathbf{u}_n\}$이 내적공간 V의 기저이면서 정규직교집합일 때 S를 V의 **정규직교기저(orthonormal basis)**라고 한다. 편의상 벡터 하나로 이루어진 집합 $S = \{\mathbf{u}\}$도 직교집합이고, 특히 $\mathbf{u}$가 단위벡터인 경우에 $S = \{\mathbf{u}\}$를 정규직교집합이라고 한다.

예제 32 유클리드 내적이 정의된 내적공간 R^3의 벡터

$$\mathbf{v}_1 = \frac{1}{\sqrt{3}}(1,\ 1,\ 1),\ \mathbf{v}_2 = \frac{1}{\sqrt{14}}(2,\ 1,\ -3),\ \mathbf{v}_3 = \frac{1}{\sqrt{42}}(4,\ -5,\ 1)$$

에 대하여 집합 $S=\{\mathbf{v}_1,\ \mathbf{v}_2,\ \mathbf{v}_3\}$는

$$\langle \mathbf{v}_1,\ \mathbf{v}_2 \rangle = \langle \mathbf{v}_2,\ \mathbf{v}_3 \rangle = \langle \mathbf{v}_1,\ \mathbf{v}_3 \rangle = 0$$

이고

$$\|\mathbf{v}_1\| = \|\mathbf{v}_2\| = \|\mathbf{v}_3\| = 1$$

이므로 정규직교집합이다. ■

0가 아닌 벡터에 그 길이의 역수를 곱하여 노름이 1인 벡터로 만드는 과정을 벡터 $\mathbf{v}$를 정규화(normalize)한다고 한다.

예제 33 $\mathbf{v}$가 내적공간 내의 0가 아닌 벡터일 때 $\mathbf{v}$를 정규화하여라.

풀이 $\dfrac{\mathbf{v}}{\|\mathbf{v}\|}$는 $\left\| \dfrac{\mathbf{v}}{\|\mathbf{v}\|} \right\| = \dfrac{\|\mathbf{v}\|}{\|\mathbf{v}\|} = 1$이므로 노름이 1이다. ■

> **정리 4.29** 만약 $S=\{\mathbf{v}_1,\ \mathbf{v}_2,\ \cdots,\ \mathbf{v}_n\}$이 내적공간 V의 정규직교기저이고, $\mathbf{w}$가 V 내의 임의의 벡터라면
>
> $$\mathbf{w} = \langle \mathbf{w},\ \mathbf{v}_1 \rangle \mathbf{v}_1 + \langle \mathbf{w},\ \mathbf{v}_2 \rangle \mathbf{v}_2 + \cdots + \langle \mathbf{w},\ \mathbf{v}_n \rangle \mathbf{v}_n \qquad (4.8)$$
>
> 이다.

증명 $S=\{\mathbf{v}_1, \mathbf{v}_2,\ \cdots,\ \mathbf{v}_n\}$은 기저이므로 벡터 $\mathbf{w}$는

$$\mathbf{w} = k_1\mathbf{v}_1 + k_2\mathbf{v}_2 + \cdots + k_n\mathbf{v}_n$$

의 형태로 표시할 수 있다. $k_i = \langle \mathbf{w},\ \mathbf{v}_i \rangle\ (i=1,\ 2,\ \cdots,\ n)$임을 보이자. S 내의 각 벡터 $\mathbf{v}_i$에 대하여

$$\begin{aligned}\langle \mathbf{w},\ \mathbf{v}_i \rangle &= \langle k_1\mathbf{v}_1 + k_2\mathbf{v}_2 + \cdots + k_n\mathbf{v}_n,\ \mathbf{v}_i \rangle \\ &= k_1\langle \mathbf{v}_1,\ \mathbf{v}_i \rangle + k_2\langle \mathbf{v}_2,\ \mathbf{v}_i \rangle + \cdots + k_n\langle \mathbf{v}_n,\ \mathbf{v}_i \rangle\end{aligned}$$

이 됨을 알 수 있다. S는 정규직교기저이므로

$$\langle \mathbf{v}_i, \mathbf{v}_i \rangle = \|\mathbf{v}_i\|^2 = 1, \quad \langle \mathbf{v}_i, \mathbf{v}_j \rangle = 0 \ (i \neq j)$$

이다. 따라서 $i = 1, 2, \cdots, n$에 대하여 $\langle \mathbf{w}, \mathbf{v}_i \rangle = k_i$가 된다. ■

> **정리 4.30** 내적공간 V의 $\mathbf{0}$가 아닌 벡터들의 집합을
>
> $$S = \{\mathbf{v}_1, \mathbf{v}_2, \cdots, \mathbf{v}_n\}$$
>
> 이 직교집합이면 S는 1차독립이다.

증명 $k_1\mathbf{v}_1 + k_2\mathbf{v}_2 + \cdots + k_n\mathbf{v}_n = \mathbf{0}$라고 할 때

$$k_1 = k_2 = \cdots = k_n = 0$$

임을 보이자.

S 내의 각 $\mathbf{v}_i$에 대하여

$$\langle k_1\mathbf{v}_1 + k_2\mathbf{v}_2 + \cdots + k_n\mathbf{v}_n, \mathbf{v}_i \rangle = \langle \mathbf{0}, \mathbf{v}_i \rangle$$

이므로

$$k_1\langle \mathbf{v}_1, \mathbf{v}_i \rangle + k_2\langle \mathbf{v}_2, \mathbf{v}_i \rangle + \cdots + k_n\langle \mathbf{v}_n, \mathbf{v}_i \rangle = 0$$

이다. S는 직교집합이므로 $\langle \mathbf{v}_i, \mathbf{v}_j \rangle = 0 \ (i \neq j)$이며, 따라서 이 식은

$$k_i\langle \mathbf{v}_i, \mathbf{v}_i \rangle = 0$$

으로 쓸 수 있다. S 내의 벡터들은 $\mathbf{0}$가 아니라고 가정했으므로 내적공간의 정의에 의해 $\langle \mathbf{v}_i, \mathbf{v}_i \rangle \neq 0$이다. 따라서 $k_i = 0$이다. 임의의 $i \ (1 \leq i \leq n)$에 대하여 성립하므로 $k_1 = k_2 = \cdots = k_n = 0$이며, 이것은 S가 1차독립임을 의미한다. ■

예제 34 $\mathbf{v}_1 = \frac{1}{\sqrt{3}}(1, 1, 1)$, $\mathbf{v}_2 = \frac{1}{\sqrt{14}}(2, 1, -3)$, $\mathbf{v}_3 = \frac{1}{\sqrt{42}}(4, -5, 1)$일 때 집합 $S = \{\mathbf{v}_1, \mathbf{v}_2, \mathbf{v}_3\}$는 유클리드 내적공간 R^3의 정규직교기저이다(예제 32). 이때 벡터 $\mathbf{u} = (1, 0, 1)$를 S 내의 벡터들의 1차결합으로 표시하여라.

풀이 $\langle \mathbf{u}, \mathbf{v}_1 \rangle = \frac{2}{\sqrt{3}}, \quad \langle \mathbf{u}, \mathbf{v}_2 \rangle = -\frac{1}{\sqrt{14}}, \quad \langle \mathbf{u}, \mathbf{v}_3 \rangle = \frac{5}{\sqrt{42}}$

이므로

$$\mathbf{u} = \frac{2}{\sqrt{3}}\mathbf{v}_1 - \frac{1}{\sqrt{14}}\mathbf{v}_2 + \frac{5}{\sqrt{42}}\mathbf{v}_3$$

이다. ■

정리 4.31 V를 내적공간이라 하고 $\{\mathbf{v}_1, \mathbf{v}_2, \cdots, \mathbf{v}_n\}$를 V의 한 정규직교집합이라고 하자. W가 $\mathbf{v}_1, \mathbf{v}_2, \cdots, \mathbf{v}_n$에 의하여 생성되는 공간이라면 V 내의 모든 벡터 $\mathbf{u}$는

$$\mathbf{u} = \mathbf{w}_1 + \mathbf{w}_2$$

로 표시된다. 여기서

$$\mathbf{w}_1 = \langle \mathbf{u}, \mathbf{v}_1 \rangle \mathbf{v}_1 + \langle \mathbf{u}, \mathbf{v}_2 \rangle \mathbf{v}_2 + \cdots + \langle \mathbf{u}, \mathbf{v}_n \rangle \mathbf{v}_n$$

은 W의 벡터이고

$$\mathbf{w}_2 = \mathbf{u} - \langle \mathbf{u}, \mathbf{v}_1 \rangle \mathbf{v}_1 - \langle \mathbf{u}, \mathbf{v}_2 \rangle \mathbf{v}_2 - \cdots - \langle \mathbf{u}, \mathbf{v}_n \rangle \mathbf{v}_n$$

는 W에 직교하는 벡터이다.

그림 4.4에서 $\mathbf{w}_1$은 W 위로의 $\mathbf{u}$의 직교사영(orthogonal projection)이라고 하며, $\mathrm{proj}_W \mathbf{u}$라고 표기한다. 벡터 $\mathbf{w}_2 = \mathbf{u} - \mathrm{proj}_W \mathbf{u}$를 W에 대한 $\mathbf{u}$의 직교성분(orthogonal component)이라고 한다.

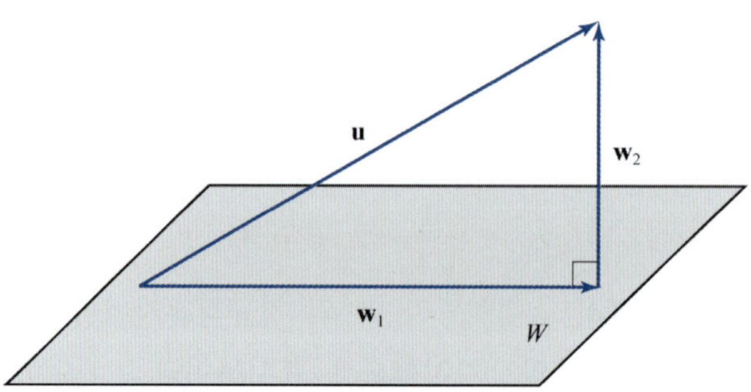

그림 4.4

정리 4.32 (Gram-Schmidt 정규직교화 과정) V를 0이 아닌 n차원 내적공간이라 하자. V의 기저 $S=\{\mathbf{u}_1, \mathbf{u}_2, \cdots, \mathbf{u}_n\}$로부터 V의 정규직교기저 $\{\mathbf{v}_1, \mathbf{v}_2, \cdots, \mathbf{v}_n\}$를 구할 수 있다.

증명 n에 관하여 귀납법을 쓴다.

(단계 1 : $n=1$)

$$\mathbf{v}_1 = \frac{\mathbf{u}_1}{\|\mathbf{u}_1\|}$$

이면 $\mathbf{v}_1$은 단위벡터이므로 $\{\mathbf{v}_1\}$은 V의 정규직교집합이다.

(단계 2 : $n=2$)

$\mathbf{z}_2 = \mathbf{u}_2 - \langle \mathbf{u}_2, \mathbf{v}_1 \rangle \mathbf{v}_1$이라 놓으면

$$\begin{aligned}\langle \mathbf{z}_2, \mathbf{v}_1 \rangle &= \langle \mathbf{u}_2, \mathbf{v}_1 \rangle - \langle \langle \mathbf{u}_2, \mathbf{v}_1 \rangle \mathbf{v}_1, \mathbf{v}_1 \rangle \\ &= \langle \mathbf{u}_2, \mathbf{v}_1 \rangle - \langle \mathbf{u}_2, \mathbf{v}_1 \rangle \|\mathbf{v}_1\|^2 = 0\end{aligned}$$

이므로 $\mathbf{z}_2$와 $\mathbf{v}_1$은 직교한다. 여기서

$$\mathbf{v}_2 = \frac{\mathbf{z}_2}{\|\mathbf{z}_2\|}$$

라 놓으면 $\{\mathbf{v}_1, \mathbf{v}_2\}$는 V의 정규직교집합이다.

참고 만약 $\mathbf{u}_2 - \langle \mathbf{u}_2, \mathbf{v}_1 \rangle \mathbf{v}_1 = \mathbf{0}$이면 정규화를 할 수 없다. 그러나 이러한 현상은 일어나지 않는다. 왜냐하면 $\mathbf{u}_2 - \langle \mathbf{u}_2, \mathbf{v}_1 \rangle \mathbf{v}_1 = \mathbf{0}$이면

$$\mathbf{u}_2 = \langle \mathbf{u}_2, \mathbf{v}_1 \rangle \mathbf{v}_1 = \frac{\langle \mathbf{u}_2, \mathbf{v}_1 \rangle}{\|\mathbf{u}_1\|} \mathbf{u}_1$$

이므로 $\mathbf{u}_2$는 $\mathbf{u}_1$의 상수배가 된다. 이것은 $\mathbf{u}_1$과 $\mathbf{u}_2$가 1차독립이 아니라는 것이므로 기저 S의 1차독립성에 대하여 모순이다.

(단계 3 : $n=r+1$)

$n=r$일 때 성립한다고 가정하자. $\{\mathbf{v}_1, \mathbf{v}_2, \cdots, \mathbf{v}_r\}$을 V의 정규직교집합이라 하고

$$\mathbf{z}_{r+1} = \mathbf{u}_{r+1} - \langle \mathbf{u}_{r+1}, \mathbf{v}_1 \rangle \mathbf{v}_1 - \langle \mathbf{u}_{r+1}, \mathbf{v}_2 \rangle \mathbf{v}_2 - \cdots - \langle \mathbf{u}_{r+1}, \mathbf{v}_r \rangle \mathbf{v}_r$$

로 놓자. $i = 1, 2, \cdots, r$에 대하여

$$\begin{aligned}\langle \mathbf{z}_{r+1}, \mathbf{v}_i \rangle &= \langle \mathbf{u}_{r+1}, \mathbf{v}_i \rangle - \langle \langle \mathbf{u}_{r+1}, \mathbf{v}_1 \rangle \mathbf{v}_1, \mathbf{v}_i \rangle \\ &\quad - \langle \langle \mathbf{u}_{r+1}, \mathbf{v}_2 \rangle \mathbf{v}_2, \mathbf{v}_i \rangle - \cdots - \langle \langle \mathbf{u}_{r+1}, \mathbf{v}_r \rangle \mathbf{v}_r, \mathbf{v}_i \rangle = 0\end{aligned}$$

이므로 $\mathbf{z}_{r+1}$과 $\mathbf{v}_i (i = 1, 2, \cdots, r)$는 직교한다. 이때

$$\mathbf{v}_{r+1} = \frac{\mathbf{z}_{r+1}}{\|\mathbf{z}_{r+1}\|}$$

라 하면, $\{\mathbf{v}_1, \mathbf{v}_2, \cdots, \mathbf{v}_r, \mathbf{v}_{r+1}\}$은 V의 정규직교집합이다. 따라서 $n = r+1$인 경우에도 V의 정규직교집합을 얻을 수 있으므로 위와 같은 방법으로 n개의 벡터로 이루어진 V의 정규직교집합 $\{\mathbf{v}_1, \mathbf{v}_2, \cdots, \mathbf{v}_n\}$을 얻을 수 있다. 정리 4.30에 의하여 직교집합은 1차독립이고, V가 n차원 벡터공간이므로 정리 4.21(a)에 의하여 $\{\mathbf{v}_1, \mathbf{v}_2, \cdots, \mathbf{v}_n\}$은 V의 정규직교기저이다. ■

정리 4.32의 증명과정을 그림으로 표현해보자. 먼저 $\mathbf{u}_1$으로부터 $\mathbf{v}_1 = \dfrac{\mathbf{u}_1}{\|\mathbf{u}_1\|}$을 얻었다. 이때 $\|\mathbf{v}_1\| = 1$이므로 $\mathbf{v}_1$은 V의 정규직교기저이다. 다음 단계는 $\mathbf{v}_1$에 직교하는 노름이 1인 벡터 $\mathbf{v}_2$를 구하기 위하여, $\mathbf{v}_1$에 의하여 생성되는 공간 W_1에 대한 $\mathbf{u}_2$의 직교성분 $\mathbf{z}_2$를 구하여 그것을 정규화한다. 즉

$$\mathbf{z}_2 = \mathbf{u}_2 - \mathrm{proj}_{W_1} \mathbf{u}_2 = \mathbf{u}_2 - \langle \mathbf{u}_2, \mathbf{v}_1 \rangle \mathbf{v}_1$$

이므로

$$\mathbf{v}_2 = \frac{\mathbf{z}_2}{\|\mathbf{z}_2\|}$$

이다. 이것을 그림으로 표시하면 그림 4.5와 같다.

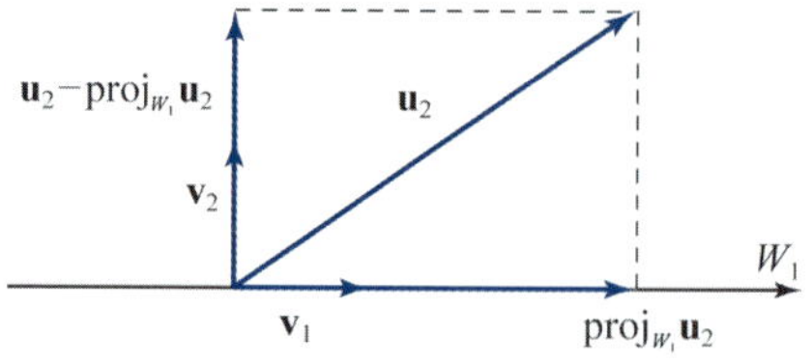

그림 4.5

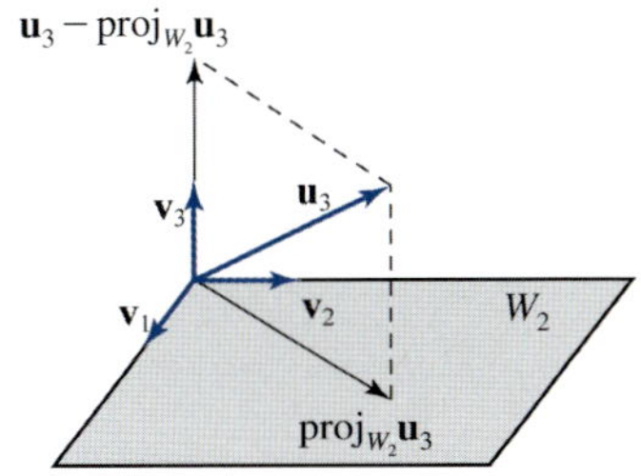

그림 4.6

한 단계를 더 생각해보자. $\mathbf{v}_1$과 $\mathbf{v}_2$에 직교하면서 노름이 1인 벡터 $\mathbf{v}_3$를 구하기 위하여 $\mathbf{v}_1$과 $\mathbf{v}_2$에 의하여 생성되는 공간 W_2에 대한 $\mathbf{u}_3$의 직교성분을 구한 다음 정규화한다. 즉

$$\begin{aligned}\mathbf{z}_3 &= \mathbf{u}_3 - \text{proj}_{W_2}\mathbf{u}_3 \\ &= \mathbf{u}_3 - \langle \mathbf{u}_3, \mathbf{v}_1 \rangle \mathbf{v}_1 - \langle \mathbf{u}_3, \mathbf{v}_2 \rangle \mathbf{v}_2\end{aligned}$$

이므로

$$\mathbf{v}_3 = \frac{\mathbf{z}_3}{\|\mathbf{z}_3\|}$$

이다. $\{\mathbf{u}_1, \mathbf{u}_2, \cdots, \mathbf{u}_n\}$은 1차독립인 벡터들의 집합이므로

$$\mathbf{u}_3 - \langle \mathbf{u}_3, \mathbf{v}_1 \rangle \mathbf{v}_1 - \langle \mathbf{u}_3, \mathbf{v}_2 \rangle \mathbf{v}_2 \neq 0$$

이며 정규화는 항상 가능하다. 이것을 그림으로 표시하면 그림 4.6과 같다.

이러한 방법을 계속하면 벡터들의 정규직교집합을 구할 수 있다. V는 n차원이고, 정규직교집합은 1차독립이므로 집합 $\{\mathbf{v}_1, \mathbf{v}_2, \cdots, \mathbf{v}_n\}$은 V의 정규직교기저가 된다.

예제 35 유클리드 내적이 정의된 내적공간 R^3의 기저 $\mathbf{u}_1 = (1, 1, 1)$, $\mathbf{u}_2 = (0, 1, 1)$, $\mathbf{u}_3 = (0, 0, 1)$로부터 정규직교기저를 구하여라.

풀이 (단계 1) $\mathbf{v}_1 = \dfrac{\mathbf{u}_1}{\|\mathbf{u}_1\|} = \dfrac{(1, 1, 1)}{\sqrt{3}} = \left(\dfrac{1}{\sqrt{3}}, \dfrac{1}{\sqrt{3}}, \dfrac{1}{\sqrt{3}}\right)$

(단계 2) $\mathbf{z}_2 = \mathbf{u}_2 - \langle \mathbf{u}_2, \mathbf{v}_1 \rangle \mathbf{v}_1 = (0, 1, 1) - \dfrac{2}{\sqrt{3}}\left(\dfrac{1}{\sqrt{3}}, \dfrac{1}{\sqrt{3}}, \dfrac{1}{\sqrt{3}}\right)$

$$= \left(-\frac{2}{3}, \frac{1}{3}, \frac{1}{3}\right)$$

이므로

$$\mathbf{v}_2 = \frac{\mathbf{z}_2}{\|\mathbf{z}_2\|} = \frac{\mathbf{u}_2 - \langle \mathbf{u}_2, \mathbf{v}_1 \rangle \mathbf{v}_1}{\|\mathbf{u}_2 - \langle \mathbf{u}_2, \mathbf{v}_1 \rangle \mathbf{v}_1\|} = \left(-\frac{2}{\sqrt{6}}, \frac{1}{\sqrt{6}}, \frac{1}{\sqrt{6}}\right)$$

(단계 3) $\mathbf{z}_3 = \mathbf{u}_3 - \langle \mathbf{u}_3, \mathbf{v}_1 \rangle \mathbf{v}_1 - \langle \mathbf{u}_3, \mathbf{v}_2 \rangle \mathbf{v}_2$

$$= (0, 0, 1) - \frac{1}{\sqrt{3}}\left(\frac{1}{\sqrt{3}}, \frac{1}{\sqrt{3}}, \frac{1}{\sqrt{3}}\right) - \frac{1}{\sqrt{6}}\left(-\frac{2}{\sqrt{6}}, \frac{1}{\sqrt{6}}, \frac{1}{\sqrt{6}}\right)$$

$$= \left(0, -\frac{1}{2}, \frac{1}{2}\right)$$

이므로

$$\mathbf{v}_3 = \frac{\mathbf{z}_3}{\|\mathbf{z}_3\|} = \frac{\mathbf{u}_3 - \langle \mathbf{u}_3, \mathbf{v}_1 \rangle \mathbf{v}_1 - \langle \mathbf{u}_3, \mathbf{v}_2 \rangle \mathbf{v}_2}{\|\mathbf{u}_3 - \langle \mathbf{u}_3, \mathbf{v}_1 \rangle \mathbf{v}_1 - \langle \mathbf{u}_3, \mathbf{v}_2 \rangle \mathbf{v}_2\|}$$

$$= \sqrt{2}\left(0, -\frac{1}{2}, \frac{1}{2}\right) = \left(0, -\frac{1}{\sqrt{2}}, \frac{1}{\sqrt{2}}\right)$$

이다. 따라서

$$\mathbf{v}_1 = \left(\frac{1}{\sqrt{3}}, \frac{1}{\sqrt{3}}, \frac{1}{\sqrt{3}}\right),$$

$$\mathbf{v}_2 = \left(-\frac{2}{\sqrt{6}}, \frac{1}{\sqrt{6}}, \frac{1}{\sqrt{6}}\right),$$

$$\mathbf{v}_3 = \left(0, -\frac{1}{\sqrt{2}}, \frac{1}{\sqrt{2}}\right)$$

는 R^3의 정규직교기저를 형성한다. ■

예제 36 벡터공간 P_2에서 내적을 $x_1 = -1,\ x_2 = 0,\ x_3 = 1$에 대하여

$$\langle \mathbf{p}, \mathbf{q} \rangle = \sum_{i=1}^{3} p(x_i) q(x_i)$$

로 정의할 때, 기저 $\{1, x, x^2\}$로부터 정규직교기저를 구하여라.

풀이 기저 $\{1, x, x^2\}$에 Gram-Schmidt 직교화 과정을 적용하면 정규직교기저를 만들 수 있다. $\mathbf{u}_1 = 1,\ \mathbf{u}_2 = x,\ \mathbf{u}_3 = x^2$이라고 하면

(단계 1) $\|\mathbf{u}_1\| = \|1\| = \langle 1, 1 \rangle^{\frac{1}{2}} = \sqrt{(1)(1) + (1)(1) + (1)(1)} = \sqrt{3}$

이므로

$$\mathbf{v}_1 = \frac{\mathbf{u}_1}{\|\mathbf{u}_1\|} = \frac{1}{\|1\|} = \frac{1}{\sqrt{3}}$$

이다.

(단계 2) $$\langle \mathbf{u}_2, \mathbf{v}_1 \rangle \mathbf{v}_1 = \left\langle x, \frac{1}{\sqrt{3}} \right\rangle \frac{1}{\sqrt{3}}$$
$$= \left((-1)\left(\frac{1}{\sqrt{3}}\right) + (0)\left(\frac{1}{\sqrt{3}}\right) + (1)\left(\frac{1}{\sqrt{3}}\right)\right)\frac{1}{\sqrt{3}} = 0$$

이고

$$\mathbf{z}_2 = \mathbf{u}_2 - \langle \mathbf{u}_2, \mathbf{v}_1 \rangle \mathbf{v}_1 = x$$

이다.

$$\|\mathbf{u}_2 - \langle \mathbf{u}_2, \mathbf{v}_1 \rangle \mathbf{v}_1\| = \langle x, x \rangle^{\frac{1}{2}}$$
$$= \sqrt{(-1)(-1) + (0)(0) + (1)(1)} = \sqrt{2}$$

이므로

$$\mathbf{v}_2 = \frac{\mathbf{z}_2}{\|\mathbf{z}_2\|} = \frac{\mathbf{u}_2 - \langle \mathbf{u}_2, \mathbf{v}_1 \rangle \mathbf{v}_1}{\|\mathbf{u}_2 - \langle \mathbf{u}_2, \mathbf{v}_1 \rangle \mathbf{v}_1\|} = \frac{x}{\sqrt{2}}$$

이다.

(단계 3) $$\mathbf{z}_3 = \mathbf{u}_3 - \langle \mathbf{u}_3, \mathbf{v}_1 \rangle \mathbf{v}_1 - \langle \mathbf{u}_3, \mathbf{v}_2 \rangle \mathbf{v}_2$$
$$= x^2 - \left\langle x^2, \frac{1}{\sqrt{3}} \right\rangle \frac{1}{\sqrt{3}} - \left\langle x^2, \frac{x}{\sqrt{2}} \right\rangle \frac{x}{\sqrt{2}} = x^2 - \frac{2}{3}$$

이고

$$\|\mathbf{z}_3\| = \|\mathbf{u}_3 - \langle \mathbf{u}_3, \mathbf{v}_1 \rangle \mathbf{v}_1 - \langle \mathbf{u}_3, \mathbf{v}_2 \rangle \mathbf{v}_2\|$$
$$= \left\langle x^2 - \frac{2}{3}, x^2 - \frac{2}{3} \right\rangle^{\frac{1}{2}} = \sqrt{\frac{2}{3}}$$

이므로

$$\mathbf{v}_3 = \frac{\mathbf{z}_3}{\|\mathbf{z}_3\|} = \frac{\mathbf{u}_3 - \langle \mathbf{u}_3, \mathbf{v}_1 \rangle \mathbf{v}_1 - \langle \mathbf{u}_3, \mathbf{v}_2 \rangle \mathbf{v}_2}{\|\mathbf{u}_3 - \langle \mathbf{u}_3, \mathbf{v}_1 \rangle \mathbf{v}_1 - \langle \mathbf{u}_3, \mathbf{v}_2 \rangle \mathbf{v}_2\|}$$

$$= \frac{\sqrt{6}}{2}\left(x^2 - \frac{2}{3}\right)$$

이다. ■

연습문제 4.8

1. R^2가 유클리드 내적을 가질 때 R^2의 기저

$$\mathbf{u}_1 = (1, -3), \quad \mathbf{u}_2 = (2, 2)$$

를 정규직교기저로 바꾸어라.

2. R^3가 유클리드 내적을 가질 때 R^3의 기저

$$\mathbf{u}_1 = (0, 0, 1), \quad \mathbf{u}_2 = (0, 1, 1), \quad \mathbf{u}_3 = (1, 1, 1)$$

를 정규직교기저로 바꾸어라.

3. P_2가 내적공간

$$\langle \mathbf{p}, \mathbf{q} \rangle = \int_0^1 p(x)q(x)dx$$

를 가질 때 기저 $S = \{1, x, x^2\}$을 정규직교기저로 바꾸어라.

4. P_2가 내적공간

$$\langle \mathbf{p}, \mathbf{q} \rangle = \int_{-1}^1 p(x)q(x)dx$$

를 가질 때 기저 $S = \{1, x, x^2\}$을 정규직교기저로 바꾸어라.

5. $\{\mathbf{v}_1, \mathbf{v}_2, \cdots, \mathbf{v}_n\}$이 내적공간 V의 정규직교기저이고, $\mathbf{w}$가 V 내에 있는 벡터일 때

$$\|\mathbf{w}\|^2 = \langle \mathbf{w}, \mathbf{v}_1 \rangle^2 + \langle \mathbf{w}, \mathbf{v}_2 \rangle^2 + \cdots + \langle \mathbf{w}, \mathbf{v}_n \rangle^2$$

임을 보여라.

6 점 $P(1, -2, 4)$와 평면 $5x-3y+z=0$ 사이의 최단거리가 되는 평면 위의 점 Q를 구하고 점 P와 평면 사이의 거리를 구하여라.

7 정리 4.31을 증명하여라.

4.9 행렬의 계수

이 절에서는 행렬을 이용하여 벡터공간에서의 기저와 차원을 구하는 방법에 대하여 알아보기로 하자.

정의 4.33 $m \times n$ 행렬 $A=[a_{ij}]$에 대하여, 벡터공간 R^n에 속하는 A의 각 행으로 이루어진 m개의 벡터

$$\begin{aligned} \mathbf{r}_1 &= (a_{11}, a_{12}, \cdots, a_{1n}) \\ \mathbf{r}_2 &= (a_{21}, a_{22}, \cdots, a_{2n}) \\ &\vdots \\ \mathbf{r}_m &= (a_{m1}, a_{m2}, \cdots, a_{mn}) \end{aligned}$$

을 행렬 A의 행벡터(row vector)라 하고, m개의 행벡터 $\mathbf{r}_1, \mathbf{r}_2, \cdots, \mathbf{r}_m$에 의하여 생성된 부분공간 $\langle \mathbf{r}_1, \mathbf{r}_2, \cdots, \mathbf{r}_m \rangle$을 A의 행공간(row space)이라 한다. 그리고 행렬 A의 행공간의 차원을 A의 행계수(row rank)라 하고 이것을 $r(A)$로 나타낸다. 마찬가지로 벡터공간 R^m에 속하는 행렬 A의 n개의 열로 이루어진 n개의 벡터

$$\mathbf{c}_1 = \begin{bmatrix} a_{11} \\ a_{21} \\ \vdots \\ a_{m1} \end{bmatrix}, \quad \mathbf{c}_2 = \begin{bmatrix} a_{12} \\ a_{22} \\ \vdots \\ a_{m2} \end{bmatrix}, \quad \cdots, \quad \mathbf{c}_n = \begin{bmatrix} a_{1n} \\ a_{2n} \\ \vdots \\ a_{mn} \end{bmatrix}$$

을 행렬 A의 열벡터(column vector)라 하고, n개의 열벡터 $\mathbf{c}_1, \mathbf{c}_2, \cdots,$

$\mathbf{c}_n$에 의하여 생성된 부분공간 $\langle \mathbf{c}_1, \mathbf{c}_2, \cdots, \mathbf{c}_n \rangle$을 A의 **열공간(column space)**이라 한다. 그리고 행렬 A의 열공간의 차원을 A의 **열계수(column rank)**라 하고 이것을 $c(A)$로 나타낸다.

참고 행공간과 열공간은 각각 행벡터와 열벡터에 의하여 생성된 부분공간이므로 행벡터와 열벡터 중에서 1차독립인 최대의 행벡터 집합과 열벡터 집합이 각각 행공간과 열공간의 기저가 된다.

예제 37 행렬 $A = \begin{bmatrix} 1 & -2 & 0 & 3 \\ 2 & 0 & 8 & 2 \\ 1 & 5 & 7 & -4 \end{bmatrix}$의 열벡터를

$$\mathbf{c}_1 = \begin{bmatrix} 1 \\ 2 \\ 1 \end{bmatrix}, \quad \mathbf{c}_2 = \begin{bmatrix} -2 \\ 0 \\ 5 \end{bmatrix}, \quad \mathbf{c}_3 = \begin{bmatrix} 0 \\ 8 \\ 7 \end{bmatrix}, \quad \mathbf{c}_4 = \begin{bmatrix} 3 \\ 2 \\ -4 \end{bmatrix}$$

이라 하면,

$$\mathbf{c}_4 = \mathbf{c}_1 - \mathbf{c}_2$$

이고 $\mathbf{c}_1, \mathbf{c}_2, \mathbf{c}_3$가 1차독립이므로 A의 열공간의 기저는 $\{\mathbf{c}_1, \mathbf{c}_2, \mathbf{c}_3\}$이다. 따라서 A의 열계수는 3이다. ■

정리 4.34 행렬 A의 행벡터 $\mathbf{r}_1, \mathbf{r}_2, \cdots, \mathbf{r}_m$에 의하여 생성된 부분공간을 $W = \langle \mathbf{r}_1, \mathbf{r}_2, \cdots, \mathbf{r}_m \rangle$이라 할 때 다음이 성립한다.

(a) $W = \langle \mathbf{r}_1, \cdots, \mathbf{r}_j, \cdots, \mathbf{r}_i, \cdots, \mathbf{r}_m \rangle \qquad (1 \le i < j \le m)$

(b) $W = \langle \mathbf{r}_1, \cdots, k\mathbf{r}_i, \cdots, \mathbf{r}_m \rangle \qquad (1 \le i \le m, k \in R, k \ne 0)$

(c) $W = \langle \mathbf{r}_1, \cdots, \mathbf{r}_i + k\mathbf{r}_j, \cdots, \mathbf{r}_j, \cdots, \mathbf{r}_m \rangle$

$(1 \le i \ne j \le m, k \in R, k \ne 0)$

증명 정의 4.33에 의하여

$$W = \{a_1\mathbf{r}_1 + \cdots + a_m\mathbf{r}_m \mid a_1, \cdots, a_m \in R\}$$

이라 하면

(a) $a_1\mathbf{r}_1 + \cdots + a_i\mathbf{r}_i + \cdots + a_j\mathbf{r}_j + \cdots + a_m\mathbf{r}_m$

$\quad = a_1\mathbf{r}_1 + \cdots + a_j\mathbf{r}_j + \cdots + a_i\mathbf{r}_i + \cdots + a_m\mathbf{r}_m$

(b) $a_1\mathbf{r}_1 + \cdots + a_i(k\mathbf{r}_i) + \cdots + a_m\mathbf{r}_m$

$\quad = a_1\mathbf{r}_1 + \cdots + (a_ik)\mathbf{r}_i + \cdots + a_m\mathbf{r}_m$

(c) $a_1\mathbf{r}_1 + \cdots + a_i(\mathbf{r}_i + k\mathbf{r}_j) + \cdots + a_j\mathbf{r}_j + \cdots + a_m\mathbf{r}_m$

$\quad = a_1\mathbf{r}_1 + \cdots + a_i\mathbf{r}_i + \cdots + (a_ik + a_j)\mathbf{r}_j + \cdots + a_m\mathbf{r}_m$

이다. ■

정리 4.34에 의하여 다음 정리가 성립한다.

정리 4.35 $m \times n$ 행렬 $A = [a_{ij}]$에 대하여 A에 기본행연산을 유한번 시행하여 얻은 행렬을 B라고 하자. 이때 기본행연산을 시행할 때의 기본행렬을 $E_1, E_2, \cdots, E_s$라고 하면 다음이 성립한다.

$$A\text{의 행공간} = B\text{의 행공간}, \quad B = E_s E_{s-1} \cdots E_1 A$$

마찬가지로 A에 기본열연산을 유한번 시행하여 얻은 행렬을 C, 기본열연산을 시행할 때의 기본행렬을 $E_1, E_2, \cdots, E_l$이라고 하면

$$A\text{의 열공간} = C\text{의 열공간}, \quad C = AE_1 E_2 \cdots E_l$$

이 성립한다.

정리 4.35에 의하여 $m \times n$ 행렬 $A = [a_{ij}]$의 행공간은 A에 기본행연산을 유한번 시행하여 얻은 행사다리꼴 행렬이나 기약행사다리꼴 행렬의 행공간과 같다. 이때 행사다리꼴 행렬이나 기약행사다리꼴 행렬의 0가 아닌 행벡터들은 항상 1차독립이므로 이들 벡터들은 행공간의 기저를 형성한다.

정리 4.36 $m \times n$ 행렬 A가 기약행사다리꼴 행렬 B와 행동치일 때, 0가 아닌 B의 행벡터 개수가 A의 행계수이다.

예제 38 예제 37의 행렬 A의 행계수를 A의 기약행사다리꼴 행렬로 변형하여 구하여라.

풀이 행렬 A는

$$B = \begin{bmatrix} 1 & 0 & 0 & 1 \\ 0 & 1 & 0 & -3 \\ 0 & 0 & 1 & 0 \end{bmatrix}$$

와 행동치이다. 그러므로 A의 행계수는 3이다. ■

예제 39 다음 행렬의 행공간 W의 기저와 차원을 구하여라.

$$A = \begin{bmatrix} 2 & 6 & -4 & 2 & 4 \\ 1 & 0 & 1 & 1 & 5 \\ -3 & 2 & -2 & 0 & -2 \end{bmatrix}$$

풀이 1장의 예제 15에 의하여 행렬 A의 기약행사다리꼴 행렬은

$$\begin{bmatrix} 1 & 0 & 0 & 0 & 0 \\ 0 & 1 & 0 & 1 & 4 \\ 0 & 0 & 1 & 1 & 5 \end{bmatrix}$$

이다. 따라서 W는

$$\{(1, 0, 0, 0, 0\ ),\ (0, 1, 0, 1, 4),\ (0, 0, 1, 1, 5)\}$$

를 기저로 가지고 R^5의 부분공간인 행공간은 3차원이다. ■

> **정리 4.37** $m \times n$ 행렬 A의 행계수와 열계수는 서로 같다.

증명 행렬

$$A = \begin{bmatrix} a_{11} & a_{12} & \cdots & a_{1n} \\ a_{21} & a_{22} & \cdots & a_{2n} \\ \vdots & \vdots & & \vdots \\ a_{m1} & a_{m2} & \cdots & a_{mn} \end{bmatrix}$$

의 행벡터들이 $\mathbf{r}_1,\ \mathbf{r}_2,\ \cdots,\ \mathbf{r}_m$, 행계수가 r이고, $i = 1,\ 2,\ \cdots,\ r$에 대하여 $\mathbf{x}_i = (b_{i1},\ b_{i2},\ \cdots,\ b_{in})$일 때 행공간의 기저를 $\{\mathbf{x}_1,\ \mathbf{x}_2,\ \cdots,\ \mathbf{x}_r\}$이라 하자. 그러면 $\{\mathbf{x}_1,\ \mathbf{x}_2,\ \cdots,\ \mathbf{x}_r\}$는 행공간의 기저이기 때문에 각 행벡터는 $\mathbf{x}_1,\ \mathbf{x}_2,\ \cdots,\ \mathbf{x}_r$의 1차결합으로 나타낼 수 있다.

따라서

$$\begin{aligned}
\mathbf{r}_1 &= k_{11}\mathbf{x}_1 + k_{12}\mathbf{x}_2 + \cdots + k_{1r}\mathbf{x}_r \\
\mathbf{r}_2 &= k_{21}\mathbf{x}_1 + k_{22}\mathbf{x}_2 + \cdots + k_{2r}\mathbf{x}_r \\
\vdots \quad & \quad \vdots \qquad\quad \vdots \qquad\quad \vdots \qquad\quad \vdots \\
\mathbf{r}_m &= k_{m1}\mathbf{x}_1 + k_{m2}\mathbf{x}_2 + \cdots + k_{mr}\mathbf{x}_r
\end{aligned} \tag{4.9}$$

이다. 여기서 k_{ij}는 임의의 스칼라이다. R^n 내의 두 벡터는 대응하는 원소들이 같을 때 서로 같다. 따라서 식 (4.9)를 $m\times n$ 행렬로 표현했을 때, 양변의 i열에 대응하는 원소들은 같아야 한다. 즉

$$\begin{aligned}
a_{1i} &= k_{11}b_{1i} + k_{12}b_{2i} + \cdots + k_{1r}b_{ri} \\
a_{2i} &= k_{21}b_{1i} + k_{22}b_{2i} + \cdots + k_{2r}b_{ri} \\
\vdots \quad & \quad \vdots \qquad\quad \vdots \qquad\quad \vdots \qquad\quad \vdots \\
a_{mi} &= k_{m1}b_{1i} + k_{m2}b_{2i} + \cdots + k_{mr}b_{ri}
\end{aligned}$$

이다. 그러므로 $i=1,\ 2,\ \cdots,\ n$에 대하여

$$\begin{bmatrix} a_{1i} \\ a_{2i} \\ \vdots \\ a_{mi} \end{bmatrix} = b_{1i}\begin{bmatrix} k_{11} \\ k_{21} \\ \vdots \\ k_{m1} \end{bmatrix} + b_{2i}\begin{bmatrix} k_{12} \\ k_{22} \\ \vdots \\ k_{m2} \end{bmatrix} + \cdots + b_{ri}\begin{bmatrix} k_{1r} \\ k_{2r} \\ \vdots \\ k_{mr} \end{bmatrix}$$

이므로 A의 각 열벡터는 r개 벡터들의 1차결합으로 표현된다. 따라서

$$A\text{의 열계수} \leq A\text{의 행계수}$$

가 성립한다. 또 A는 임의의 행렬이므로 A^T에도 같은 결과를 적용할 수 있으므로

$$A^T\text{의 열계수} \leq A^T\text{의 행계수}$$

가 성립한다. 그런데 A의 열공간은 A^T의 행공간과 같고, A의 행공간은 A^T의 열공간과 같다. 따라서

$$A\text{의 행계수} \leq A\text{의 열계수}$$

가 성립한다. 그러므로 행렬 A의 행계수와 열계수는 같다. ■

정리 4.37에 의하여 앞으로는 행계수와 열계수를 구별하지 않고 행렬의 계수(rank)라고 하며, 행렬 A의 계수를 $\mathrm{rank}\,(A)$로 쓴다. 이제 행렬의 계수를 이용하여 어떤 정사각행렬

이 가역인지 비가역인지를 살펴보자.

정리 4.38 A가 n차 정사각행렬일 때 다음은 서로 동치이다.

(a) 행렬 A는 가역이다.

(b) 동차연립1차방정식 $AX=O$는 오직 자명해만을 가진다.

(c) 행렬 A는 n차 단위행렬 I_n과 행동치이다.

(d) $AX=B$는 모든 $n\times 1$ 행렬 B에 대하여 유일한 해를 갖는다.

(e) $\det(A)\neq 0$

(f) $\mathrm{rank}\,(A)=n$

(g) 행렬 A의 행벡터들은 1차독립이다.

(h) 행렬 A의 열벡터들은 1차독립이다.

증명 A가 가역이면 (b), (c), (d), (e)와 동치임을 정리 1.22, 정리 2.15에서 증명하였다. 여기서는 (c)$\Rightarrow$(f)$\Rightarrow$(g)와 (h)$\Rightarrow$(c)의 과정으로 증명하기로 한다.

(c)$\Rightarrow$(f) : A는 I_n과 행동치이므로 정리 4.36에 의하여 A의 행계수는 n이다. 따라서 $\mathrm{rank}\,(A)=n$이다.

(f)$\Rightarrow$(g) : $\mathrm{rank}\,(A)=n$이면 A의 행공간의 차원은 n이다. 따라서 A의 행벡터들은 1차독립이다.

(f)$\Rightarrow$(h) : $\mathrm{rank}\,(A)=n$이면 A의 열공간의 차원은 n이다. 따라서 A의 열벡터들은 1차독립이다.

(g)$\Rightarrow$(c) : A의 행벡터들이 1차독립이면 $r(A)=n$이고 $\mathrm{rank}\,(A)=n$이다. 따라서 A를 기약행사다리꼴 행렬로 변형하였을 때 모든 행이 영벡터가 아님을 의미한다. 따라서 행렬 A는 n차 단위행렬 I_n과 행동치이다.

(h)$\Rightarrow$(c) : (g)$\Rightarrow$(c)와 같은 방법으로 증명된다. ■

끝으로, 행렬의 계수를 선형연립방정식에 응용해보자. n개의 미지수를 갖는 m개의 선형연립방정식 $AX=B$가

$$\begin{bmatrix} a_{11} & a_{12} & \cdots & a_{1n} \\ a_{21} & a_{22} & \cdots & a_{2n} \\ \vdots & \vdots & & \vdots \\ a_{m1} & a_{m2} & \cdots & a_{mn} \end{bmatrix} \begin{bmatrix} x_1 \\ x_2 \\ \vdots \\ x_n \end{bmatrix} = \begin{bmatrix} b_1 \\ b_2 \\ \vdots \\ b_m \end{bmatrix}$$

와 같이 표현된다고 하자. 이 경우에

$$x_1\begin{bmatrix} a_{11} \\ a_{21} \\ \vdots \\ a_{m1} \end{bmatrix} + x_2\begin{bmatrix} a_{12} \\ a_{22} \\ \vdots \\ a_{m2} \end{bmatrix} + \cdots + x_n\begin{bmatrix} a_{1n} \\ a_{2n} \\ \vdots \\ a_{mn} \end{bmatrix} = \begin{bmatrix} b_1 \\ b_2 \\ \vdots \\ b_m \end{bmatrix}$$

와 같이 변형하여 쓸 수 있다. 그러므로 $AX = B$가 해를 가질 필요충분조건은 B가 A의 열벡터들의 1차결합으로 표시되는 것이며, 이는 B가 A의 열공간에 속하는 것이다.

연습문제 4.9

※ 1~3에서 각 행렬의 계수를 구하여라.

1 $A = \begin{bmatrix} 1 & 3 & 1 & -2 & -3 \\ 1 & 4 & 3 & -1 & -4 \\ 2 & 3 & -4 & -7 & -3 \\ 3 & 8 & 1 & -7 & -8 \end{bmatrix}$

2 $A = \begin{bmatrix} 1 & 2 & 3 \\ -1 & 2 & 1 \\ 3 & 1 & 2 \end{bmatrix}$

3 $A = \begin{bmatrix} 1 & -2 & -1 \\ 2 & -1 & 3 \\ 7 & -8 & 3 \\ 5 & -7 & 0 \end{bmatrix}$

4 정리 4.38을 이용하여 다음 행렬이 가역인지 비가역인지를 결정하여라.

$$A = \begin{bmatrix} 1 & 2 & -3 \\ -1 & 2 & 3 \\ 0 & 8 & 0 \end{bmatrix}$$

5 정리 4.38을 이용하여 주어진 R^3 벡터의 집합 $S = \{\mathbf{x}_1, \mathbf{x}_2, \mathbf{x}_3\}$가 1차독립인지를 결정하여라.

$$\mathbf{x}_1 = (4, 1, 2), \quad \mathbf{x}_2 = (2, 5, -5), \quad \mathbf{x}_3 = (2, -1, 3)$$

6 $S = \{\mathbf{x}_1, \mathbf{x}_2, \cdots, \mathbf{x}_n\}$이 R^n의 벡터들의 집합이고, A가 S의 벡터들을 열로 나타내는 행렬일 때, S가 1차독립일 필요충분 조건은 $\det(A) \neq 0$임을 증명하여라.

7 n개의 미지수를 갖는 n개의 동차연립1차방정식 $AX = O$이 $\mathbf{0}$가 아닌 해를 가질 필요충분조건이 $\operatorname{rank}(A) < n$임을 증명하여라.

CHAPTER 5

선형사상과 행렬

CHAPTER 5
선형사상과 행렬

이 장에서는 벡터공간 V에서 벡터공간 W로 가는 사상들 중에서 선형사상에 대하여 알아보기로 한다. 만약 $T : V \to W$가 선형사상이면, T는 V의 성질을 많이 보존한다. 따라서 W의 구조를 직접적으로 알 수가 없을 때 이미 구조를 잘 알고 있는 벡터공간에서 W로 가는 선형사상이 존재하는 벡터공간 V를 찾을 수 있으면, W에 대하여 많은 것을 알 수 있을 것이다. 선형사상은 행렬표현으로 변환 가능하며, 이 장에서는 행렬표현과의 관계를 학습하여 선형사상을 좀 더 심도 있게 이해한다.

5.1 사상

집합 A에서 집합 B로의 함수 $f : A \to B$를 A에서 B로의 **사상(mapping)**이라 하고, A와 B를 각각 f의 **정의역(domain)**과 **공역(codomain)**이라고 한다. 또 정의역의 각 원소 x에 대응하는 공역 B의 원소 $f(x)$를 x에서 f의 **값(value)** 또는 f에 의한 x의 **상(image)**이라고 한다. 이때 $\mathrm{Im}(f) = f(A) = \{f(x) \mid x \in A\}$를 f의 **상(image)**이라고 한다. 또 두 사상 $f : A \to B$와 $g : A \to B$가 모든 원소 $x \in A$에 대하여 $f(x) = g(x)$이면 f와 g가 같다고 하고 $f = g$로 쓴다.

두 사상 $f : A \to B$, $g : B \to C$에 대하여, 사상 $g \circ f$는 A에서 C로의 사상이 되며 $(g \circ f)(x) = g(f(x))$를 f와 g의 **합성사상(composite mapping)**이라고 한다. 또 $1_A : A \to A$가 모든 원소 $x \in A$에 대하여 $1_A(x) = x$이면 A 위의 **항등사상(identity mapping)**이라 한다.

정의 5.1 사상 $f : A \to B$ 에서 A의 임의의 두 원소 x_1, x_2에 대하여

$$x_1 \neq x_2 \Rightarrow f(x_1) \neq f(x_2), \quad 즉 \quad f(x_1) = f(x_2) \Rightarrow x_1 = x_2$$

일 때, f를 일대일 사상(one-to-one mapping) 또는 단사(injection)라고 한다.

정의 5.2 사상 $f : A \to B$에서 f의 상이 B이면, 즉

$$\text{Im}(f) = \{f(x) \mid x \in A\} = B$$

일 때, f를 A에서 B 위로의 사상(onto mapping) 또는 전사(surjection)라고 한다. 그리고 사상 f가 일대일 사상인 동시에 위로의 사상일 때, f를 A에서 B로의 일대일 대응(one-to-one correspondence) 또는 전단사(bijection)라고 한다.

정리 5.3 두 사상 $f : A \to B$, $g : B \to C$가 모두 일대일(위로의) 사상이면 합성사상 $g \circ f : A \to C$도 일대일(위로의) 사상이다. 특히 두 사상 $f : A \to B$, $g : B \to C$가 모두 일대일 대응이면 합성사상 $g \circ f : A \to C$도 일대일 대응이다.

증명 두 사상 f, g가 일대일 사상이면, A의 임의의 두 원소 x_1, x_2에 대하여

$$(g \circ f)(x_1) = (g \circ f)(x_2) \Rightarrow g(f(x_1)) = g(f(x_2))$$

$$\Rightarrow f(x_1) = f(x_2)$$
$$\Rightarrow x_1 = x_2$$

이므로 $g \circ f$는 일대일 사상이다. 그리고 f, g가 위로의 사상이면

$$(g \circ f)(A) = g(f(A)) = g(B) = C$$

이므로 $g \circ f$는 위로의 사상이다. ■

정리 5.4 두 사상 $f : A \to B$, $g : B \to C$에 대하여

(a) $g \circ f : A \to C$가 일대일 사상이면 $f : A \to B$는 일대일 사상이다.

(b) $g \circ f : A \to C$가 위로의 사상이면 $g : B \to C$는 위로의 사상이다.

(c) $g \circ f : A \to C$가 일대일 대응이면 $f : A \to B$는 일대일 사상이고, $g : B \to C$는 위로의 사상이다.

증명 (a), (b)만 증명하고 (c)는 연습문제로 남긴다.

(a) $g \circ f$가 일대일 사상이면 A의 임의의 두 원소 x_1, x_2에 대하여

$$f(x_1) = f(x_2) \Rightarrow g(f(x_1)) = g(f(x_2))$$
$$\Rightarrow (g \circ f)(x_1) = (g \circ f)(x_2)$$
$$\Rightarrow x_1 = x_2$$

이므로 f는 일대일 사상이다.

(b) $g \circ f$가 위로의 사상이면

$$C = (g \circ f)(A) = g(f(A)), \quad f(A) \subseteq B$$

이므로 $g(B) = C$이다. 따라서 g는 위로의 사상이다. ■

정의 5.5 사상 $f : A \to B$가 일대일 대응일 때

$$g \circ f = 1_A, \quad f \circ g = 1_B$$

인 사상 $g : B \to A$가 존재한다. 이와 같은 $g : B \to A$를 f의 **역사상**(inverse mapping)이라 하고 $f^{-1} : B \to A$로 나타낸다.

연습문제 5.1

1 $A = \{a, b, c\}$, $B = \{x, y, z\}$라 하고, 집합 A에서 집합 B로의 사상 f, g, h를 다음과 같이 정의할 때, 사상 f, g, h에 대하여 정의가 올바른지 판단하고, 틀린 경우에 그 이유를 적어라.

(1) $f(a) = y,\quad f(c) = x$

(2) $g(a) = y,\quad g(b) = z,\quad g(c) = x,\quad g(c) = z$

(3) $h(a) = x,\quad h(b) = z,\quad h(c) = x$

2 정리 5.4의 (c)를 증명하여라.

3 $f : A \to B$가 역사상이 존재할 필요충분조건은 f가 일대일 대응임을 증명하여라.

4 다음 물음에 답하여라.

(1) $f(x) = 2x - 3$에 대하여 $f^{-1}(x)$를 구하여라.

(2) 함수 $f(x)$가 $x \neq 1$인 모든 실수에 대하여 $f\left(\dfrac{x}{x-1}\right) = 2x$를 만족할 때, $f^{-1}(x)$를 구하여라.

(3) $f(x) = ax + b$와 $f^{-1}(x)$가 한 점 $(3, 2)$를 지날 때, $f(x)$를 구하여라.

5.2 선형사상

앞 절에서 정의역과 공역이 일반적인 집합이고, 이 주어진 집합 사이에서 정의되는 사상에 대하여 살펴보았다. 이 절에서는 집합이 벡터공간일 때 이들 벡터공간 사이에 정의할 수 있는 사상 가운데 벡터공간의 합과 스칼라배를 보존하는 선형사상에 대하여 알아보기로 한다. 선형사상이라는 개념은 수학의 여러 분야에서 나타나는 중요한 것으로 다른 사상에 비해 그 성질의 규명이 비교적 용이한 장점이 있다.

정의 5.6 U, V를 벡터공간이라 하자. 사상 $T: U \to V$가 벡터공간의 합과 스칼라배를 보존할 때, 즉 임의의 벡터 $\mathbf{u}, \mathbf{v} \in U$와 $k \in R$에 대하여 다음 두 조건이 성립할 때, T를 U에서 V로의 **선형사상**(linear mapping)이라 한다.

(a) $T(\mathbf{u}+\mathbf{v}) = T(\mathbf{u}) + T(\mathbf{v})$

(b) $T(k\mathbf{u}) = kT(\mathbf{u})$

특히 U에서 U 자신으로의 선형사상 $T: U \to U$를 U 위의 **선형변환**(linear transformation) 또는 **선형작용소**(linear operator)라고 한다.

예제 1 행렬 A를 $m \times n$ 행렬이라 하고, 사상 $T: R^n \to R^m$을 $T(\mathbf{u}) = A\mathbf{u}$ $(\mathbf{u} \in R^n)$로 정의하면, T는 선형사상이다. 실제로 R^n의 두 벡터 $\mathbf{u}$, $\mathbf{v}$와 스칼라 k에 대하여 다음이 성립한다.

$$T(\mathbf{u}+\mathbf{v}) = A(\mathbf{u}+\mathbf{v}) = A\mathbf{u} + A\mathbf{v} = T(\mathbf{u}) + T(\mathbf{v}),$$
$$T(k\mathbf{u}) = A(k\mathbf{u}) = k(A\mathbf{u}) = kT(\mathbf{u})$$

■

예제 2 U, V를 벡터공간이라 하자. 사상 $T: U \to V$는 U 내의 모든 벡터 $\mathbf{u}$에 대하여 $T(\mathbf{u}) = 0$일 때, U의 두 벡터 $\mathbf{u}$, $\mathbf{v}$와 스칼라 k에 대하여

$$T(\mathbf{u}+\mathbf{v}) = 0, \quad T(\mathbf{u}) = 0,$$
$$T(\mathbf{v}) = 0, \quad T(k\mathbf{u}) = 0$$

이 성립하므로

$$T(\mathbf{u}+\mathbf{v}) = T(\mathbf{u}) + T(\mathbf{v}),$$
$$T(k\mathbf{u}) = kT(\mathbf{u})$$

이다. 따라서 T는 선형사상이다. 이때 T를 **영변환**(zero transformation)이라 한다. ■

예제 3 사상 $T: R^3 \to R^3$을 xy평면으로의 **정사영**(projection)이라 하자. 즉 $T(x, y, z) = (x, y, 0)$이라 정의하면 T는 선형사상이다. ■

예제 4 V를 벡터공간이라 하자. 사상 $T: V \to V$의 모든 벡터 $\mathbf{u}$에 대하여 $T(\mathbf{u}) = \mathbf{u}$

를 만족할 때 T는 선형사상이다. 이때 T를 **항등변환**(identity transformation)이라 한다. ■

예제 5 사상 $T: R^3 \to R^3$을 $T(x, y, z) = (kx, ky, kz)$, $k \in R$와 같이 정의하면 T는 선형변환이다. 이때 만일 $k > 1$이면 T를 R^3의 **팽창**(dilation)이라 하고, $0 < k < 1$이면 T를 R^3의 **수축**(contraction)이라 한다. ■

예제 3, 4, 5에서 T가 선형사상인 것의 증명은 연습문제로 남긴다.

정의 5.7 벡터공간 U, V에 대하여 사상 $T: U \to V$가 선형사상일 때, V의 영벡터를 상으로 하는 U의 모든 벡터들의 집합을 T의 **핵**(kernel)이라 하고, $\ker(T)$로 나타낸다. 즉

$$\ker(T) = \{\mathbf{u} \in U \mid T(\mathbf{u}) = \mathbf{0}\}$$

이다. 또 U의 모든 벡터들의 상이 되는 V의 모든 벡터들의 집합을 T의 **치역**(range)이라 하고, $R(T)$로 표시한다. 즉

$$R(T) = \{T(\mathbf{u}) \in V \mid \mathbf{u} \in U\}$$

이다.

예제 6 $T: R^3 \to R^3$을 $T(x, y, z) = (x + 2y - z,\ y + z,\ x + y - 2z)$로 정의하자. 이때 $\ker(T)$를 구해보자.

풀이 $\ker(T) = \{\mathbf{x} \in R^3 \mid T(\mathbf{x}) = \mathbf{0}\}$이므로

$$x + 2y - z = 0, \quad y + z = 0, \quad x + y - 2z = 0$$

이다. $x - 3z = 0$에서 $z = s$ (s: 임의의 실수)라 놓으면, $x = 3s$, $y = -s$이다. 따라서

$$\ker(T) = \{(3s, -s, s) \in R^3 \mid s : \text{임의의 실수}\}$$

이다. ■

정리 5.8 U, V를 벡터공간이라 하고 $T: U \to V$가 선형사상이라 할 때 다음이 성립한다.

(a) $\ker(T) = \{\mathbf{u} \in U \mid T(\mathbf{u}) = \mathbf{0}\}$는 U의 부분공간이다.

(b) $R(T) = \{T(\mathbf{u}) \in V \mid \mathbf{u} \in U\}$는 V의 부분공간이다.

증명 (a) $\mathbf{0} \in \ker(T)$이므로 $\ker(T) \neq \varnothing$이다.

$\mathbf{u}_1, \mathbf{u}_2 \in \ker(T)$에 대하여 $\mathbf{u}_1 + \mathbf{u}_2 \in \ker(T)$임을 보이자.

$$T(\mathbf{u}_1 + \mathbf{u}_2) = T(\mathbf{u}_1) + T(\mathbf{u}_2) = \mathbf{0} + \mathbf{0} = \mathbf{0}$$

이므로 $\mathbf{u}_1 + \mathbf{u}_2 \in \ker(T)$이다. 또한 임의의 스칼라 k에 대하여

$$T(k\mathbf{u}_1) = kT(\mathbf{u}_1) = k\mathbf{0} = \mathbf{0}$$

이므로 $k\mathbf{u}_1 \in \ker(T)$이다. 그러므로 $\ker(T)$는 U의 부분공간이다.

(b) $T(\mathbf{0}) \in R(T)$이므로 $R(T) \neq \varnothing$이다.

만약 $\mathbf{v}_1, \mathbf{v}_2 \in R(T)$이면, $T(\mathbf{u}_1) = \mathbf{v}_1$이고 $T(\mathbf{u}_2) = \mathbf{v}_2$인 $\mathbf{u}_1, \mathbf{u}_2 \in U$가 존재한다. 따라서

$$\mathbf{v}_1 + \mathbf{v}_2 = T(\mathbf{u}_1) + T(\mathbf{u}_2) = T(\mathbf{u}_1 + \mathbf{u}_2)$$

이므로 $\mathbf{v}_1 + \mathbf{v}_2$는 $R(T)$에 속한다. 또한 임의의 스칼라 k에 대하여

$$k\mathbf{v}_1 = kT(\mathbf{u}_1) = T(k\mathbf{u}_1)$$

이므로 $k\mathbf{v}_1$도 $R(T)$에 속하고 $R(T)$는 V의 부분공간이다. ■

정리 5.9 U, V를 벡터공간이라 하고 $T: U \to V$가 선형사상이라 할 때 다음이 성립한다.

(a) 임의의 $\mathbf{u}_1, \mathbf{u}_2 \in U$에 대하여

$$T(\mathbf{u}_1) = T(\mathbf{u}_2) \Leftrightarrow \mathbf{u}_1 - \mathbf{u}_2 \in \ker(T)$$

(b) $\ker(T) = \{\mathbf{0}\} \Leftrightarrow T$는 일대일 사상이다.

(c) $R(T) = V \Leftrightarrow T$는 위로의 사상이다.

증명 (a) $T(0) = T(0+0) = T(0) + T(0)$이므로 $T(0) = 0$ 이다. 임의의 $\mathbf{u}_1, \mathbf{u}_2 \in U$에 대해 $T(\mathbf{u}_1) + T(-\mathbf{u}_2) = T(\mathbf{u}_1 + (-\mathbf{u}_2)) = T(0) = 0$이므로 $T(-\mathbf{u}_2) = -T(\mathbf{u}_2)$이다. 따라서

$$T(\mathbf{u}_1) = T(\mathbf{u}_2) \Leftrightarrow T(\mathbf{u}_1) - T(\mathbf{u}_2) = 0$$
$$\Leftrightarrow T(\mathbf{u}_1 - \mathbf{u}_2) = 0$$
$$\Leftrightarrow \mathbf{u}_1 - \mathbf{u}_2 \in \ker(T)$$

이다.

(b) 먼저 $\ker(T) = \{0\}$이면, $T(\mathbf{u}_1) = T(\mathbf{u}_2)$일 때 $\mathbf{u}_1 = \mathbf{u}_2$임을 보이자.
$T(\mathbf{u}_1) = T(\mathbf{u}_2)$이면 (a)와 $\ker(T) = \{0\}$으로부터 $\mathbf{u}_1 - \mathbf{u}_2 = 0$이다. 따라서 $\mathbf{u}_1 = \mathbf{u}_2$이므로, T는 일대일 사상이다. 역으로 T가 일대일 사상이면, (a)의 증명과정에서 $T(0) = 0$으로부터

$$\mathbf{u} \in \ker(T) \Rightarrow T(\mathbf{u}) = 0 = T(0) \Rightarrow \mathbf{u} = 0$$

이므로 $\ker(T) = \{0\}$이다.

(c) 정의에 의하여 명백하다. ■

U, V를 벡터공간이라 하자. $\{\mathbf{u}_1, \mathbf{u}_2, \cdots, \mathbf{u}_n\}$을 U의 기저라 하고, $T : U \to V$를 선형사상이라 하자. U의 임의의 벡터 $\mathbf{u} = k_1\mathbf{u}_1 + k_2\mathbf{u}_2 + \cdots + k_n\mathbf{u}_n (k_1, k_2, \cdots, k_n$: 스칼라)의 상은 $T(\mathbf{u}) = k_1T(\mathbf{u}_1) + k_2T(\mathbf{u}_2) + \cdots + k_nT(\mathbf{u}_n)$으로부터 얻을 수 있다. 다시 말해 $U = \langle \mathbf{u}_1, \mathbf{u}_2, \cdots, \mathbf{u}_n \rangle$이면

$$T(U) = \langle T(\mathbf{u}_1), T(\mathbf{u}_2), \cdots, T(\mathbf{u}_n) \rangle$$

이다.

예제 7 R^3의 표준기저 $\{\mathbf{e}_1, \mathbf{e}_2, \mathbf{e}_3\}$에 대해 $\mathbf{e}_1 \to (2, 0, 0)$, $\mathbf{e}_2 \to (0, 1, 1)$, $\mathbf{e}_3 \to (1, 1, 1)$인 R^3의 선형사상을 찾아라.

풀이 $\mathbf{x} = (x_1, x_2, x_3) \in R^3$이면, $\mathbf{x} = x_1\mathbf{e}_1 + x_2\mathbf{e}_2 + x_3\mathbf{e}_3$로 쓸 수 있고

$$
\begin{aligned}
T(\mathbf{x}) &= x_1 T(\mathbf{e}_1) + x_2 T(\mathbf{e}_2) + x_3 T(\mathbf{e}_3) \\
&= x_1(2,\ 0,\ 0) + x_2(0,\ 1,\ 1) + x_3(1,\ 1,\ 1) \\
&= (2x_1 + x_3,\ x_2 + x_3,\ x_2 + x_3)
\end{aligned}
$$

이다. 그러나 $T(\mathbf{e}_1)$, $T(\mathbf{e}_2)$, $T(\mathbf{e}_3)$는 R^3의 기저는 아니다. ■

> **정의 5.10** U, V를 벡터공간이라 하고 $T : U \to V$가 선형사상이면, $\dim\{R(T)\}$와 $\dim\{\ker(T)\}$를 각각 T의 **계수(rank)** 및 **퇴화수(nullity)**라 한다.

다음 정리는 주어진 선형사상에서 핵(kernel)의 차원, 치역(range)의 차원, 그리고 정의역(domain)의 차원과의 관계를 보여준다.

> **정리 5.11** U, V를 벡터공간이라 하고 $T : U \to V$가 선형사상이면,
>
> $$\dim\{\ker(T)\} + \dim\{R(T)\} = \dim U \tag{5.1}$$
>
> 이다.

증명 만약 T가 영변환이면, $\ker(T) = U$이고 $R(T) = \{\mathbf{0}\}$이다. 따라서 식 (5.1)이 성립한다. T가 영변환이 아니라고 가정하고, $n = \dim U$, $l = \dim\{\ker(T)\}$, 그리고 $1 \le l < n$이라 하자. 그러면 $\dim\{R(T)\} = n - l$임을 보이면 된다. $\{\mathbf{u}_1, \mathbf{u}_2, \cdots, \mathbf{u}_l\}$를 $\ker(T)$의 기저라 하면 $\ker(T)$가 U의 부분공간이고, 이 기저는 U의 기저

$$S = \{\mathbf{u}_1, \mathbf{u}_2, \cdots, \mathbf{u}_l, \mathbf{u}_{l+1}, \cdots, \mathbf{u}_n\}$$

으로 확장할 수 있다.

$F = \{T(\mathbf{u}_{l+1}), T(\mathbf{u}_{l+2}), \cdots, T(\mathbf{u}_n)\}$이 $R(T)$의 기저임을 보이면 식 (5.1)이 성립함을 보이는 것이다. 먼저 F가 $R(T)$를 생성함을 보이자. $\mathbf{v}$가 $R(T)$의 임의의 원소라면 $\mathbf{v} = T(\mathbf{u})$인 $\mathbf{u}$가 U 속에 존재한다. S가 U의 기저이므로 실수 $k_i\ (i = 1,\ 2,\ \cdots,\ n)$에 대하여

$$\mathbf{u} = k_1\mathbf{u}_1 + k_2\mathbf{u}_2 + \cdots + k_n\mathbf{u}_n$$

으로 쓸 수 있다. 그러면 $\mathbf{u}_1, \mathbf{u}_2, \cdots, \mathbf{u}_l$이 $\ker(T)$에 속하므로

$$\begin{aligned}\mathbf{v} &= T(\mathbf{u}) \\ &= T(k_1\mathbf{u}_1 + k_2\mathbf{u}_2 + \cdots + k_l\mathbf{u}_l + k_{l+1}\mathbf{u}_{l+1} + \cdots + k_n\mathbf{u}_n) \\ &= k_1 T(\mathbf{u}_1) + k_2 T(\mathbf{u}_2) + \cdots + k_l T(\mathbf{u}_l) + k_{l+1} T(\mathbf{u}_{l+1}) + \cdots + k_n T(\mathbf{u}_n) \\ &= k_{l+1} T(\mathbf{u}_{l+1}) + \cdots + k_n T(\mathbf{u}_n)\end{aligned}$$

이 되어 F는 $R(T)$를 생성한다. 이제 F가 1차독립임을 보이자.

$$k_{l+1} T(\mathbf{u}_{l+1}) + k_{l+2} T(\mathbf{u}_{l+2}) + \cdots + k_n T(\mathbf{u}_n) = 0 \tag{5.2}$$

라고 두면,

$$T(k_{l+1}\mathbf{u}_{l+1} + k_{l+2}\mathbf{u}_{l+2} + \cdots + k_n\mathbf{u}_n) = 0$$

이므로 벡터 $k_{l+1}\mathbf{u}_{l+1} + \cdots + k_n\mathbf{u}_n$은 $\ker(T)$에 속한다.

이것은 $\ker(T)$의 기저들로 표현 가능하므로, 실수 d_i $(i = 1, 2, \cdots, l)$에 대하여

$$k_{l+1}\mathbf{u}_{l+1} + \cdots + k_n\mathbf{u}_n = d_1\mathbf{u}_1 + d_2\mathbf{u}_2 + \cdots + d_l\mathbf{u}_l$$

이 된다.

$$d_1\mathbf{u}_1 + d_2\mathbf{u}_2 + \cdots + d_l\mathbf{u}_l - k_{l+1}\mathbf{u}_{l+1} - \cdots - k_n\mathbf{u}_n = 0$$

에서 S가 1차독립이므로

$$d_1 = d_2 = \cdots = d_l = k_{l+1} = \cdots = k_n = 0$$

이다. 그러므로 F는 1차독립임을 알 수 있다. ■

특수한 경우로서 $U = R^n$, $V = R^m$일 때 $T : R^n \to R^m$는 $m \times n$ 행렬 A에 의한 곱이면 정리 5.11에 의하여 다음 결과를 얻는다.

$$\begin{aligned}T\text{의 퇴화수} &= n - (T\text{의 계수}) \\ &= (A\text{의 열의 수}) - (T\text{의 계수})\end{aligned}$$

연습문제 5.2

1 다음 중 선형사상을 찾아라.

(1) 사상 $T: R^2 \to R^3$는 $T(x,\ y) = (x+1,\ y,\ x+y)$이다.

(2) 사상 $T: R^3 \to R^3$는 $T(x,\ y,\ z) = (x+y,\ y,\ x-z)$이다.

(3) 사상 $T: R^2 \to R^2$는 $T(x,\ y) = (x^2+x,\ y-y^2)$이다.

2 다음 사상이 선형사상임을 보여라.

(1) 사상 $T: R^2 \to R^2$는 $T(x,\ y) = (x+y,\ x)$이다.

(2) 사상 $T: R^3 \to R$는 $T(x,\ y,\ z) = 2x-3y+4z$이다.

3 다음 사상이 선형사상이 아님을 보여라.

(1) 사상 $T: R^2 \to R$는 $T(x,\ y) = xy$이다.

(2) 사상 $T: R^3 \to R^2$는 $T(x,\ y,\ z) = (|x|,\ 0)$이다.

4 선형사상 $T: R^2 \to R$가 $T(1,\ 1) = 3$, $T(0,\ 1) = -2$일 때, $T(a,\ b)$의 값을 구하여라. 여기서 $\{(1,\ 1),\ (0,\ 1)\}$는 R^2의 기저이다.

5 $T: R^3 \to R^3$가 $T(x,\ y,\ z) = (x+2y-z,\ y+z,\ x+y-2z)$로 정의되는 선형사상일 때, 다음 물음에 답하여라.

(1) $R(T)$의 차원과 기저를 구하여라.

(2) $\ker(T)$의 차원과 기저를 구하여라.

6 선형사상 $T: U \to V$가 단사일 필요충분조건은

$$\dim\{R(T)\} = \dim U$$

임을 증명하여라.

7 예제 3, 4, 5에서 T가 선형사상임을 증명하여라.

5.3 선형사상의 행렬표현

이 절에서는 유한차원 벡터공간에서의 선형사상을 행렬변환으로 생각할 수 있음을 보인다. $T : R^n \to R^m$이 선형사상이면 T가 $m \times n$ 행렬 A의 곱이 되도록 구할 수 있다. 즉 R^n의 벡터 $\mathbf{x}$에 대하여 $T(\mathbf{x}) = A\mathbf{x}$를 만족하는 A를 구할 수 있다. 예를 들어 $\mathbf{e}_1$, $\mathbf{e}_2$를 R^2의 표준기저, A를 $T(\mathbf{e}_1)$, $T(\mathbf{e}_2)$를 열로 갖는 2×2 행렬이라 하고, $\mathbf{x} = (x_1, x_2)$를 R^2의 벡터, 선형변환 $T : R^2 \to R^2$가

$$T\left(\begin{bmatrix} x_1 \\ x_2 \end{bmatrix}\right) = \begin{bmatrix} 2x_1 + x_2 \\ -x_1 + 3x_2 \end{bmatrix}$$

으로 주어졌다고 하자. 이때

$$T(\mathbf{e}_1) = T\left(\begin{bmatrix} 1 \\ 0 \end{bmatrix}\right) = \begin{bmatrix} 2 \\ -1 \end{bmatrix}, \qquad T(\mathbf{e}_2) = T\left(\begin{bmatrix} 0 \\ 1 \end{bmatrix}\right) = \begin{bmatrix} 1 \\ 3 \end{bmatrix}$$

이면

$$A = \begin{bmatrix} 2 & 1 \\ -1 & 3 \end{bmatrix}$$

이다. 여기서 $T : R^2 \to R^2$는 A에 의한 행렬변환임을 다음 식을 통해서 알 수 있다.

$$\mathbf{x} = \begin{bmatrix} x_1 \\ x_2 \end{bmatrix} = x_1\mathbf{e}_1 + x_2\mathbf{e}_2$$

이고 T는 선형사상이므로

$$T(\mathbf{x}) = x_1 T(\mathbf{e}_1) + x_2 T(\mathbf{e}_2)$$

가 성립한다. 또

$$\begin{aligned} A\mathbf{x} &= \begin{bmatrix} 2 & 1 \\ -1 & 3 \end{bmatrix}\begin{bmatrix} x_1 \\ x_2 \end{bmatrix} = \begin{bmatrix} 2x_1 + x_2 \\ -x_1 + 3x_2 \end{bmatrix} = x_1\begin{bmatrix} 2 \\ -1 \end{bmatrix} + x_2\begin{bmatrix} 1 \\ 3 \end{bmatrix} \\ &= x_1 T(\mathbf{e}_1) + x_2 T(\mathbf{e}_2) \end{aligned}$$

가 성립하므로 $T(\mathbf{x}) = A\mathbf{x}$이다. 이때 A를 T에 대한 **표준행렬(standard matrix for T)**이라 한다.

일반적으로 선형사상 $T : R^n \to R^m$에 대하여 $\mathbf{e}_1, \mathbf{e}_2, \cdots, \mathbf{e}_n$를 R^n의 표준기저, A를

$T(\mathbf{e}_1)$, $T(\mathbf{e}_2)$, $\cdots$, $T(\mathbf{e}_n)$를 열로 갖는 $m \times n$ 행렬이라 하면

$$T(\mathbf{e}_1) = \begin{bmatrix} a_{11} \\ a_{21} \\ \vdots \\ a_{m1} \end{bmatrix}, \quad T(\mathbf{e}_2) = \begin{bmatrix} a_{12} \\ a_{22} \\ \vdots \\ a_{m2} \end{bmatrix}, \quad \cdots, \quad T(\mathbf{e}_n) = \begin{bmatrix} a_{1n} \\ a_{2n} \\ \vdots \\ a_{mn} \end{bmatrix}$$

이고 T에 대한 표준행렬은 다음과 같다.

$$A = \begin{bmatrix} a_{11} & a_{12} & \cdots & a_{1n} \\ a_{21} & a_{22} & \cdots & a_{2n} \\ \vdots & \vdots & & \vdots \\ a_{m1} & a_{m2} & \cdots & a_{mn} \end{bmatrix}$$

정의 5.12 V가 기저 $S = \{\mathbf{x}_1, \mathbf{x}_2, \cdots, \mathbf{x}_n\}$를 갖는 n차원 벡터공간이라 하자. V의 임의의 벡터 $\mathbf{x}$가 1차결합 $\mathbf{x} = a_1\mathbf{x}_1 + a_2\mathbf{x}_2 + \cdots + a_n\mathbf{x}_n$으로 표시되면, R^n의 벡터

$$[\mathbf{x}]_S = \begin{bmatrix} a_1 \\ a_2 \\ \vdots \\ a_n \end{bmatrix}$$

을 기저 S에 관한 $\mathbf{x}$의 **좌표벡터(coordinate vector)**라고 한다. 또 $[\mathbf{x}]_S$의 성분 a_1, a_2, $\cdots$, a_n을 S에 관한 **좌표(coordinate)**라 한다.

위에서 정의한 좌표벡터는 주어진 벡터공간의 기저를 이루는 원소들의 순서에 따라 다르게 나타난다.

예제 8 $S = \{\mathbf{x}_1, \mathbf{x}_2, \mathbf{x}_3\}$를 R^3의 기저라 하자. 여기서

$$\mathbf{x}_1 = \begin{bmatrix} 1 \\ -1 \\ 0 \end{bmatrix}, \quad \mathbf{x}_2 = \begin{bmatrix} 0 \\ 1 \\ 1 \end{bmatrix}, \quad \mathbf{x}_3 = \begin{bmatrix} 1 \\ -1 \\ 1 \end{bmatrix}$$

이다. $\mathbf{x} = \begin{bmatrix} 1 \\ 2 \\ 2 \end{bmatrix}$일 때, 벡터 $\mathbf{x}$의 좌표벡터 $[\mathbf{x}]_S$를 구하여라.

풀이 $[\mathbf{x}]_S$를 구하기 위해서는 $\begin{bmatrix}1\\2\\2\end{bmatrix} = k_1\mathbf{x}_1 + k_2\mathbf{x}_2 + k_3\mathbf{x}_3$을 만족하는 k_1, k_2, k_3를 찾아야 한다. 위 식에서 선형연립방정식

$$\begin{bmatrix} 1 & 0 & 1 \\ -1 & 1 & -1 \\ 0 & 1 & 1 \end{bmatrix}\begin{bmatrix}k_1\\k_2\\k_3\end{bmatrix} = \begin{bmatrix}1\\2\\2\end{bmatrix}$$

로부터, 해는 $k_1 = 2$, $k_2 = 3$, $k_3 = -1$이다. 따라서 좌표벡터는

$$[\mathbf{x}]_S = \begin{bmatrix}2\\3\\-1\end{bmatrix}$$

이다. ■

예제 9 S가 R^n의 표준기저이고, $\mathbf{x} = (x_1, x_2, \cdots, x_n)$가 R^n의 벡터이면

$$[\mathbf{x}]_S = (x_1, x_2, \cdots, x_n)^T$$

이다. ■

정리 5.13 $T: U \to V$를 n차원 벡터공간 U에서 m차원 벡터공간 V로 가는 선형사상이라 하고,

$$G = \{\mathbf{x}_1, \mathbf{x}_2, \cdots, \mathbf{x}_n\}, \qquad S = \{\mathbf{y}_1, \mathbf{y}_2, \cdots, \mathbf{y}_m\}$$

를 각각 U와 V의 기저라 하자. 그러면 j열이 S에 관한 $T(\mathbf{x}_j)$의 좌표벡터 $[T(\mathbf{x}_j)]_S$인 $m \times n$ 행렬 A가 T에 대응되고, 다음과 같은 성질을 갖는다. $\mathbf{x}$가 U의 원소일 때 $\mathbf{y} = T(\mathbf{x})$이면, 각각의 기저 G와 S에 관한 $\mathbf{x}$와 $\mathbf{y}$의 좌표벡터 $[\mathbf{x}]_G$와 $[\mathbf{y}]_S$에 대하여

$$[\mathbf{y}]_S = A[\mathbf{x}]_G \tag{5.3}$$

이다. 또한 A는 이 성질을 만족하는 유일한 행렬이다.

증명 U는 $G=\{\mathbf{x}_1, \mathbf{x}_2, \cdots, \mathbf{x}_n\}$을 기저로 갖는 n차원 공간이고, V는 $S=\{\mathbf{y}_1, \mathbf{y}_2, \cdots, \mathbf{y}_m\}$을 기저로 갖는 m차원 공간이므로, U의 모든 벡터 $\mathbf{x}$에 대하여 식 (5.3)이 성립하는 $m \times n$ 행렬 A를 구하면 된다. 더욱이 U의 기저 G의 벡터 $\mathbf{x}_i\,(i=1, 2, \cdots, n)$에 대하여

$$A[\mathbf{x}_i]_G = [T(\mathbf{x}_i)]_S$$

를 만족하기를 원한다. 그런데

$$T(\mathbf{x}_i) = \begin{bmatrix} a_{1i} \\ a_{2i} \\ \vdots \\ a_{ni} \end{bmatrix}$$

일 때,

$$[\mathbf{x}_i]_G = \begin{bmatrix} 0 \\ 0 \\ \vdots \\ 0 \\ 1 \\ 0 \\ \vdots \\ 0 \end{bmatrix}$$

이므로 행렬 A의 i열을

$$\begin{bmatrix} a_{1i} \\ a_{2i} \\ \vdots \\ a_{ni} \end{bmatrix}$$

로 취하면 $A[\mathbf{x}_i]_G = [T(\mathbf{x}_i)]_S$이다.

$i=1, 2, \cdots, n$에 대하여 $A[\mathbf{x}_i]_G = [T(\mathbf{x}_i)]_S$가 성립하므로,

$$A = \begin{bmatrix} a_{11} & a_{12} & \cdots & a_{1n} \\ a_{21} & a_{22} & \cdots & a_{2n} \\ \vdots & \vdots & & \vdots \\ a_{m1} & a_{m2} & \cdots & a_{mn} \end{bmatrix}$$

이고 $A[\mathbf{x}]_G = [\mathbf{y}]_S$가 성립한다. 행렬 A가 유일한 것은 독자에게 맡긴다. ■

따라서 정리 5.13의 $\mathbf{y} = T(\mathbf{x})$는 다음과 같은 3단계로 구할 수 있다.

(1) 좌표벡터 $[\mathbf{x}]_G$를 계산한다.

(2) 행렬 A의 오른쪽에 $[\mathbf{x}]_G$를 곱하여 $[T(\mathbf{x})]_S$를 구한다.

(3) 좌표벡터 $[T(\mathbf{x})]_S$에서 $T(\mathbf{x})$를 구한다.

정의 5.14 정리 5.13에서 얻은 유일한 행렬 A를 기저 G와 S에 관한 T의 **표현행렬**(representation matrix)이라 하고, 이 행렬은

$$A = \left[\,[T(\mathbf{x}_1)]_S \mid [T(\mathbf{x}_2)]_S \mid \cdots \mid [T(\mathbf{x}_n)]_S\right]$$

로 나타낸다. 또 식 (5.3)은 기저 G와 S에 관한 T의 **표현**(representation)이라 한다.

예제 10 $T : R^3 \to R^2$를

$$T\begin{bmatrix} x \\ y \\ z \end{bmatrix} = \begin{bmatrix} x+y \\ y-z \end{bmatrix}$$

와 같이 정의하고,

$$G = \{\mathbf{x}_1, \mathbf{x}_2, \mathbf{x}_3\}, \quad S = \{\mathbf{y}_1, \mathbf{y}_2\}$$

를 각각 R^3과 R^2의 기저라 할 때 G와 S에 관한 T의 표현행렬을 구하여라.

$$\mathbf{x}_1 = \begin{bmatrix} 1 \\ 0 \\ 1 \end{bmatrix}, \quad \mathbf{x}_2 = \begin{bmatrix} 0 \\ 1 \\ 1 \end{bmatrix}, \quad \mathbf{x}_3 = \begin{bmatrix} 1 \\ 1 \\ 1 \end{bmatrix}$$

$$\mathbf{y}_1 = \begin{bmatrix} 1 \\ 2 \end{bmatrix}, \quad \mathbf{y}_2 = \begin{bmatrix} -1 \\ 1 \end{bmatrix}$$

풀이

$$T(\mathbf{x}_1) = \begin{bmatrix} 1 \\ -1 \end{bmatrix} = 0\mathbf{y}_1 - \mathbf{y}_2, \quad [T(\mathbf{x}_1)]_S = \begin{bmatrix} 0 \\ -1 \end{bmatrix}$$

$$T(\mathbf{x}_2) = \begin{bmatrix} 1 \\ 0 \end{bmatrix} = \frac{1}{3}\mathbf{y}_1 - \frac{2}{3}\mathbf{y}_2, \quad [T(\mathbf{x}_2)]_S = \begin{bmatrix} \frac{1}{3} \\ -\frac{2}{3} \end{bmatrix}$$

$$T(\mathbf{x}_3) = \begin{bmatrix} 2 \\ 0 \end{bmatrix} = \frac{2}{3}\mathbf{y}_1 - \frac{4}{3}\mathbf{y}_2, \quad [T(\mathbf{x}_3)]_S = \begin{bmatrix} \frac{2}{3} \\ -\frac{4}{3} \end{bmatrix}$$

이므로 T의 표현행렬 A는 다음과 같다.

$$A = \begin{bmatrix} 0 & \frac{1}{3} & \frac{2}{3} \\ -1 & -\frac{2}{3} & -\frac{4}{3} \end{bmatrix}$$

■

정의 5.15 $T : V \to V$가 선형변환이고 $S = \{\mathbf{x}_1, \mathbf{x}_2, \cdots, \mathbf{x}_n\}$이 V의 기저이면 $T(\mathbf{x}_1)$, $T(\mathbf{x}_2)$, $\cdots$, $T(\mathbf{x}_n)$은 V의 벡터들이고,

$$\begin{aligned} T(\mathbf{x}_1) &= a_{11}\mathbf{x}_1 + a_{12}\mathbf{x}_2 + \cdots + a_{1n}\mathbf{x}_n \\ T(\mathbf{x}_2) &= a_{21}\mathbf{x}_1 + a_{22}\mathbf{x}_2 + \cdots + a_{2n}\mathbf{x}_n \\ &\vdots \\ T(\mathbf{x}_n) &= a_{n1}\mathbf{x}_1 + a_{n2}\mathbf{x}_2 + \cdots + a_{nn}\mathbf{x}_n \end{aligned} \tag{5.4}$$

으로 쓸 수 있다. 이때 식 (5.4)의 계수행렬의 전치행렬을 기저 S에 관한 T의 표현행렬이라 하고 $[T]_S$로 쓴다. 따라서

$$[T]_S = \begin{bmatrix} a_{11} & a_{21} & \cdots & a_{n1} \\ a_{12} & a_{22} & \cdots & a_{n2} \\ \vdots & \vdots & & \vdots \\ a_{1n} & a_{2n} & \cdots & a_{nn} \end{bmatrix}$$

이다.

연습문제 5.3

1. $S = \{\mathbf{x}_1, \mathbf{x}_2\}$를 R^2의 기저라 하자. 여기서

$$\mathbf{x}_1 = \begin{bmatrix} 1 \\ -1 \end{bmatrix}, \quad \mathbf{x}_2 = \begin{bmatrix} 2 \\ 3 \end{bmatrix}$$

이다. 이때 다음 벡터 $\mathbf{x}$의 좌표벡터 $[\mathbf{x}]_S$를 구하여라.

(1) $\mathbf{x} = \begin{bmatrix} -3 \\ -7 \end{bmatrix}$ (2) $\mathbf{x} = \begin{bmatrix} 3 \\ 7 \end{bmatrix}$

2. $S = \{\mathbf{x}_1, \mathbf{x}_2, \mathbf{x}_3\}$를 R^3의 기저라 하자. 여기서

$$\mathbf{x}_1 = \begin{bmatrix} 1 \\ 1 \\ 3 \end{bmatrix}, \quad \mathbf{x}_2 = \begin{bmatrix} -1 \\ 0 \\ 1 \end{bmatrix}, \quad \mathbf{x}_3 = \begin{bmatrix} 1 \\ 1 \\ 0 \end{bmatrix}$$

이다. 이때 다음 벡터 $\mathbf{x}$의 좌표벡터 $[\mathbf{x}]_S$를 구하여라.

(1) $\mathbf{x} = \begin{bmatrix} 2 \\ 2 \\ 3 \end{bmatrix}$ (2) $\mathbf{x} = \begin{bmatrix} -2 \\ 0 \\ -1 \end{bmatrix}$

3. $T : R^2 \to R^3$를

$$T\begin{bmatrix} x \\ y \end{bmatrix} = \begin{bmatrix} x - 2y \\ 2x + y \\ x + y \end{bmatrix}$$

와 같이 정의하고, G와 S를 각각 R^2와 R^3의 표준기저라 하자. 또 $G' = \{\mathbf{x}_1, \mathbf{x}_2\}$와 $S' = \{\mathbf{y}_1, \mathbf{y}_2, \mathbf{y}_3\}$이 각각 R^2과 R^3의 다음과 같은 다른 기저이다.

$$\mathbf{x}_1 = \begin{bmatrix} 1 \\ -1 \end{bmatrix}, \quad \mathbf{x}_2 = \begin{bmatrix} 0 \\ 1 \end{bmatrix}$$

$$\mathbf{y}_1 = \begin{bmatrix} 1 \\ 1 \\ 0 \end{bmatrix}, \quad \mathbf{y}_2 = \begin{bmatrix} 0 \\ 1 \\ 1 \end{bmatrix}, \quad \mathbf{y}_3 = \begin{bmatrix} 1 \\ -1 \\ 1 \end{bmatrix}$$

(1) 기저 G와 S에 관한 T의 표현행렬 A를 구하여라.

(2) 기저 G'와 S'에 관한 T의 표현행렬 A'를 구하여라.

❹ $T: R^3 \to R^3$가 다음과 같이 정의되는 선형변환이라 하자.

$$T(x, y, z) = (a_1x + a_2y + a_3z,\ b_1x + b_2y + b_3z,\ c_1x + c_2y + c_3z)$$

이때 R^3의 표준기저 $S = \{\mathbf{e}_1, \mathbf{e}_2, \mathbf{e}_3\}$에 관한 T의 표현행렬 $[T]_S$가 다음과 같이 주어짐을 보여라.

$$[T]_S = \begin{bmatrix} a_1 & a_2 & a_3 \\ b_1 & b_2 & b_3 \\ c_1 & c_2 & c_3 \end{bmatrix}$$

❺ $T: R^3 \to R^3$가 다음과 같이 정의되는 선형변환이라 하자.

$$T(x, y, z) = (2y + z,\ x - 4y,\ 3x)$$

(1) 기저 $S = \{(1, 1, 1), (1, 1, 0), (1, 0, 0)\}$에 관한 T의 표현행렬을 구하여라.

(2) 임의의 R^3의 벡터 $\mathbf{v}$에 대하여 $[T]_S[\mathbf{v}]_S = [T(\mathbf{v})]_S$임을 보여라.

5.4 기저의 변환과 행렬

5.3절에서 선형사상이 선택된 기저에 대하여 행렬로 표현됨을 알았다. 이제는 벡터공간의 한 기저 G에 관한 벡터 $\mathbf{x}$의 좌표벡터 $[\mathbf{x}]_G$로부터 새로운 기저 S에 관한 좌표벡터 $[\mathbf{x}]_S$를 어떻게 구하는지 알아보자.

만약 U를 2차원 벡터공간이라 하고,

$$G = \{\mathbf{x}_1, \mathbf{x}_2\}, \qquad S = \{\mathbf{y}_1, \mathbf{y}_2\}$$

를 서로 다른 기저라 하자.

$$\mathbf{x}_1 = a_{11}\mathbf{y}_1 + a_{12}\mathbf{y}_2$$

$$\mathbf{x}_2 = a_{21}\mathbf{y}_1 + a_{22}\mathbf{y}_2$$

이면 기저 S에 관한 G의 벡터들의 좌표벡터는 다음과 같다.

$$[\mathbf{x}_1]_S = \begin{bmatrix} a_{11} \\ a_{12} \end{bmatrix}, \qquad [\mathbf{x}_2]_S = \begin{bmatrix} a_{21} \\ a_{22} \end{bmatrix}$$

만약 U의 한 벡터 $\mathbf{u} = b_1\mathbf{x}_1 + b_2\mathbf{x}_2$를 기저 G에 관한 좌표벡터로 표현하면

$$[\mathbf{u}]_G = \begin{bmatrix} b_1 \\ b_2 \end{bmatrix}$$

이다. 기저 S에 관한 $\mathbf{u}$의 좌표벡터를 구하기 위하여 기저 S의 항으로 $\mathbf{u}$를 나타내야 한다. 따라서

$$\begin{aligned} \mathbf{u} &= b_1\mathbf{x}_1 + b_2\mathbf{x}_2 \\ &= b_1(a_{11}\mathbf{y}_1 + a_{12}\mathbf{y}_2) + b_2(a_{21}\mathbf{y}_1 + a_{22}\mathbf{y}_2) \\ &= (b_1a_{11} + b_2a_{21})\mathbf{y}_1 + (b_1a_{12} + b_2a_{22})\mathbf{y}_2 \end{aligned}$$

이므로 기저 S에 관한 $\mathbf{u}$의 좌표벡터는

$$\begin{aligned} [\mathbf{u}]_S &= \begin{bmatrix} b_1a_{11} + b_2a_{21} \\ b_1a_{12} + b_2a_{22} \end{bmatrix} \\ &= \begin{bmatrix} a_{11} & a_{21} \\ a_{12} & a_{22} \end{bmatrix} \begin{bmatrix} b_1 \\ b_2 \end{bmatrix} \end{aligned}$$

이다. 따라서

$$[\mathbf{u}]_S = \begin{bmatrix} a_{11} & a_{21} \\ a_{12} & a_{22} \end{bmatrix} [\mathbf{u}]_G$$

이다. 이 식은 기저 S에 관한 좌표벡터 $[\mathbf{u}]_S$가 기저 G에 관한 좌표벡터 $[\mathbf{u}]_G$의 왼쪽에 행렬 P를 곱하여 얻을 수 있다는 것을 의미한다. 여기서 행렬 P는 기저 S에 관한 기저 G의 좌표벡터를 각 열로 갖고 있다.

만약 U를 n차원 벡터공간이라 하고,

$$G = \{\mathbf{x}_1, \mathbf{x}_2, \cdots, \mathbf{x}_n\}, \qquad S = \{\mathbf{y}_1, \mathbf{y}_2, \cdots, \mathbf{y}_n\}$$

를 서로 다른 기저라 하자. 이때 벡터공간 U의 기저 G를 새로운 기저 S로 기저변환을 한다면 벡터 $\mathbf{u}$의 기저 G에 대한 좌표벡터를 $[\mathbf{u}]_G$, 기저 S에 대한 좌표벡터를 $[\mathbf{u}]_S$라 하면 다음과 같은 식이 성립한다.

$$[\mathbf{u}]_S = P[\mathbf{u}]_G$$

여기서 P를 기저 G에서 S로의 추이행렬(transition matrix)이라 한다.

예제 11 R^2에 대한 기저가 다음과 같을 때,

$$G = \{\mathbf{e}_1, \mathbf{e}_2\},\ \ \mathbf{e}_1 = (1, 0),\ \ \mathbf{e}_2 = (0, 1)$$
$$S = \{\mathbf{u}_1, \mathbf{u}_2\},\ \ \mathbf{u}_1 = (1, 1),\ \ \mathbf{u}_2 = (-1, 0)$$

(1) 기저 G에서 기저 S로의 추이행렬을 구하여라.

(2) 기저 S에서 기저 G로의 추이행렬을 구하여라.

풀이 (1) 먼저 기저 S에 관한 G의 벡터 $\mathbf{e}_1$, $\mathbf{e}_2$의 좌표행렬을 구해야 한다.

$$\mathbf{e}_1 = (1, 0) = 0(1, 1) - (-1, 0) = 0\mathbf{u}_1 - \mathbf{u}_2$$
$$\mathbf{e}_2 = (0, 1) = (1, 1) + (-1, 0) = \mathbf{u}_1 + \mathbf{u}_2$$

즉

$$[\mathbf{e}_1]_S = \begin{bmatrix} 0 \\ -1 \end{bmatrix}$$
$$[\mathbf{e}_2]_S = \begin{bmatrix} 1 \\ 1 \end{bmatrix}$$

이다. 따라서 기저 G에서 기저 S로의 추이행렬은

$$P = \begin{bmatrix} 0 & 1 \\ -1 & 1 \end{bmatrix}$$

이다.

(2) 기저 G에 관한 S의 기저벡터 $\mathbf{u}_1$, $\mathbf{u}_2$의 좌표행렬을 구해야 한다.

$$\begin{aligned} \mathbf{u}_1 &= (1, 1) = (1, 0) + (0, 1) \\ &= \mathbf{e}_1 + \mathbf{e}_2 \\ \mathbf{u}_2 &= (-1, 0) = -(1, 0) + 0(0, 1) \\ &= -\mathbf{e}_1 + 0\mathbf{e}_2 \end{aligned}$$

이므로 기저 S에서 기저 G로의 추이행렬은

$$Q = \begin{bmatrix} 1 & -1 \\ 1 & 0 \end{bmatrix}$$

이다. ■

예제 11에서 추이행렬 P와 Q는 다음의 관계가 성립한다.

$$QP = \begin{bmatrix} 1 & -1 \\ 1 & 0 \end{bmatrix} \begin{bmatrix} 0 & 1 \\ -1 & 1 \end{bmatrix} = \begin{bmatrix} 1 & 0 \\ 0 & 1 \end{bmatrix} = I$$

정리 5.16 벡터공간 V 내의 두 기저를

$$G = \{\mathbf{x}_1, \mathbf{x}_2, \cdots, \mathbf{x}_n\}, \qquad S = \{\mathbf{y}_1, \mathbf{y}_2, \cdots, \mathbf{y}_n\}$$

이라 하고, 행렬 P가 기저 G에서 기저 S로의 추이행렬이라면

(a) P는 가역적이다.

(b) P^{-1}는 기저 S에서 기저 G로의 추이행렬이다.

증명 Q는 기저 S에서 기저 G로의 추이행렬이라고 하자. V 내의 모든 벡터 $\mathbf{u}$에 대하여

$$[\mathbf{u}]_S = P[\mathbf{u}]_G \tag{5.5}$$

$$[\mathbf{u}]_G = Q[\mathbf{u}]_S \tag{5.6}$$

이다. 식 (5.5)를 식 (5.6)에 대입하면

$$[\mathbf{u}]_G = QP[\mathbf{u}]_G$$

$$[\mathbf{u}]_S = PQ[\mathbf{u}]_S$$

이므로 $QP = PQ = I$이다. 따라서 P는 가역적이고 $Q = P^{-1}$이다. ■

주어진 xy 직교좌표계를 원점을 중심으로 반시계방향으로 각 θ만큼 회전시켜 새로운 $x'y'$ 직교좌표계를 얻었다고 하자. 이때 평면상의 점 C는 xy 좌표계에 의한 좌표 (x, y)와 $x'y'$ 좌표계에 의한 좌표 (x', y')를 갖는다(그림 5.1).

x축과 y축의 양의 방향으로 단위벡터 $\mathbf{u}_1$과 $\mathbf{u}_2$, 또 x'축, y'축의 양의 방향으로 단위벡터 $\mathbf{u}_1'$과 $\mathbf{u}_2'$를 이용하여, 좌표계의 회전을 기저 $G = \{\mathbf{u}_1, \mathbf{u}_2\}$에서 새로운 기저 $S = \{\mathbf{u}_1', \mathbf{u}_2'\}$로의 변환으로 이해해보자(그림 5.2).

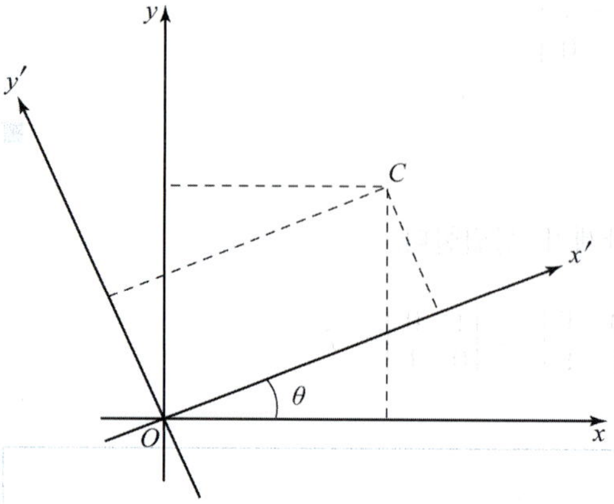

그림 5.1

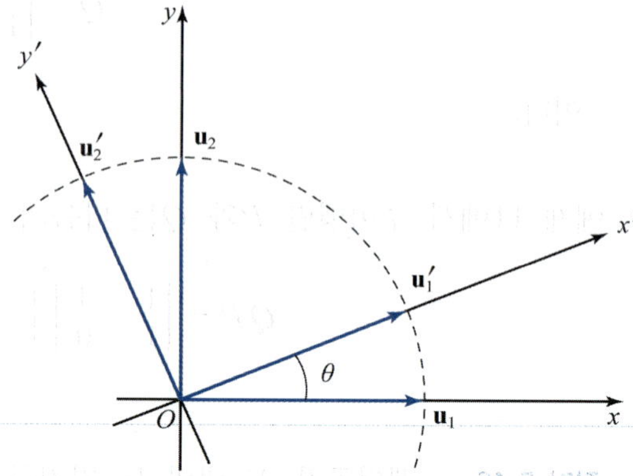

그림 5.2

한 점 C의 새로운 좌표 $(x',\ y')$과 좌표 $(x,\ y)$의 관계는

$$\begin{bmatrix} x' \\ y' \end{bmatrix} = \begin{bmatrix} \cos\theta & \sin\theta \\ -\sin\theta & \cos\theta \end{bmatrix} \begin{bmatrix} x \\ y \end{bmatrix}$$

을 만족하는데, 이를 확인하기 위해서는 기저 S에 관한 기저벡터 $\mathbf{u}_1$과 $\mathbf{u}_2$의 좌표벡터를 결정해야 한다.

그림 5.3과 같이 새로운 기저 $\mathbf{u}_1 = \cos\theta\, \mathbf{u}_1' + (-\sin\theta)\mathbf{u}_2'$이다. 즉

$$[\mathbf{u}_1]_S = \begin{bmatrix} \cos\theta \\ -\sin\theta \end{bmatrix}$$

이다. 마찬가지로 $\mathbf{u}_2 = \sin\theta\, \mathbf{u}_1' + \cos\theta\, \mathbf{u}_2'$이므로

$$[\mathbf{u}_2]_S = \begin{bmatrix} \sin\theta \\ \cos\theta \end{bmatrix}$$

이다. 그러므로 G에서 S로의 추이행렬 P는

$$P = \begin{bmatrix} \cos\theta & \sin\theta \\ -\sin\theta & \cos\theta \end{bmatrix}$$

이다. 따라서 다음

$$\begin{bmatrix} x' \\ y' \end{bmatrix} = \begin{bmatrix} \cos\theta & \sin\theta \\ -\sin\theta & \cos\theta \end{bmatrix} \begin{bmatrix} x \\ y \end{bmatrix}$$

이 성립한다.

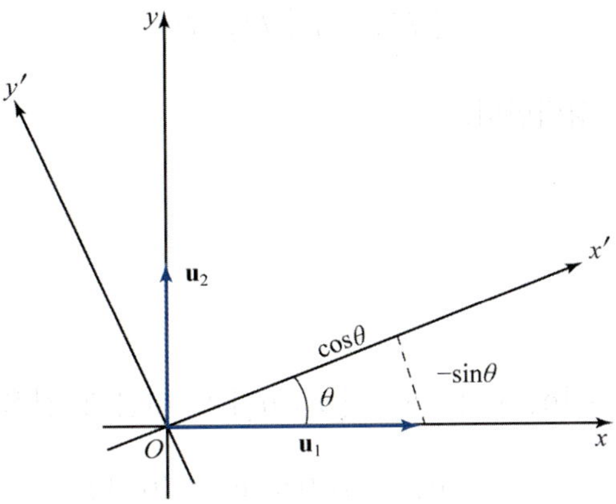

그림 5.3

예제 12 $T : R^2 \to R^2$인 선형변환을 다음과 같이 정의한다.

$$T(x,\ y) = (4x - 2y,\ 2x + y)$$

그리고 예제 11의 두 기저

$$G = \{\mathbf{e}_1 = (1,\ 0),\ \mathbf{e}_2 = (0,\ 1)\},\quad S = \{\mathbf{u}_1 = (1,\ 1),\ \mathbf{u}_2 = (-1,\ 0)\}$$

에 대하여

$$T(\mathbf{e}_1) = T(1,\ 0) = (4,\ 2) = 4\mathbf{e}_1 + 2\mathbf{e}_2$$
$$T(\mathbf{e}_2) = T(0,\ 1) = (-2,\ 1) = -2\mathbf{e}_1 + \mathbf{e}_2$$

이므로 $[T]_G = \begin{bmatrix} 4 & -2 \\ 2 & 1 \end{bmatrix}$이다. 또한

$$T(\mathbf{u}_1) = T(1,\ 1) = (2,\ 3) = 3\mathbf{u}_1 + \mathbf{u}_2$$
$$T(\mathbf{u}_2) = T(-1,\ 0) = (-4,\ -2) = -2\mathbf{u}_1 + 2\mathbf{u}_2$$

이므로 $[T]_S = \begin{bmatrix} 3 & -2 \\ 1 & 2 \end{bmatrix}$이다. 예제 11에서 추이행렬은 $P = \begin{bmatrix} 0 & 1 \\ -1 & 1 \end{bmatrix}$이고, 역행렬은 $P^{-1} = \begin{bmatrix} 1 & -1 \\ 1 & 0 \end{bmatrix}$이다. 이때

$$[T]_S = P[T]_G\ P^{-1} = \begin{bmatrix} 0 & 1 \\ -1 & 1 \end{bmatrix}\begin{bmatrix} 4 & -2 \\ 2 & 1 \end{bmatrix}\begin{bmatrix} 1 & -1 \\ 1 & 0 \end{bmatrix} = \begin{bmatrix} 3 & -2 \\ 1 & 2 \end{bmatrix}$$

임을 알 수 있고, 관계

$$[T]_S = P[T]_G\ P^{-1}$$

는 일반적인 경우에도 성립한다. ■

연습문제 5.4

1 R^2의 두 기저 $G = \{\mathbf{e}_1, \mathbf{e}_2\}$, $S = \{\mathbf{u}_1, \mathbf{u}_2\}$가 다음과 같을 때,

$$\mathbf{e}_1 = (1, 0),\ \ \mathbf{e}_2 = (0, 1)$$
$$\mathbf{u}_1 = (1, 1),\ \ \mathbf{u}_2 = (2, 1)$$

(1) 기저 G에서 기저 S로의 추이행렬 P를 구하여라.

(2) 벡터 $\mathbf{x} = (7, 2)$일 때 $[\mathbf{x}]_S$를 구하여라.

(힌트 : 식 $[\mathbf{x}]_S = P[\mathbf{x}]_G$를 이용하여라.)

2 $T : R^2 \to R^2$는 선형변환이고, $G = \{\mathbf{e}_1, \mathbf{e}_2\}$와 $S = \{\mathbf{u}_1, \mathbf{u}_2\}$를 다음과 같은 R^2의 두 기저라 하자.

$$\mathbf{e}_1 = (1, 0),\ \ \mathbf{e}_2 = (0, 1)$$
$$\mathbf{u}_1 = (1, 3),\ \ \mathbf{u}_2 = (2, 5)$$

(1) 기저 G에서 기저 S로의 추이행렬 P를 구하여라.

(2) 기저 S에서 기저 G로의 추이행렬 Q를 구하여라.

(3) $Q = P^{-1}$임을 보여라.

(4) 임의의 벡터 $\mathbf{x} \in R^2$에 대하여 $[\mathbf{x}]_S = P[\mathbf{x}]_G$임을 보여라.

(5) $T(x, y) = (2y, 3x - y)$로 정의될 때, $[T]_S = P[T]_G P^{-1}$임을 보여라.

3 $T : R^3 \to R^3$는 선형변환이고,

$$G = \{\mathbf{e}_1, \mathbf{e}_2, \mathbf{e}_3\}, \qquad S = \{\mathbf{u}_1, \mathbf{u}_2, \mathbf{u}_3\}$$

를 다음과 같은 R^3의 두 기저라 하자.

$$\mathbf{e}_1 = (1, 0, 0),\ \ \mathbf{e}_2 = (0, 1, 0),\ \ \mathbf{e}_3 = (0, 0, 1)$$

$$\mathbf{u}_1 = (1,\ 1,\ 1),\ \ \mathbf{u}_2 = (1,\ 1,\ 0),\ \ \mathbf{u}_3 = (1,\ 0,\ 0)$$

(1) 기저 G에서 기저 S로의 추이행렬 P를 구하여라.

(2) 기저 S에서 기저 G로의 추이행렬 Q를 구하여라.

(3) $Q = P^{-1}$임을 보여라.

(4) 임의의 벡터 $\mathbf{x} \in R^3$에 대하여 $[\mathbf{x}]_S = P[\mathbf{x}]_G$임을 보여라.

(5) $T(x,\ y,\ z) = (2y + z,\ x - 4y,\ 3x)$로 정의될 때,

$$[T]_S = P[T]_G P^{-1}$$

임을 보여라.

CHAPTER 6

고유값과 고유벡터

CHAPTER 6
고유값과 고유벡터

6.1 고유값과 고유벡터

A가 $n \times n$ 행렬이고 $T: R^n \to R^n$이 선형변환일 때, $T(\mathbf{x}) = A\mathbf{x}$라 하자. 벡터 $\mathbf{x}$가 $T(\mathbf{x})$와 서로 평행한 경우, 다시 말해 임의의 스칼라 λ에 대하여 $T(\mathbf{x}) = \lambda\mathbf{x}$와 같은 관계가 성립할 때의 여러 개념에 대하여 알아보자.

정의 6.1 $n \times n$ 행렬 A와 $\lambda \in R$에 대하여

$$A\mathbf{x} = \lambda\mathbf{x} \tag{6.1}$$

인 영벡터가 아닌 벡터 $\mathbf{x} \in R^n$가 존재할 때, λ를 행렬 A의 **고유값**(eigenvalue) 또는 **특성값**(characteristic value)이라 하고, 영벡터가 아닌 벡터 $\mathbf{x}$를 고유값 λ에 대응하는 A의 **고유벡터**(eigenvector) 또는 **특성벡터**(characteristic vector)라고 한다.

위의 정의에서 $\mathbf{x} = \mathbf{0}$는 언제나 식 (6.1)을 만족하지만 고유벡터가 아니다. 그러나 숫자 $\lambda = 0$은 행렬의 고유값이 될 수 있음에 유의해야 한다.

예제 1 행렬

$$A = \begin{bmatrix} 1 & 0 \\ 0 & 0 \end{bmatrix}$$

이라 하자.

$$\begin{bmatrix} 1 & 0 \\ 0 & 0 \end{bmatrix}\begin{bmatrix} 0 \\ 2 \end{bmatrix} = \begin{bmatrix} 0 \\ 0 \end{bmatrix} = 0\begin{bmatrix} 0 \\ 2 \end{bmatrix}$$

이므로, 0은 고유벡터가 $\begin{bmatrix} 0 \\ 2 \end{bmatrix}$인 행렬 A의 고유값이다. ■

만약 $k \neq 0$인 실수이고 $A\mathbf{x} = \lambda\mathbf{x}$이면

$$A(k\mathbf{x}) = k(A\mathbf{x}) = k(\lambda\mathbf{x}) = \lambda(k\mathbf{x})$$

이다. 이것은 고유벡터의 0이 아닌 스칼라배도 역시 고유벡터라는 것을 의미한다. 예제 1에서 $k \neq 0$인 어떤 스칼라에 대하여 $\begin{bmatrix} 0 \\ 2k \end{bmatrix}$도 고유값이 0인 고유벡터이다.

식 (6.1)로부터 $\mathbf{x}$가 A의 고유벡터이면 $\mathbf{x}$와 $A\mathbf{x}$는 평행이 된다. 특별히 $\lambda > 1$일 때 벡터 $\mathbf{x}$는 확장이 되고, $0 < \lambda < 1$이면 축소되며, $\lambda < 0$이면 $\mathbf{x}$는 방향은 반대이다.

예제 2 $T : R^2 \to R^2$를 다음과 같이 정의되는 선형변환이라고 하자.

$$T(\mathbf{x}) = A\mathbf{x} = \begin{bmatrix} 2 & 0 \\ -1 & 3 \end{bmatrix}\begin{bmatrix} x \\ y \end{bmatrix}, \qquad \mathbf{x} = \begin{bmatrix} x \\ y \end{bmatrix} \in R^2$$

그러면

$$A\begin{bmatrix} 1 \\ 1 \end{bmatrix} = \begin{bmatrix} 2 & 0 \\ -1 & 3 \end{bmatrix}\begin{bmatrix} 1 \\ 1 \end{bmatrix} = \begin{bmatrix} 2 \\ 2 \end{bmatrix} = 2\begin{bmatrix} 1 \\ 1 \end{bmatrix}$$

이 되므로 $\mathbf{x} = \begin{bmatrix} 1 \\ 1 \end{bmatrix}$은 고유값 $\lambda = 2$에 대응하는 A의 고유벡터로 $\mathbf{x}$를 확장하는 경우이다. ■

이제는 정사각행렬 A가 주어졌을 때, 행렬 A에 대응하는 고유값과 고유벡터를 구하는 방법에 대하여 살펴보자.

정의 6.2 식 (6.1)에서와 같이 λ가 행렬 A에 대응하는 고유값인 경우 λ에 대응하는 고유벡터 전체와 영벡터로 이루어진 집합 E_λ를 λ에 대응하는 행렬 A의 **고유공간**(eigenspace)이라고 한다. 즉

$$E_\lambda = \{\mathbf{x} \in R^n \mid A\mathbf{x} = \lambda\mathbf{x}\}$$

정리 6.3 $n \times n$ 행렬 A와 $\lambda \in R$에 대하여 다음이 성립한다.

(a) λ가 A의 고유값이면, λ에 대응하는 A의 고유공간 E_λ는 다음 연립방정식의 해공간이다.

$$(\lambda I - A)\mathbf{x} = O, \qquad \mathbf{x} \in R^n \tag{6.2}$$

특히 E_λ는 R^n의 부분공간이다.

(b) λ가 행렬 A의 고유값일 필요충분조건은 $\det(\lambda I - A) = 0$이다.

증명 (a) λ가 A의 고유값이면 $A\mathbf{x} = \lambda\mathbf{x}$를 만족하는 $\mathbf{0}$가 아닌 벡터 $\mathbf{x}$가 존재한다. $A\mathbf{x} = \lambda\mathbf{x}$를 $A\mathbf{x} = \lambda I\mathbf{x}$로 고쳐 쓸 수 있으므로 식 (6.2)를 얻는다. 만약 $\mathbf{x}_1, \mathbf{x}_2 \in E_\lambda$이고, $k_1, k_2 \in R$이면

$$\begin{aligned} A(k_1\mathbf{x}_1 + k_2\mathbf{x}_2) &= k_1(A\mathbf{x}_1) + k_2(A\mathbf{x}_2) \\ &= k_1(\lambda\mathbf{x}_1) + k_2(\lambda\mathbf{x}_2) \\ &= \lambda(k_1\mathbf{x}_1 + k_2\mathbf{x}_2) \end{aligned}$$

이므로 $k_1\mathbf{x}_1 + k_2\mathbf{x}_2 \in E_\lambda$이다. 따라서 E_λ는 R^n의 부분공간이다.

(b) 식 (6.2)는 계수행렬이 $\lambda I - A$인 동차연립방정식으로 0 아닌 해를 가질 필요충분조건은 정리 1.22로부터 계수행렬의 행렬식이 0인 것이다. ■

정의 6.4 $n \times n$ 행렬 A에 대하여

$$\det(\lambda I_n - A) = \begin{vmatrix} \lambda - a_{11} & -a_{12} & \cdots & -a_{1n} \\ -a_{21} & \lambda - a_{22} & \cdots & -a_{2n} \\ \vdots & \vdots & & \vdots \\ -a_{n1} & -a_{n2} & \cdots & \lambda - a_{nn} \end{vmatrix} = 0$$

을 A의 **특성방정식(characteristic equation)**이라 한다. 이 행렬식은 λ에 관한 n차 다항식으로서 A의 **특성다항식(characteristic polynomial)**이라 하고 $f(\lambda)$라고 표시한다. 이때 방정식 $f(\lambda)=0$의 근들이 A의 고유값이다.

예제 3 다음 행렬의 고유값과 고유벡터를 구해보자.

$$A=\begin{bmatrix} 1 & 2 & -1 \\ 1 & 0 & 1 \\ 4 & -4 & 5 \end{bmatrix}$$

풀이 A의 특성다항식은

$$f(\lambda)=\begin{vmatrix} \lambda-1 & -2 & 1 \\ -1 & \lambda & -1 \\ -4 & 4 & \lambda-5 \end{vmatrix}=\lambda^3-6\lambda^2+11\lambda-6$$

이다.

$$\begin{aligned} f(\lambda) &= \lambda^3-6\lambda^2+11\lambda-6 \\ &= (\lambda-1)(\lambda-2)(\lambda-3) \end{aligned}$$

이므로 A의 고유값은

$$\lambda_1=1, \qquad \lambda_2=2, \qquad \lambda_3=3$$

이다. 이제 $\lambda_1=1$에 대응하는 행렬 A의 고유벡터 $\mathbf{x}_1$을 구하자.

식 (6.2)를 이용하여 다음 연립방정식

$$\begin{bmatrix} 0 & -2 & 1 \\ -1 & 1 & -1 \\ -4 & 4 & -4 \end{bmatrix}\begin{bmatrix} x_1 \\ x_2 \\ x_3 \end{bmatrix}=\begin{bmatrix} 0 \\ 0 \\ 0 \end{bmatrix}$$

을 풀면 $x_1=-\dfrac{1}{2}t,\ x_2=\dfrac{1}{2}t,\ x_3=t\ (t\in R)$를 얻는다. 따라서 $\mathbf{x}_1=(-1,\ 1,\ 2)$는 $\lambda_1=1$에 대응하는 A의 고유벡터가 된다. 같은 방법으로 $\lambda_2=2$에 대응하는 고유벡터는 $\mathbf{x}_2=(-2,\ 1,\ 4)$이고, $\lambda_3=3$에 대응하는 고유벡터는 $\mathbf{x}_3=(-1,\ 1,\ 4)$이다. ■

예제 4 다음 행렬의 고유값과 고유공간을 구해보자.

$$A=\begin{bmatrix}2 & 1\\ 6 & 1\end{bmatrix}$$

풀이 A의 특성다항식은

$$f(\lambda)=\begin{vmatrix}\lambda-2 & -1\\ -6 & \lambda-1\end{vmatrix}=(\lambda-4)(\lambda+1)$$

이므로 A의 고유값은 $\lambda_1=-1$, $\lambda_2=4$이다.

식 (6.2)를 이용하여 $\lambda_1=-1$에 대응하는 고유공간 E_{λ_1}은 다음 연립방정식의 해공간이다.

$$\begin{bmatrix}-3 & -1\\ -6 & -2\end{bmatrix}\begin{bmatrix}x\\ y\end{bmatrix}=\begin{bmatrix}0\\ 0\end{bmatrix}$$

이 연립방정식의 해는

$$\begin{bmatrix}x\\ y\end{bmatrix}=t\begin{bmatrix}1\\ -3\end{bmatrix},\qquad t\in R$$

이므로 $E_{\lambda_1}=\langle(1,\ -3)\rangle$이다. $\lambda_2=4$에 대응하는 고유공간 E_{λ_2}은 다음 연립방정식의 해공간이다.

$$\begin{bmatrix}2 & -1\\ -6 & 3\end{bmatrix}\begin{bmatrix}x\\ y\end{bmatrix}=\begin{bmatrix}0\\ 0\end{bmatrix}$$

이 연립방정식의 해는

$$\begin{bmatrix}x\\ y\end{bmatrix}=t\begin{bmatrix}1\\ 2\end{bmatrix},\qquad t\in R$$

이므로 $E_{\lambda_2}=\langle(1,\ 2)\rangle$이다. ■

일반적으로 n차 특성다항식은 복소수에서 중복도를 허용하면 n개의 근을 갖지만 여기서는 실수 범위로 한정하여 다룬다.

정리 6.5 A가 $n\times n$ 행렬이면 다음은 동치이다.

(a) λ는 A의 고유값이다.

(b) $A\mathbf{x} = \lambda\mathbf{x}$를 만족하는 0가 아닌 벡터 $\mathbf{x}$가 R^n에 존재한다.

(c) 연립방정식 $(\lambda I - A)\mathbf{x} = \mathbf{0}$은 비자명해를 갖는다.

(d) λ는 특성방정식 $\det(\lambda I - A) = 0$의 실수해이다.

정리 6.6 (Cayley-Hamilton 정리) $n \times n$ 행렬 A의 특성방정식을 $f(\lambda) = 0$이라 하면, $f(A) = 0$이다.

증명 이 책의 범위를 벗어나므로 생략한다. ■

예제 5 행렬 $A = \begin{bmatrix} 1 & 2 \\ 3 & 2 \end{bmatrix}$의 특성다항식은

$$f(\lambda) = \begin{vmatrix} \lambda - 1 & -2 \\ -3 & \lambda - 2 \end{vmatrix} = \lambda^2 - 3\lambda - 4$$

$$f(A) = \begin{bmatrix} 1 & 2 \\ 3 & 2 \end{bmatrix}^2 - 3\begin{bmatrix} 1 & 2 \\ 3 & 2 \end{bmatrix} - 4\begin{bmatrix} 1 & 0 \\ 0 & 1 \end{bmatrix} = 0$$

이므로 $f(A) = 0$이다. ■

연습문제 6.1

1 다음 행렬의 고유값과 고유벡터를 구하여라.

(1) $A = \begin{bmatrix} 1 & 3 \\ 4 & 2 \end{bmatrix}$

(2) $A = \begin{bmatrix} -5 & 0 \\ 1 & 2 \end{bmatrix}$

(3) $A = \begin{bmatrix} 3 & 1 & -1 \\ 2 & 2 & -1 \\ 2 & 2 & 0 \end{bmatrix}$

(4) $A = \begin{bmatrix} -3 & 1 & 1 \\ 0 & 0 & 0 \\ 0 & 1 & 0 \end{bmatrix}$

2 다음 행렬의 고유값과 1차독립인 고유벡터를 구하여라.

(1) $A = \begin{bmatrix} 2 & 2 \\ 1 & 3 \end{bmatrix}$

(2) $A = \begin{bmatrix} 4 & 2 \\ 3 & 3 \end{bmatrix}$

3 다음 행렬의 고유값과 고유공간을 구하여라.

(1) $A = \begin{bmatrix} 1 & -3 & 3 \\ 3 & -5 & 3 \\ 6 & -6 & 4 \end{bmatrix}$ (2) $A = \begin{bmatrix} -3 & 1 & -1 \\ -7 & 5 & -1 \\ -6 & 6 & -2 \end{bmatrix}$

4 행렬 A와 B를 n차 정사각행렬이라 하자. 그러면 AB와 BA는 같은 고유값을 가짐을 보여라.

5 λ를 정칙행렬 A의 고유값이라 하고 $\mathbf{x}$를 이에 대응하는 고유벡터라 하자. 그러면 $\frac{1}{\lambda}$은 같은 고유벡터 $\mathbf{x}$를 갖는 A^{-1}의 고유값임을 보여라.

6 λ를 A의 고유값이라 하고 $\mathbf{x}$를 이에 대응하는 고유벡터라 하자. 그러면 양의 정수 k에 대하여 λ^k은 같은 고유벡터 $\mathbf{x}$를 갖는 $A^k = \overbrace{AA\cdots A}^{k\text{개}}$의 고유값임을 보여라.

6.2 행렬의 대각화

정사각행렬을 대각행렬로 변환시킬 수 있다는 것은 그 행렬의 고유값, 고유벡터와 깊은 관계를 가지고 있다. 이 절에서는 이러한 문제에 대하여 살펴보도록 한다.

> **정의 6.7** A와 B가 정사각행렬이고, $B = P^{-1}AP$를 만족하는 가역행렬 P가 존재할 때 행렬 B를 A에 상사(similarity)라고 한다.

예제 6 $A = \begin{bmatrix} 4 & -2 \\ 2 & 1 \end{bmatrix}$과 $B = \begin{bmatrix} 3 & -2 \\ 1 & 2 \end{bmatrix}$는 가역행렬 $P = \begin{bmatrix} 1 & -1 \\ 1 & 0 \end{bmatrix}$가 존재하여

$$B = P^{-1}AP$$

가 성립한다. 따라서 위의 정의에 의하여 B는 A에 상사임을 알 수 있다. ■

정리 6.8 A, B, C가 정사각행렬일 때, 다음이 성립된다.

(a) A는 A에 상사이다.

(b) B가 A에 상사이면, A는 B에 상사이다.

(c) A가 B에 상사이고, B가 C에 상사이면, A는 C에 상사이다.

증명 (a) $A = I^{-1}AI$이므로 A에 상사이다.

(b) 가정에 의하여 $B = P^{-1}AP$이므로 $A = (P^{-1})^{-1}BP^{-1}$로 쓸 수 있다. A는 B에 상사이다.

(c) $A = P^{-1}BP$이고 $B = Q^{-1}CQ$이므로

$$A = P^{-1}(Q^{-1}CQ)P = (QP)^{-1}C(QP)$$

이다. P와 Q가 가역이므로 QP는 가역이다. 따라서 A는 C에 상사이다. ■

정의 6.9 행렬 A가 어떤 대각행렬에 상사일 때, 행렬 A를 대각화 가능 행렬(diagonalizable matrix)이라 한다.

예제 7 $A = \begin{bmatrix} 1 & 1 \\ -2 & 4 \end{bmatrix}$, $P = \begin{bmatrix} 1 & 1 \\ 1 & 2 \end{bmatrix}$, $B = \begin{bmatrix} 2 & 0 \\ 0 & 3 \end{bmatrix}$이면,

$$P^{-1}AP = \begin{bmatrix} 2 & -1 \\ -1 & 1 \end{bmatrix}\begin{bmatrix} 1 & 1 \\ -2 & 4 \end{bmatrix}\begin{bmatrix} 1 & 1 \\ 1 & 2 \end{bmatrix} = \begin{bmatrix} 2 & 0 \\ 0 & 3 \end{bmatrix} = B$$

이므로 행렬 A는 대각화 가능 행렬이다. ■

이제 대각화 가능 행렬과 고유값, 고유벡터와의 관계를 알아보자.

정리 6.10 $n \times n$ 행렬 A가 대각화 가능일 필요충분조건은 A가 n개의 1차독립인 고유벡터를 갖는 것이다. 이 경우 행렬 A는 주대각원소들이 A의 고유값인 대각행렬 D에 상사이다.

증명 먼저 행렬 A가 대각화 가능하다면 가역행렬 P가 존재하여 $P^{-1}AP = D$이다. 여

기서

$$P=\begin{bmatrix} p_{11} & p_{12} & \cdots & p_{1n} \\ p_{21} & p_{22} & \cdots & p_{2n} \\ \vdots & \vdots & & \vdots \\ p_{n1} & p_{n2} & \cdots & p_{nn} \end{bmatrix}$$

이고, 대각행렬 D를

$$D=\begin{bmatrix} \lambda_1 & 0 & \cdots & 0 \\ 0 & \lambda_2 & \cdots & 0 \\ \vdots & \vdots & \ddots & \vdots \\ 0 & 0 & \cdots & \lambda_n \end{bmatrix}$$

이라 하면 $AP=PD$이다. 즉

$$\begin{aligned} AP &= \begin{bmatrix} p_{11} & p_{12} & \cdots & p_{1n} \\ p_{21} & p_{22} & \cdots & p_{2n} \\ \vdots & \vdots & & \vdots \\ p_{n1} & p_{n2} & \cdots & p_{nn} \end{bmatrix}\begin{bmatrix} \lambda_1 & 0 & \cdots & 0 \\ 0 & \lambda_2 & \cdots & 0 \\ \vdots & \vdots & \ddots & \vdots \\ 0 & 0 & \cdots & \lambda_n \end{bmatrix} = \begin{bmatrix} \lambda_1 p_{11} & \lambda_2 p_{12} & \cdots & \lambda_n p_{1n} \\ \lambda_1 p_{21} & \lambda_2 p_{22} & \cdots & \lambda_n p_{2n} \\ \vdots & \vdots & & \vdots \\ \lambda_1 p_{n1} & \lambda_2 p_{n2} & \cdots & \lambda_n p_{nn} \end{bmatrix} \\ &= [\lambda_1 P_1 \mid \lambda_2 P_2 \mid \cdots \mid \lambda_n P_n] \end{aligned}$$

이다. 여기서 $P_1, P_2, \cdots, P_n$은 행렬 P의 열벡터들이다. 그런데 AP의 j번째 열은 AP_j이므로

$$AP_j=\lambda_j P_j \quad (1 \le j \le n) \tag{6.3}$$

이다. P는 가역행렬이므로 열벡터들은 1차독립이고 모두 0이 아니다. 그러므로 식 (6.3)에 의하여 $\lambda_1, \lambda_2, \cdots, \lambda_n$은 행렬 A의 고유값이며, $P_1, P_2, \cdots, P_n$은 대응하는 고유벡터가 된다. 따라서 A는 1차독립인 고유벡터들을 갖는다. 역으로 행렬 A가 고유값 $\lambda_1, \lambda_2, \cdots, \lambda_n$에 대응하는 1차독립인 고유벡터 $P_1, P_2, \cdots, P_n$을 갖는다고 한다.

행렬 P를 $P_1, P_2, \cdots, P_n$이 열벡터인 행렬이라 하면,

$$P=\begin{bmatrix} p_{11} & p_{12} & \cdots & p_{1n} \\ p_{21} & p_{22} & \cdots & p_{2n} \\ \vdots & \vdots & & \vdots \\ p_{n1} & p_{n2} & \cdots & p_{nn} \end{bmatrix}$$

이다. $AP=[AP_1 \mid AP_2 \mid \cdots \mid AP_n]$이고, 가정에 의하여 $AP_i=\lambda_i P_i$ $(1 \le i \le n)$이므로

$$AP = [\,\lambda_1 P_1 \,|\, \lambda_2 P_2 \,|\, \cdots \,|\, \lambda_n P_n\,]$$

$$= \begin{bmatrix} \lambda_1 p_{11} & \lambda_2 p_{12} & \cdots & \lambda_n p_{1n} \\ \lambda_1 p_{21} & \lambda_2 p_{22} & \cdots & \lambda_n p_{2n} \\ \vdots & \vdots & & \vdots \\ \lambda_1 p_{n1} & \lambda_2 p_{n2} & \cdots & \lambda_n p_{nn} \end{bmatrix} = \begin{bmatrix} p_{11} & p_{12} & \cdots & p_{1n} \\ p_{21} & p_{22} & \cdots & p_{2n} \\ \vdots & \vdots & & \vdots \\ p_{n1} & p_{n2} & \cdots & p_{nn} \end{bmatrix} \begin{bmatrix} \lambda_1 & 0 & \cdots & 0 \\ 0 & \lambda_2 & \cdots & 0 \\ \vdots & \vdots & \ddots & \vdots \\ 0 & 0 & \cdots & \lambda_n \end{bmatrix}$$

$$= PD$$

이다. 행렬 P의 열벡터들이 1차독립이므로 P는 가역행렬이다. 따라서

$$P^{-1}AP = D$$

로 쓸 수 있고 D가 대각행렬이므로, A는 대각화 가능 행렬이다. ■

위의 증명과정으로부터 대각화 가능 행렬의 대각화 순서를 정리하면 다음과 같다.

(1) 주어진 행렬 A의 1차독립인 고유벡터를 구한다.
(2) 고유벡터들을 열벡터로 갖는 행렬 P를 만든다.
(3) $P^{-1}AP = D$를 계산한다.

예제 8 행렬 $A = \begin{bmatrix} 1 & 1 \\ -2 & 4 \end{bmatrix}$를 위의 과정으로 대각화하여라.

풀이 $A = \begin{bmatrix} 1 & 1 \\ -2 & 4 \end{bmatrix}$의 고유값을 구하기 위해 A의 특성다항식을 구하면

$$\det(\lambda I - A) = \begin{vmatrix} \lambda - 1 & -1 \\ 2 & \lambda - 4 \end{vmatrix} = (\lambda - 2)(\lambda - 3)$$

이다. 따라서 $\lambda_1 = 2$, $\lambda_2 = 3$이다. $\lambda_1 = 2$에 대응하는 고유벡터는

$$P_1 = \begin{bmatrix} 1 \\ 1 \end{bmatrix}$$

이고, $\lambda_2 = 3$에 대응하는 고유벡터는

$$P_2 = \begin{bmatrix} 1 \\ 2 \end{bmatrix}$$

이다. $\{P_1, P_2\}$는 1차독립이므로 $\begin{bmatrix} 1 & 1 \\ 1 & 2 \end{bmatrix}$은 가역이다. 따라서

$$\begin{bmatrix} 1 & 1 \\ 1 & 2 \end{bmatrix}^{-1} \begin{bmatrix} 1 & 1 \\ -2 & 4 \end{bmatrix} \begin{bmatrix} 1 & 1 \\ 1 & 2 \end{bmatrix} = \begin{bmatrix} 2 & 0 \\ 0 & 3 \end{bmatrix}$$

으로부터 대각행렬을 얻는다. ■

예제 9 $A = \begin{bmatrix} 1 & 1 \\ 0 & 1 \end{bmatrix}$이라 하자. 그러면 A의 고유값은 $\lambda_1 = \lambda_2 = 1$이 된다. λ_1과 λ_2에 대응하는 고유벡터는 임의의 실수 r에 대하여 $r\begin{bmatrix} 1 \\ 0 \end{bmatrix}$과 같은 모양을 갖는다. A는 2개의 1차독립인 고유벡터를 갖지 못하므로 대각화 가능하지 않다. ■

$P^{-1}AP$의 i번째 주대각원소는 행렬 P의 i번째 열벡터에 관한 고유값이기 때문에 행렬 P의 열벡터 순서가 바뀌면 $P^{-1}AP$도 이에 대응하여 대각선상의 고유값 순서가 바뀐다.

정리 6.11 $\mathbf{v}_1, \mathbf{v}_2, \cdots, \mathbf{v}_n$을 서로 다른 고유값 $\lambda_1, \lambda_2, \cdots, \lambda_n$에 대한 행렬 A의 고유벡터라 하면 $\{\mathbf{v}_1, \mathbf{v}_2, \cdots, \mathbf{v}_n\}$은 1차독립이다.

증명 귀납법을 이용하여 증명하자.
먼저 $n = 1$이면, 고유벡터는 영벡터가 아니므로 $\{\mathbf{v}_1\}$은 1차독립이다.
$n = l\,(l \geq 2)$일 때, $\{\mathbf{v}_1, \mathbf{v}_2, \cdots, \mathbf{v}_l\}$이 1차독립이라 하자.
$n = l+1$일 때, $k_i \in R\,(1 \leq i \leq l+1)$에 대하여

$$k_1\mathbf{v}_1 + k_2\mathbf{v}_2 + \cdots + k_{l+1}\mathbf{v}_{l+1} = 0 \tag{6.4}$$

가 자명해만 갖는 것을 보이면 된다. 행렬 A를 양변에 곱하면

$$k_1A\mathbf{v}_1 + k_2A\mathbf{v}_2 + \cdots + k_{l+1}A\mathbf{v}_{l+1} = 0$$

가 되고, 가정에 의하여 $A\mathbf{v}_i = \lambda_i\mathbf{v}_i\,(1 \leq i \leq l+1)$이므로

$$k_1\lambda_1\mathbf{v}_1 + k_2\lambda_2\mathbf{v}_2 + \cdots + k_{l+1}\lambda_{l+1}\mathbf{v}_{l+1} = 0 \tag{6.5}$$

이다. 식 (6.4)에 λ_{l+1}을 곱하면

$$k_1\lambda_{l+1}\mathbf{v}_1 + k_2\lambda_{l+1}\mathbf{v}_2 + \cdots + k_{l+1}\lambda_{l+1}\mathbf{v}_{l+1} = 0 \tag{6.6}$$

이다. 식 (6.5)에서 식 (6.6)을 빼면

$$k_1(\lambda_1 - \lambda_{l+1})\mathbf{v}_1 + k_2(\lambda_2 - \lambda_{l+1})\mathbf{v}_2 + \cdots + k_l(\lambda_l - \lambda_{l+1})\mathbf{v}_l = 0$$

이다. $\{\mathbf{v}_1, \mathbf{v}_2, \cdots, \mathbf{v}_l\}$이 1차독립이므로 위 식의 계수들은 모두 0이다. λ_i들은 서로 다르므로 $\lambda_i - \lambda_{l+1} \neq 0$ $(i = 1, 2, \cdots, l)$이다. 따라서 $k_1 = k_2 = \cdots = k_l = 0$이고 식 (6.4)에 대입하면 $k_{l+1}\mathbf{v}_{l+1} = 0$이다. $\mathbf{v}_{l+1}$이 고유벡터이므로 $k_{l+1} = 0$이다. 따라서 $\{\mathbf{v}_1, \mathbf{v}_2, \cdots, \mathbf{v}_{l+1}\}$은 1차독립이다. ■

정리 6.12 $n \times n$ 행렬 A가 n개의 서로 다른 고유값을 갖는다면 A는 대각화 가능하다.

증명 정리 6.11에 의하여 n개의 서로 다른 고유값에 대응하는 고유벡터들은 1차독립이고 정리 6.10에 의하여 대각화 가능하다. ■

행렬 A의 특성다항식의 근이 모두 실수인 경우, 근이 같은 것이 있으면 A는 대각화 가능 행렬일 수도 있고 아닐 수도 있다. $n \times n$ 행렬 A의 특성다항식의 근이 모두가 실수가 아니면, 행렬 A는 대각화 가능 행렬이 아니다.

$n \times n$ 행렬 A의 고유값이 A의 특성다항식의 실근인 경우(반드시 서로 다를 필요는 없다)를 생각하자. 그러면 A의 서로 다른 고유값 $\lambda_1, \lambda_2, \cdots, \lambda_r$ $(r \leq n)$을 이용하여 특성다항식을 $\sum_{i=1}^{r}(\lambda - \lambda_i)^{k_i}$, $k_1 + k_2 + \cdots + k_r = n$으로 쓸 수 있다. 이때 정수 k_i를 고유값 λ_i의 **중복도**(multiplicity)라 한다. 예제 9에서 $\lambda = 1$은 중복도가 2인 A의 고유값이다. 만약 $i = 1, 2, \cdots, r$에 대하여 각각 중복도가 k_i인 고유값 λ_i에 대응하는 k_i개의 1차독립인 고유벡터를 구할 수 있으면 A는 대각화 가능 행렬이다. 이는 다음의 정리로 확인할 수 있다.

정리 6.13 n차 정사각행렬 A의 특성다항식이

$$f(\lambda) = c(\lambda - \lambda_1)^{m_1} \cdots (\lambda - \lambda_k)^{m_k}$$

라 하자. 여기서 $\lambda_1, \cdots, \lambda_k$은 A의 서로 다른 고유값이다.

(a) A가 대각화 가능하다는 것과 모든 $1 \le i \le k$에 대하여 $m_i = \dim E_i$이 성립한다는 것과 동치이다.

(b) 만약 A가 대각화 가능하고 S_i가 각각의 E_i의 기저이면, $S = S_1 \cup \cdots \cup S_k$은 A의 고유벡터들로 이루어진 R^n의 하나의 기저이다.

다음 예제는 n차 정사각행렬 A가 n개의 1차독립인 고유벡터를 갖기 위하여 n개의 서로 다른 고유값을 반드시 가질 필요는 없음을 보여준다.

예제 10 행렬

$$A = \begin{bmatrix} 5 & -4 & 4 \\ 12 & -11 & 12 \\ 4 & -4 & 5 \end{bmatrix}$$

의 고유값은 -3, 1, 1로, 1의 중복도는 2이다. -3에 대응하는 고유벡터는 $\begin{bmatrix} 1 \\ 3 \\ 1 \end{bmatrix}$이다. 고유값 1에 대응하는 고유벡터를 구하기 위하여

$$(I_3 - A)X = \begin{bmatrix} -4 & 4 & -4 \\ -12 & 12 & -12 \\ -4 & 4 & -4 \end{bmatrix} \begin{bmatrix} x_1 \\ x_2 \\ x_3 \end{bmatrix} = \begin{bmatrix} 0 \\ 0 \\ 0 \end{bmatrix}$$

에서 $x_1 = \alpha$, $x_2 = \beta$라 하면

$$\begin{bmatrix} x_1 \\ x_2 \\ x_3 \end{bmatrix} = \alpha \begin{bmatrix} 1 \\ 0 \\ -1 \end{bmatrix} + \beta \begin{bmatrix} 0 \\ 1 \\ 1 \end{bmatrix}$$

이므로 고유값 1에 대응하는 2개의 1차독립인 고유벡터 $\begin{bmatrix} 1 \\ 0 \\ -1 \end{bmatrix}$, $\begin{bmatrix} 0 \\ 1 \\ 1 \end{bmatrix}$가 존재한다. 따라서 고유값 -3, 1, 1에 대한 고유벡터 $\begin{bmatrix} 1 \\ 3 \\ 1 \end{bmatrix}$, $\begin{bmatrix} 1 \\ 0 \\ -1 \end{bmatrix}$, $\begin{bmatrix} 0 \\ 1 \\ 1 \end{bmatrix}$에 대하여 가역행렬 P를 얻을 수 있다.

$$P = \begin{bmatrix} 1 & 1 & 0 \\ 3 & 0 & 1 \\ 1 & -1 & 1 \end{bmatrix}$$

을 이용하여 행렬 A를 대각화하면

$$P^{-1}AP = \begin{bmatrix} -3 & 0 & 0 \\ 0 & 1 & 0 \\ 0 & 0 & 1 \end{bmatrix}$$

이다. ■

연습문제 6.2

1 다음 행렬이 대각화 가능한지를 확인하여라.

(1) $A = \begin{bmatrix} 1 & 0 \\ -2 & 1 \end{bmatrix}$ (2) $A = \begin{bmatrix} 1 & 2 & 3 \\ 0 & -1 & 2 \\ 0 & 0 & 2 \end{bmatrix}$

2 다음 행렬을 대각화하는 $P^{-1}AP$의 행렬 P를 구하여라.

(1) $A = \begin{bmatrix} 2 & 2 \\ 1 & 3 \end{bmatrix}$ (2) $A = \begin{bmatrix} 4 & 2 \\ 3 & 3 \end{bmatrix}$

3 다음 행렬이 대각화 가능한지를 확인하고, 행렬을 대각화하는 $P^{-1}AP$의 행렬 P를 구하여라.

(1) $A = \begin{bmatrix} 3 & 1 & 1 \\ 2 & 4 & 2 \\ 1 & 1 & 3 \end{bmatrix}$ (2) $A = \begin{bmatrix} 1 & 2 & 2 \\ 1 & 2 & -1 \\ -1 & 1 & 4 \end{bmatrix}$

(3) $A = \begin{bmatrix} 1 & 1 & 0 \\ 0 & 1 & 0 \\ 0 & 0 & 1 \end{bmatrix}$

4 상사인 행렬은 같은 고유값을 가짐을 보여라.

5 A와 B가 가역행렬이면 AB와 BA는 서로 상사임을 보여라.

6 A가 대각화 가능 행렬일 때,

(1) A^T도 대각화 가능 행렬임을 증명하여라.

(2) k가 양의 정수일 때, A^k도 대각화 가능 행렬임을 증명하여라.

6.3 직교대각화

5.4절에서 기저를 변환시키는 추이행렬에 대하여 알아보았다. 이러한 추이행렬이 정규직교기저에서 다른 정규직교기저로의 추이행렬이면 그 역행렬을 구하기가 쉬워진다. 이 절에서는 이러한 성질을 갖는 행렬의 대각화에 대하여 알아보기로 한다.

정의 6.14 $A^{-1}=A^T$인 정사각행렬 A를 직교행렬(orthogonal matrix)이라 한다.

정리 6.15 벡터공간 V 내의 두 정규직교기저를 G, S라 하고 행렬 P가 기저 G에서 기저 S로의 추이행렬이라면 P는 직교행렬이다.

증명 $G=\{\mathbf{x}_1, \mathbf{x}_2, \cdots, \mathbf{x}_n\}$와 $S=\{\mathbf{y}_1, \mathbf{y}_2, \cdots, \mathbf{y}_n\}$를 내적공간 V의 임의의 두 정규직교기저라 하고 G에서 S로의 추이행렬을

$$P=\begin{bmatrix} p_{11} & p_{12} & \cdots & p_{1n} \\ p_{21} & p_{22} & \cdots & p_{2n} \\ \vdots & \vdots & & \vdots \\ p_{n1} & p_{n2} & \cdots & p_{nn} \end{bmatrix}$$

라 하자. 추이행렬의 정의로부터

$$\begin{aligned} \mathbf{y}_1 &= p_{11}\mathbf{x}_1 + p_{21}\mathbf{x}_2 + \cdots + p_{n1}\mathbf{x}_n \\ \mathbf{y}_2 &= p_{12}\mathbf{x}_1 + p_{22}\mathbf{x}_2 + \cdots + p_{n2}\mathbf{x}_n \\ &\vdots \\ \mathbf{y}_n &= p_{1n}\mathbf{x}_1 + p_{2n}\mathbf{x}_2 + \cdots + p_{nn}\mathbf{x}_n \end{aligned}$$

이다. 기저 G와 S가 정규직교기저이므로 $\langle \mathbf{x}_i, \mathbf{x}_j \rangle$와 $\langle \mathbf{y}_i, \mathbf{y}_j \rangle$는 $i=j$일 때 1이고 $i \neq j$이면 0이다. 이를 이용하여 $\langle \mathbf{x}_i, \mathbf{x}_j \rangle$를 계산하면

$$\begin{aligned} \langle \mathbf{x}_i, \mathbf{x}_j \rangle &= \langle p_{1i}\mathbf{y}_1 + p_{2i}\mathbf{y}_2 + \cdots + p_{ni}\mathbf{y}_n,\ p_{1j}\mathbf{y}_1 + p_{2j}\mathbf{y}_2 + \cdots + p_{nj}\mathbf{y}_n \rangle \\ &= p_{1i}p_{1j} + p_{2i}p_{2j} + \cdots + p_{nj}p_{nj} \end{aligned}$$

이다. 행렬 P가 직교행렬임을 보이기 위하여 $P^TP=I$임을 보이자. P^TP의 (i, j) 성분

은 $i=j$일 때 1이고 $i \neq j$일 때 0임을 보이면 충분하다.

$$P^TP = \begin{bmatrix} p_{11} & p_{21} & \cdots & p_{n1} \\ p_{12} & p_{22} & \cdots & p_{n2} \\ \vdots & \vdots & & \vdots \\ p_{1n} & p_{2n} & \cdots & p_{nn} \end{bmatrix} \begin{bmatrix} p_{11} & p_{12} & \cdots & p_{1n} \\ p_{21} & p_{22} & \cdots & p_{2n} \\ \vdots & \vdots & & \vdots \\ p_{n1} & p_{n2} & \cdots & p_{nn} \end{bmatrix}$$

에서 P^TP의 (i, j) 성분은

$$p_{1i}p_{1j} + p_{2i}p_{2j} + \cdots + p_{ni}p_{nj}$$

으로 $\langle \mathbf{x}_i, \mathbf{x}_j \rangle$와 일치한다. $\langle \mathbf{x}_i, \mathbf{x}_j \rangle$는 $i=j$일 때 1이고 $i \neq j$일 때 0이므로, P는 직교행렬이다. ■

n차 정사각행렬 A가 직교행렬이면 $A^{-1}=A^T$이므로 $AA^T=A^TA=I_n$이다. 직교행렬은 몇 가지 흥미로운 성질을 갖는데, 그중에 하나는 직교행렬의 행렬식은 1 또는 -1이어야 한다는 것이다.

정리 6.16 n차 정사각행렬 A가 직교행렬이면 $\det(A)=\pm 1$이다.

증명 $A^{-1}=A^T$이므로 $AA^T=I_n$이다. 따라서

$$\det(AA^T) = \det(A)\det(A^T) = (\det(A))^2 = 1$$

이므로 $\det(A)=\pm 1$이다. ■

예제 11 행렬 $A = \begin{bmatrix} 0 & \frac{1}{\sqrt{5}} & \frac{2}{\sqrt{5}} \\ 1 & 0 & 0 \\ 0 & \frac{2}{\sqrt{5}} & -\frac{1}{\sqrt{5}} \end{bmatrix}$가 직교행렬임을 보여라.

풀이

$$AA^T = \begin{bmatrix} 0 & \frac{1}{\sqrt{5}} & \frac{2}{\sqrt{5}} \\ 1 & 0 & 0 \\ 0 & \frac{2}{\sqrt{5}} & -\frac{1}{\sqrt{5}} \end{bmatrix} \begin{bmatrix} 0 & 1 & 0 \\ \frac{1}{\sqrt{5}} & 0 & \frac{2}{\sqrt{5}} \\ \frac{2}{\sqrt{5}} & 0 & -\frac{1}{\sqrt{5}} \end{bmatrix} = \begin{bmatrix} 1 & 0 & 0 \\ 0 & 1 & 0 \\ 0 & 0 & 1 \end{bmatrix} = I_3$$

$$A^TA = \begin{bmatrix} 0 & 1 & 0 \\ \frac{1}{\sqrt{5}} & 0 & \frac{2}{\sqrt{5}} \\ \frac{2}{\sqrt{5}} & 0 & -\frac{1}{\sqrt{5}} \end{bmatrix} \begin{bmatrix} 0 & \frac{1}{\sqrt{5}} & \frac{2}{\sqrt{5}} \\ 1 & 0 & 0 \\ 0 & \frac{2}{\sqrt{5}} & -\frac{1}{\sqrt{5}} \end{bmatrix} = I_3$$

따라서 $A^{-1} = A^T$이므로 A는 직교행렬이다. ■

직교행렬의 다음 특성은 실제로 직교라고 하는 근거가 된다.

정리 6.17 A를 n차 정사각행렬이라 하자.

(a) A가 직교행렬일 필요충분조건은 A의 행벡터들이 R^n에서 정규직교 집합이다.

(b) A가 직교행렬일 필요충분조건은 A의 열벡터들이 R^n에서 정규직교집합이다.

증명 (a) A를 직교행렬이라 가정하자. 그러면 $AA^T = I_n$이므로

$i \neq j$이면 AA^T의 (i, j) 성분은 0이고

$i = j$이면 AA^T의 (i, i) 성분은 1이 된다.

그런데 A^T의 열은 A의 행이 되므로, $i \neq j$이면

$$\begin{aligned} AA^T\text{의 } (i, j) \text{ 성분} &= (A\text{의 } i\text{행}) \cdot (A^T\text{의 } j\text{열}) \\ &= (A\text{의 } i\text{행}) \cdot (A\text{의 } j\text{행}) \\ &= 0 \end{aligned}$$

이고 $i = j$이면

$$\begin{aligned} AA^T\text{의 } (i, i) \text{ 성분} &= (A\text{의 } i\text{행}) \cdot (A^T\text{의 } i\text{열}) \\ &= (A\text{의 } i\text{행}) \cdot (A\text{의 } i\text{행}) \\ &= 1 \end{aligned}$$

이다. A의 서로 다른 두 행벡터의 내적은 0이고 같은 행벡터의 내적은 1이므로 A의 행벡터는 정규직교벡터가 된다.

역으로 A의 행벡터들이 정규직교라고 가정하자. 행벡터들이 정규직교이므로 AA^T의

(i, j) 성분은 $i \neq j$일 때 0이고, $i = j$일 때 (i, i) 성분은 1이 된다.

(b) (a)와 유사하게 증명할 수 있다. ■

예제 12 예제 11에서 행렬 A의 행벡터를

$$\mathbf{r}_1 = \left(0, \frac{1}{\sqrt{5}}, \frac{2}{\sqrt{5}}\right), \ \mathbf{r}_2 = (1, 0, 0), \ \mathbf{r}_3 = \left(0, \frac{2}{\sqrt{5}}, -\frac{1}{\sqrt{5}}\right)$$

라 하고, A의 열벡터를

$$\mathbf{c}_1 = (0, 1, 0)^T, \ \mathbf{c}_2 = \left(\frac{1}{\sqrt{5}}, 0, \frac{2}{\sqrt{5}}\right)^T, \ \mathbf{c}_3 = \left(\frac{2}{\sqrt{5}}, 0, -\frac{1}{\sqrt{5}}\right)^T$$

라 하면 $i, j = 1, 2, 3$일 때

$$\|\mathbf{r}_i\| = 1, \qquad \mathbf{r}_i \cdot \mathbf{r}_j = 0 \ (i \neq j)$$
$$\|\mathbf{c}_i\| = 1, \qquad \mathbf{c}_i \cdot \mathbf{c}_j = 0 \ (i \neq j)$$

이므로 A의 행벡터의 집합 $\{\mathbf{r}_1, \mathbf{r}_2, \mathbf{r}_3\}$은 R^3의 정규직교집합이고, A의 열벡터의 집합 $\{\mathbf{c}_1, \mathbf{c}_2, \mathbf{c}_3\}$은 R^3의 정규직교집합이다. ■

정의 6.18 정사각행렬 A에 대하여 직교행렬 P가 존재하여 $P^{-1}AP(=P^TAP)$가 대각행렬이면 A를 직교대각화 가능하다고 한다. 또한 행렬 P는 A를 직교대각화한다고 한다.

다음 정리는 어떤 행렬들이 직교대각화 가능한지를 보여준다.

정리 6.19 n차 정사각행렬 A가 직교대각화 가능할 필요충분조건은 행렬 A가 n개의 고유벡터들로 이루어진 정규직교집합을 갖는 것이다.

증명 만약 행렬 A가 직교대각화 가능하면 직교행렬 P가 존재하여 $P^{-1}AP = D$가 대각행렬이 된다. 또한 정리 6.10의 증명에서 보였듯이 행렬 P의 열벡터들은 A의 고유벡터들이 된다.

P의 열벡터들을 $P_1, P_2, \cdots, P_n$이라 하면 $P^{-1} = P^T$이므로

$$P^{-1}P = P^TP = I$$

이다.

$$P = \begin{bmatrix} p_{11} & p_{12} & \cdots & p_{1n} \\ p_{21} & p_{22} & \cdots & p_{2n} \\ \vdots & \vdots & & \vdots \\ p_{n1} & p_{n2} & \cdots & p_{nn} \end{bmatrix}$$

일 때,

$$\begin{aligned} P^TP &= \begin{bmatrix} p_{11} & p_{21} & \cdots & p_{n1} \\ p_{12} & p_{22} & \cdots & p_{n2} \\ \vdots & \vdots & & \vdots \\ p_{1n} & p_{2n} & \cdots & p_{nn} \end{bmatrix} \begin{bmatrix} p_{11} & p_{12} & \cdots & p_{1n} \\ p_{21} & p_{22} & \cdots & p_{2n} \\ \vdots & \vdots & & \vdots \\ p_{n1} & p_{n2} & \cdots & p_{nn} \end{bmatrix} \\ &= \begin{bmatrix} P_1P_1 & P_1P_2 & \cdots & P_1P_n \\ P_2P_1 & P_2P_2 & \cdots & P_2P_n \\ \vdots & \vdots & & \vdots \\ P_nP_1 & P_nP_2 & \cdots & P_nP_n \end{bmatrix} = \begin{bmatrix} 1 & 0 & \cdots & 0 \\ 0 & 1 & \cdots & 0 \\ \vdots & \vdots & \ddots & \vdots \\ 0 & 0 & \cdots & 1 \end{bmatrix} \end{aligned}$$

이다. 여기서 P_iP_j는 R^n의 유클리드 내적이다. 그러면

$$P_iP_j = \begin{cases} 1\ (i = j) \\ 0\ (i \neq j) \end{cases}$$

이다. 다시 말해 P의 열벡터들은 R^n의 유클리드 내적에 대하여 정규직교임을 의미하므로 A는 n개의 고유벡터로 이루어진 정규직교집합을 갖는다.

역으로 행렬 A가 n개의 고유벡터 $P_1, P_2, \cdots, P_n$으로 이루어진 정규직교집합을 갖는다고 하자. 직교집합은 1차독립이므로 정리 6.10에 의하여 이들 고유벡터를 열벡터로 갖는 행렬 P는 A를 대각화한다. 그런데 이 고유벡터들이 정규직교하므로 정리 6.17에 의하여 P는 직교행렬이다. 따라서 행렬 A는 직교대각화 가능하다. ■

예제 13 다음 행렬 A를 직교대각화하여라.

$$A = \begin{bmatrix} 0 & 0 & -2 \\ 0 & -2 & 0 \\ -2 & 0 & 3 \end{bmatrix}$$

풀이 A의 특성다항식은

$$\det(\lambda I - A) = (\lambda + 2)(\lambda - 4)(\lambda + 1)$$

이므로 고유값은 $\lambda_1 = -2$, $\lambda_2 = 4$, $\lambda_3 = -1$이다. 이에 대응하는 고유벡터는

$$\mathbf{x}_1 = \begin{bmatrix} 0 \\ 1 \\ 0 \end{bmatrix}, \qquad \mathbf{x}_2 = \begin{bmatrix} -1 \\ 0 \\ 2 \end{bmatrix}, \qquad \mathbf{x}_3 = \begin{bmatrix} 2 \\ 0 \\ 1 \end{bmatrix}$$

이며, $\{\mathbf{x}_1, \mathbf{x}_2, \mathbf{x}_3\}$는 직교집합으로 1차독립이다. 이것을 정규화하여 이들을 열벡터로 하는 행렬 P는

$$P = \begin{bmatrix} 0 & -\frac{1}{\sqrt{5}} & -\frac{2}{\sqrt{5}} \\ 1 & 0 & 0 \\ 0 & \frac{2}{\sqrt{5}} & \frac{1}{\sqrt{5}} \end{bmatrix}$$

이다. 이때 P는 직교행렬이 되며

$$\begin{aligned} P^{-1}AP &= P^TAP \\ &= \begin{bmatrix} 0 & 1 & 0 \\ -\frac{1}{\sqrt{5}} & 0 & \frac{2}{\sqrt{5}} \\ -\frac{2}{\sqrt{5}} & 0 & \frac{1}{\sqrt{5}} \end{bmatrix} \begin{bmatrix} 0 & 0 & -2 \\ 0 & -2 & 0 \\ -2 & 0 & 3 \end{bmatrix} \begin{bmatrix} 0 & -\frac{1}{\sqrt{5}} & -\frac{2}{\sqrt{5}} \\ 1 & 0 & 0 \\ 0 & \frac{2}{\sqrt{5}} & \frac{1}{\sqrt{5}} \end{bmatrix} \\ &= \begin{bmatrix} -2 & 0 & 0 \\ 0 & 4 & 0 \\ 0 & 0 & -1 \end{bmatrix} \end{aligned}$$

을 얻는다. ■

앞에서 직교대각화 가능 행렬 A는 열벡터가 A의 고유벡터들로 이루어진 정규직교집합을 형성하는 행렬 P에 의해 직교대각화됨을 보였다. 이러한 것을 대칭행렬에 적용해보자. 정사각행렬 A에 대하여 행렬 A가 직교대각화 가능 행렬이면 직교행렬 P가 존재하여 $P^{-1}AP = D$로 쓸 수 있고,

$$A = PDP^{-1} = PDP^T$$

이다. 따라서

$$A^T = (PDP^T)^T = PD^TP^T = PDP^T = A$$

이므로, A는 대칭행렬이다. 이런 이유로 직교대각화 가능 행렬은 대칭행렬이다. 또한 대칭행렬은 직교대각화 가능하다.

연습문제 6.3

1 다음 행렬이 직교행렬임을 보여라.

(1) $A = \begin{bmatrix} \frac{2}{3} & -\frac{2}{3} & \frac{1}{3} \\ \frac{2}{3} & \frac{1}{3} & -\frac{2}{3} \\ \frac{1}{3} & \frac{2}{3} & \frac{2}{3} \end{bmatrix}$ (2) $A = \begin{bmatrix} 1 & 0 & 0 \\ 0 & \cos\theta & \sin\theta \\ 0 & -\sin\theta & \cos\theta \end{bmatrix}$

2 다음 행렬을 대각화하고, $P^{-1}AP$가 대각행렬이 되도록 하는 직교행렬 P를 구하여라.

(1) $A = \begin{bmatrix} 2 & 2 \\ 2 & 2 \end{bmatrix}$ (2) $A = \begin{bmatrix} 0 & 0 & 0 \\ 0 & 2 & 2 \\ 0 & 2 & 2 \end{bmatrix}$

3 다음 행렬을 대각화하여라.

(1) $A = \begin{bmatrix} 2 & 1 \\ 1 & 2 \end{bmatrix}$ (2) $A = \begin{bmatrix} 1 & 1 & 0 \\ 1 & 1 & 0 \\ 0 & 0 & 1 \end{bmatrix}$ (3) $A = \begin{bmatrix} 1 & -1 & 2 \\ -1 & 1 & 2 \\ 2 & 2 & 2 \end{bmatrix}$

4 A가 대칭행렬이면, A의 서로 다른 고유값에 대응하는 고유벡터는 서로 직교함을 증명하여라.

5 A와 B가 직교행렬이면, AB도 직교행렬임을 보여라.

6 $F : R^2 \to R^2$를 반시계방향으로 $45°$ 회전시키는 선형변환이라 하고, A를 R^2의 표준기저에 관한 표현행렬이라 하자. 이때 A가 직교행렬임을 보여라.

6.4 2차형식과 대각화

> **정의 6.20** x와 y에 관한 2차방정식의 그래프를 **원추곡선**(conic)이라 한다. 또 타원, 원, 쌍곡선, 포물선을 **비퇴화원추곡선**(nondegenerate conic), 기타 원추곡선을 **퇴화원추곡선**(degenerate conic)이라 한다. 퇴화원추곡선에는 단 하나의 점, 직선, 직선의 쌍이 있다.

비퇴화원추곡선을 그림 6.1에 주어진 그래프 형태로 표시할 수 있으면 비퇴화원추곡선은 좌표축에 관하여 표준위치에 있다고 한다. 표준위치 원추곡선은 그 방정식에 xy항을 포함하지 않는다. 비퇴화원추곡선 방정식에 xy항이 있다는 것은 원추곡선이 표준위치에서 회전되어 있다는 것을 나타낸다. 또 표준위치 원추곡선으로서 x^2항과 x항 또는 y^2항과 y항을 모두 갖는 원추곡선은 없다. 비퇴화원추곡선이 xy항을 포함하지 않으면서 위의 변수 가운데 어느 한 쌍을 포함하고 있으면 이 곡선은 표준위치에 평행이동되었음을 의미한다. 표준위치가 아닌 비퇴화곡선의 그래프를 식별하는 방법의 하나는 새로운 $x'y'$ 좌표계에 대하여 원추곡선이 표준위치가 되도록 좌표축을 회전 및 평행이동하는 것이다. 좌표축을 회전 및 평행이동한 후 $x'y'$ 좌표계에서 원추곡선의 방정식은 그림 6.1에 나타나 있는 꼴 가운데 하나가 되므로 쉽게 식별할 수 있다.

2차원 공간에서 직교좌표계의 원점에 중심을 둔 원추곡선의 방정식을

$$ax^2 + 2bxy + cy^2 = d \tag{6.7}$$

로 나타낸다. 여기서 a, b, c, d는 실수이다. 다양한 분야에서 원추곡선의 형식을 아는 것은 중요하다. 즉 방정식이 나타내는 곡선이 타원, 원, 쌍곡선, 포물선 또는 직선 중에서 어느 것인지를 결정해야 한다. 흔히 쓰이는 접근 방법은 x축이나 y축을 회전시킴으로써 xy항을 포함하지 않는 새로운 x'축이나 y'축을 얻어 원추곡선의 형식을 판별하는 것이다. 3차원 공간의 2차곡면의 방정식은 $a, b, \cdots, g$가 실수이고 a, b, c 중 적어도 하나는 0이 아닐 때

$$ax^2 + by^2 + cz^2 + 2dxy + 2exz + 2fyz = g \tag{6.8}$$

로 주어진다. 마찬가지로 x축, y축, z축을 x'축, y'축, z'축으로 변환하여 xy, xz, yz항을 제거함으로써 곡면의 형태를 판별할 수 있다. 식 (6.7)와 (6.8)의 좌변을 2차형식이라 한다. 이 2차형식은 기하학, 통계학, 물리학 등 다양한 분야의 문제와 관련되어 있다.

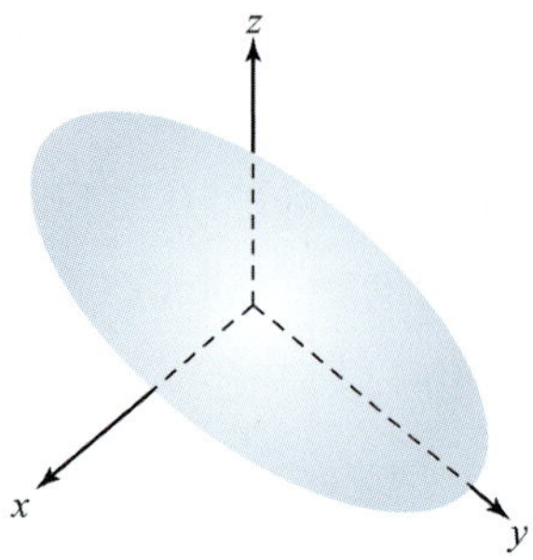

(a) $\dfrac{x^2}{l^2}+\dfrac{y^2}{m^2}+\dfrac{z^2}{n^2}=1$ (타원면)

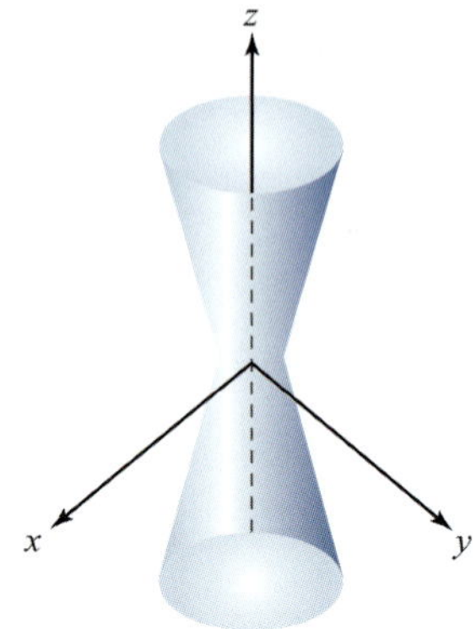

(b) $\dfrac{x^2}{l^2}+\dfrac{y^2}{m^2}-\dfrac{z^2}{n^2}=1$ (일엽쌍곡면)

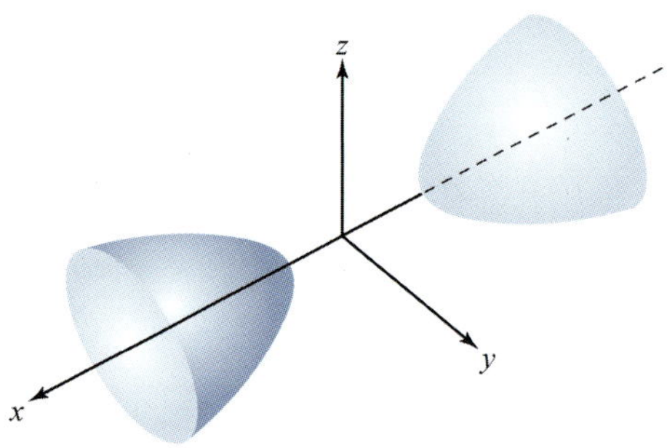

(c) $\dfrac{x^2}{l^2}-\dfrac{y^2}{m^2}-\dfrac{z^2}{n^2}=1$ (이엽쌍곡면)

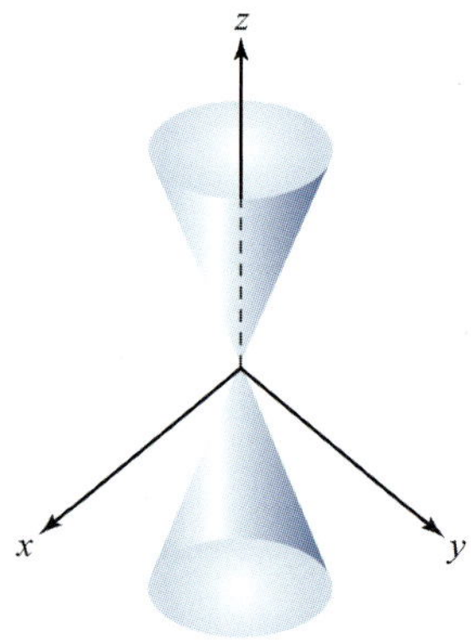

(d) $\dfrac{x^2}{l^2}+\dfrac{y^2}{m^2}-\dfrac{z^2}{n^2}=0$ (타원추)

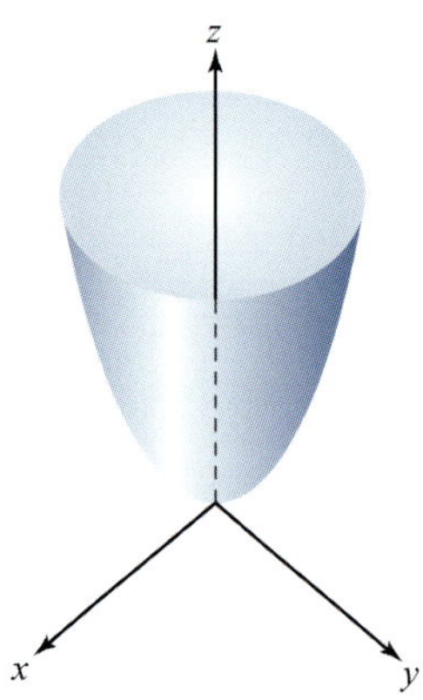

(e) $\dfrac{x^2}{l^2}+\dfrac{y^2}{m^2}-z=0$ (타원포물면)

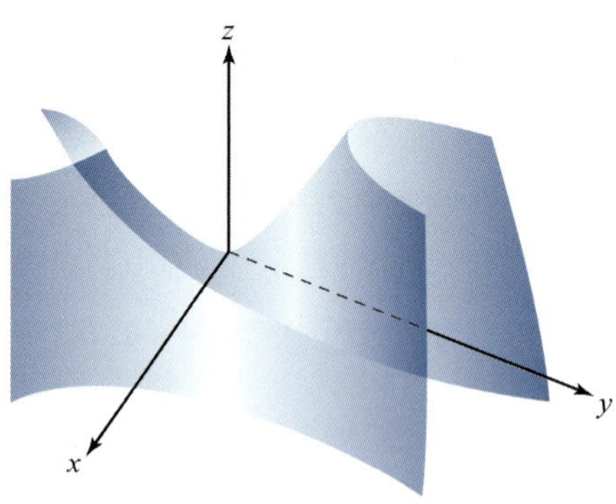

(f) $\dfrac{x^2}{l^2}-\dfrac{y^2}{m^2}+z=0$ (쌍곡포물면)

그림 6.1

정의 6.21 $n\times n$ 대칭행렬 A와 실변수 $x_1, x_2, \cdots, x_n$에 대하여

$$A=\begin{bmatrix} a_{11} & a_{12} & \cdots & a_{1n} \\ a_{21} & a_{22} & \cdots & a_{2n} \\ \vdots & \vdots & & \vdots \\ a_{n1} & a_{n2} & \cdots & a_{nn} \end{bmatrix}, \qquad \mathbf{x}=\begin{bmatrix} x_1 \\ x_2 \\ \vdots \\ x_n \end{bmatrix}$$

일 때,

$$q(\mathbf{x})=\mathbf{x}^T A\mathbf{x} \tag{6.9}$$

로 주어지는 R^n에서 정의된 실함수 $q : R^n \to R^1$을 실변수 $x_1, x_2, \cdots, x_n$에 대한 2차형식(quadratic form)이라 하고, 행렬 A를 2차형식 q의 행렬이라 한다. 또 행렬연산에 의하여 식 (6.9)를 전개하면

$$\mathbf{x}^T A\mathbf{x}=a_{11}x_1^2+a_{22}x_2^2+\cdots+a_{nn}x_n^2+\sum_{i\neq j}a_{ij}x_ix_j$$

로 표현된다.

예제 14 식 (6.7)의 좌변은 x, y에 대한 2차형식이다. 이것의 2차형식 q의 행렬 A를 구하여라.

풀이

$$ax^2+2bxy+cy^2=[x\ y]\begin{bmatrix} a & b \\ b & c \end{bmatrix}\begin{bmatrix} x \\ y \end{bmatrix}$$

이므로

$$A=\begin{bmatrix} a & b \\ b & c \end{bmatrix}$$

이다. 만약

$$\mathbf{x}=\begin{bmatrix} x \\ y \end{bmatrix}$$

라고 하면

$$ax^2+2bxy+cy^2=[x\ y]\begin{bmatrix} a & b \\ b & c \end{bmatrix}\begin{bmatrix} x \\ y \end{bmatrix}=\mathbf{x}^T A\mathbf{x}$$

와 같이 표현된다. ■

예제 15 2차형식 $3x^2+6xy-5y^2$에 대한 2차형식 q의 행렬 A를 구하여라.

풀이

$$3x^2+6xy-5y^2=[x\,y]\begin{bmatrix}3 & 3\\ 3 & -5\end{bmatrix}\begin{bmatrix}x\\ y\end{bmatrix}$$

이므로

$$A=\begin{bmatrix}3 & 3\\ 3 & -5\end{bmatrix}$$

이다. ■

예제 16 식 (6.8)의 좌변은 $x,\ y,\ z$에 대한 2차형식이다. 이 2차형식에 대한 2차형식 q의 행렬 A를 구하여라.

풀이

$$ax^2+by^2+cz^2+2dxy+2exz+2fyz=[x\ \ y\ \ z]\begin{bmatrix}a & d & e\\ d & b & f\\ e & f & c\end{bmatrix}\begin{bmatrix}x\\ y\\ z\end{bmatrix}$$

이므로

$$A=\begin{bmatrix}a & d & e\\ d & b & f\\ e & f & c\end{bmatrix}$$

이다. 만약

$$\mathbf{x}=\begin{bmatrix}x\\ y\\ z\end{bmatrix}$$

라고 하면

$$ax^2+by^2+cz^2+2dxy+2exz+2fyz=[x\ \ y\ \ z]\begin{bmatrix}a & d & e\\ d & b & f\\ e & f & c\end{bmatrix}\begin{bmatrix}x\\ y\\ z\end{bmatrix}=\mathbf{x}^TA\mathbf{x}$$

와 같이 표현된다. ■

실변수 $x_1,\ x_2,\ \cdots,\ x_n$에 대한 2차형식 $q(\mathbf{x})=\mathbf{x}^TA\mathbf{x}$에서 변수의 혼합항을 제거하여 2차형식을 간단히 만드는 방법에 대하여 알아보자.

정리 6.22 $n \times n$ 대칭행렬 A에 대하여 $\lambda_1, \lambda_2, \cdots, \lambda_n$을 A의 고유값이라 하자. λ_1, λ_n을 A의 고유값 중 최댓값, 최솟값이라 하면 R^n 위의 단위구 위에서 함수 $q(\mathbf{x}) = \mathbf{x}^T A\mathbf{x}$는 최댓값 λ_1과 최솟값 λ_n을 갖는다. 즉

$$\lambda_n \leq q(\mathbf{x}) = \mathbf{x}^T A\mathbf{x} \leq \lambda_1$$

이다. 이때 $\mathbf{x}_1$, $\mathbf{x}_n$이 각각 λ_1, λ_n에 대응하는 단위구에 있는 고유벡터라고 하면 $q(\mathbf{x})$는 $\mathbf{x}_1$과 $\mathbf{x}_n$에서 최댓값과 최솟값을 갖게 된다. 즉

$$q(\mathbf{x}_1) = \lambda_1, \qquad q(\mathbf{x}_n) = \lambda_n$$

이다.

증명 A는 대칭행렬이므로 A의 고유벡터로 구성된 R^n의 정규직교기저 $S = \{\mathbf{v}_1, \mathbf{v}_2, \cdots, \mathbf{v}_n\}$이 존재한다. $\lambda_1, \lambda_2, \cdots, \lambda_n$을 고유벡터 $\mathbf{v}_1, \mathbf{v}_2, \cdots, \mathbf{v}_n$에 대응하는 고유값이라 하자. R^n의 단위구 위의 임의의 벡터 $\mathbf{x}$에 대하여

$$\mathbf{x} = (\mathbf{x} \cdot \mathbf{v}_1)\mathbf{v}_1 + (\mathbf{x} \cdot \mathbf{v}_2)\mathbf{v}_2 + \cdots + (\mathbf{x} \cdot \mathbf{v}_n)\mathbf{v}_n$$

이 성립한다. 따라서

$$\begin{aligned} A\mathbf{x} &= (\mathbf{x} \cdot \mathbf{v}_1)A\mathbf{v}_1 + (\mathbf{x} \cdot \mathbf{v}_2)A\mathbf{v}_2 + \cdots + (\mathbf{x} \cdot \mathbf{v}_n)A\mathbf{v}_n \\ &= \lambda_1(\mathbf{x} \cdot \mathbf{v}_1)\mathbf{v}_1 + \lambda_2(\mathbf{x} \cdot \mathbf{v}_2)\mathbf{v}_2 + \cdots + \lambda_n(\mathbf{x} \cdot \mathbf{v}_n)\mathbf{v}_n \end{aligned}$$

이다. 기저 S가 정규직교인 사실과 $\|\mathbf{x}\| = 1$인 사실로부터

$$\|\mathbf{x}\| = (\mathbf{x} \cdot \mathbf{v}_1)^2 + (\mathbf{x} \cdot \mathbf{v}_2)^2 + \cdots + (\mathbf{x} \cdot \mathbf{v}_n)^2 = 1$$

$$\langle \mathbf{x}, A\mathbf{x} \rangle = \lambda_1(\mathbf{x} \cdot \mathbf{v}_1)^2 + \lambda_2(\mathbf{x} \cdot \mathbf{v}_2)^2 + \cdots + \lambda_n(\mathbf{x} \cdot \mathbf{v}_n)^2$$

을 얻는다. 따라서 $\mathbf{x}^T A\mathbf{x} \leq \lambda_1$임을 다음과 같이 보일 수 있다.

$$\begin{aligned} \mathbf{x}^T A\mathbf{x} = \mathbf{x}A\mathbf{x} &= \lambda_1(\mathbf{x} \cdot \mathbf{v}_1)^2 + \lambda_2(\mathbf{x} \cdot \mathbf{v}_2)^2 + \cdots + \lambda_n(\mathbf{x} \cdot \mathbf{v}_n)^2 \\ &\leq \lambda_1(\mathbf{x} \cdot \mathbf{v}_1)^2 + \lambda_1(\mathbf{x} \cdot \mathbf{v}_2)^2 + \cdots + \lambda_1(\mathbf{x} \cdot \mathbf{v}_n)^2 \\ &= \lambda_1[(\mathbf{x} \cdot \mathbf{v}_1)^2 + (\mathbf{x} \cdot \mathbf{v}_2)^2 + \cdots + (\mathbf{x} \cdot \mathbf{v}_n)^2] \\ &= \lambda_1 \end{aligned}$$

$\mathbf{x}^T A\mathbf{x} \geq \lambda_n$의 경우도 같은 방법으로 증명할 수 있다. $\mathbf{x}_1$이 λ_1에 대응하는 A의 고유벡터이고 $\|\mathbf{x}_1\| = 1$이면

$$\mathbf{x}_1^T A\mathbf{x}_1 = \mathbf{x}_1 A\mathbf{x}_1 = \mathbf{x}_1\lambda_1\mathbf{x}_1 = \lambda_1(\mathbf{x}_1 \cdot \mathbf{x}_1) = \lambda_1\|\mathbf{x}_1\|^2 = \lambda_1$$

이므로 $q(\mathbf{x}_1) = \lambda_1$이다. 같은 방법으로 $q(\mathbf{x}_n) = \lambda_n$임을 보일 수 있다. ■

정의 6.23 R^n의 모든 $\mathbf{x} \neq 0$에 대하여 $\mathbf{x}^T A\mathbf{x} > 0$일 때, $n \times n$ 대칭행렬 A를 양의 정부호(positive definite) 행렬이라고 한다.

정리 6.24 대칭행렬 A가 양의 정부호일 필요충분조건은 A의 모든 고유값이 양수이다.

증명 모든 $\mathbf{x}(\neq 0)$에 대하여 $q(\mathbf{x}) = \mathbf{x}^T A\mathbf{x} > 0$($A$: 양의 정부호)라고 가정하고 λ와 $\mathbf{x}$를 각각 A의 임의의 고유값, 고유벡터라고 하자. $\mathbf{x} \neq 0$이므로

$$0 < q(\mathbf{x}) = \mathbf{x}^T A\mathbf{x} = \mathbf{x}^T \lambda\mathbf{x} = \lambda\mathbf{x}^T\mathbf{x} = \lambda(\mathbf{x} \cdot \mathbf{x}) = \lambda\|\mathbf{x}\|^2$$

이고 $\mathbf{x} \neq 0$이므로 $\lambda > 0$을 얻는다. 반대로 A의 모든 고유값이 양수라고 하면 단위구 위의 모든 벡터 $\mathbf{x}$에 대하여 정리 6.20에 의하여 $q(\mathbf{x}) > 0$임을 알 수 있다.

$\mathbf{y}(\neq 0)$가 임의의 R^n의 원소라면 $\dfrac{\mathbf{y}}{\|\mathbf{y}\|}$는 단위구 위에 있으므로

$$0 < q\left(\frac{\mathbf{y}}{\|\mathbf{y}\|}\right) = \left(\frac{\mathbf{y}}{\|\mathbf{y}\|}\right)^T A\left(\frac{\mathbf{y}}{\|\mathbf{y}\|}\right) = \frac{1}{\|\mathbf{y}\|}\mathbf{y}^T A\mathbf{y}$$

이다. 따라서 $q(\mathbf{y}) > 0$이다. ■

예제 17 R^2에서 R로의 함수

$$q(x_1, x_2) = 2x_1^2 + 4x_1x_2 + 5x_2^2$$

가 모든 $(x_1, x_2) \neq (0, 0)$에 대하여 $q(x_1, x_2) > 0$임을 보여라.

풀이 2차형식 $q(x_1,\ x_2)$에 대응하는 대칭행렬은 $\begin{bmatrix} 2 & 2 \\ 2 & 5 \end{bmatrix}$이고, 이 행렬의 고유값은 양수 수인 $\lambda = 1$과 $\lambda = 6$이므로 $q(x_1,\ x_2) > 0$이다. ■

예제 17에서 보듯이 2차형식 $q(\mathbf{x}) = \mathbf{x}^T A\mathbf{x}$가 모든 $\mathbf{x} \neq \mathbf{0}$에 대하여 $q(\mathbf{x}) > 0$일 필요충분조건은 A의 모든 고유값이 양인 것을 알 수 있다.

대칭행렬 A를 이용한 2차형식

$$\mathbf{x}^T A\mathbf{x} = \begin{bmatrix} x_1 & x_2 & \cdots & x_n \end{bmatrix} \begin{bmatrix} a_{11} & a_{12} & \cdots & a_{1n} \\ a_{21} & a_{22} & \cdots & a_{2n} \\ \vdots & \vdots & & \vdots \\ a_{n1} & a_{n2} & \cdots & a_{nn} \end{bmatrix} \begin{bmatrix} x_1 \\ x_2 \\ \vdots \\ x_n \end{bmatrix} \tag{6.10}$$

에 대하여 A를 대각화하는 직교행렬이 존재한다. 즉 직교행렬 P에 대하여

$$P^T AP = D = \begin{bmatrix} \lambda_1 & 0 & \cdots & 0 \\ 0 & \lambda_2 & \cdots & 0 \\ \vdots & \vdots & \ddots & \vdots \\ 0 & 0 & \cdots & \lambda_n \end{bmatrix}$$

이 성립한다. 여기서 $\lambda_1,\ \lambda_2,\ \cdots,\ \lambda_n$은 A의 고유값이다.

만약 새로운 변수 $y_1,\ y_2,\ \cdots,\ y_n$에 대하여

$$\mathbf{y} = \begin{bmatrix} y_1 \\ y_2 \\ \vdots \\ y_n \end{bmatrix}$$

이라 하고 $\mathbf{x} = P\mathbf{y}$를 식 (6.9)에 대입하면

$$\mathbf{x}^T A\mathbf{x} = (P\mathbf{y})^T AP\mathbf{y} = \mathbf{y}^T P^T AP\mathbf{y} = \mathbf{y}^T D\mathbf{y}$$

이다. 즉 식 (6.10)으로부터 변수의 혼합항을 갖지 않는 2차형식

$$\begin{aligned} \mathbf{y}^T D\mathbf{y} &= \begin{bmatrix} y_1 & y_2 & \cdots & y_n \end{bmatrix} \begin{bmatrix} \lambda_1 & 0 & \cdots & 0 \\ 0 & \lambda_2 & \cdots & 0 \\ \vdots & \vdots & \ddots & \vdots \\ 0 & 0 & \cdots & \lambda_n \end{bmatrix} \begin{bmatrix} y_1 \\ y_2 \\ \vdots \\ y_n \end{bmatrix} \\ &= \lambda_1 y_1^2 + \lambda_2 y_2^2 + \cdots + \lambda_n y_n^2 \end{aligned}$$

을 얻을 수 있다. 이와 같이 2차형식을 갖는 많은 문제에서 $x_1,\ x_2,\ \cdots,\ x_n$ 좌표계를 혼합

항들이 없는 y_1, y_2, $\cdots$, y_n 좌표계로 변환시켜 단순화시켰을 때 y_1, y_2, $\cdots$, y_n 좌표계를 주축(principal axis)이라 한다.

예제 18 행렬

$$P = \begin{bmatrix} \frac{1}{\sqrt{2}} & \frac{1}{\sqrt{2}} \\ \frac{1}{\sqrt{2}} & -\frac{1}{\sqrt{2}} \end{bmatrix}$$

는 2차형식

$$x_1^2 - 2x_1x_2 + x_2^2$$

을 혼합항이 없는 새로운 2차형식

$$2y_2^2$$

으로 변환시켜준다. 이 변형된 항을 이용하여 x_1, x_2평면에 있는 그래프

$$x_1^2 - 2x_1x_2 + x_2^2 = 4$$

를 y_1, y_2평면에 있는 그래프

$$y_2^2 = 2$$

로 해석할 수 있다. y_1, y_2평면에서 곡선은 $y_2 = \pm\sqrt{2}$의 2개 수평직선으로 구성되어 있음을 알 수 있다. ■

다음 정리는 실수의 2차형식의 혼합항들을 제거시키는 변환이 항상 존재함을 보여준다.

정리 6.25 **(주축 정리)** A가 대칭행렬이고, $\mathbf{x}^TA\mathbf{x}$를 변수 x_1, x_2, $\cdots$, x_n에 관한 2차형식이라 하자. 행렬 P가 A를 직교대각화하고 새로운 변수 y_1, y_2, $\cdots$, y_n에 대하여 $\mathbf{y} = (y_1, y_2, \cdots, y_n)$이 $\mathbf{x} = P\mathbf{y}$를 만족한다고 하자. 이때 $\mathbf{x} = P\mathbf{y}$를 방정식 $\mathbf{x}^TA\mathbf{x}$에 대입하면 변수의 혼합항이 없는 다음 식을 얻는다.

$$\mathbf{x}^T A\mathbf{x} = \mathbf{y}^T D\mathbf{y} = \lambda_1 y_1^2 + \lambda_2 y_2^2 + \cdots + \lambda_n y_n^2$$

여기서 $\lambda_1, \lambda_2, \cdots, \lambda_n$은 A와 $D = P^T AP$의 고유값이다.

예제 19 2차형식 $x_1^2 - 2x_1x_2 + x_2^2$에서 변수의 혼합항이 없는 새로운 2차형식을 구하여라.

풀이 2차형식 $x_1^2 - 2x_1x_2 + x_2^2$을 행렬로 표현하면

$$[x_1 \ x_2]\begin{bmatrix} 1 & -1 \\ -1 & 1 \end{bmatrix}\begin{bmatrix} x_1 \\ x_2 \end{bmatrix}$$

와 같이 표현된다. $A = \begin{bmatrix} 1 & -1 \\ -1 & 1 \end{bmatrix}$라 하면 2차형식에 대응되는 다음 식

$$\det(\lambda I - A) = \det\begin{bmatrix} \lambda - 1 & 1 \\ 1 & \lambda - 1 \end{bmatrix} = \lambda(\lambda - 2) = 0$$

으로부터 행렬 A의 고유값 0, 2를 구할 수 있고, 이에 대응되는 고유벡터는 각각

$$\begin{bmatrix} 1 \\ 1 \end{bmatrix}, \quad \begin{bmatrix} 1 \\ -1 \end{bmatrix}$$

이다. 각 고유벡터의 성분을 고유벡터의 노름으로 나누면 A의 두 고유공간에 대한 정규직교기저가 각각

$$\begin{bmatrix} \frac{1}{\sqrt{2}} \\ \frac{1}{\sqrt{2}} \end{bmatrix}, \quad \begin{bmatrix} \frac{1}{\sqrt{2}} \\ -\frac{1}{\sqrt{2}} \end{bmatrix}$$

임을 확인할 수 있다. 여기서 P는 이 기저의 열벡터로 표현되는 행렬이다. 따라서

$$P = \begin{bmatrix} \frac{1}{\sqrt{2}} & \frac{1}{\sqrt{2}} \\ \frac{1}{\sqrt{2}} & -\frac{1}{\sqrt{2}} \end{bmatrix}, \qquad D = P^T AP = \begin{bmatrix} 0 & 0 \\ 0 & 2 \end{bmatrix}$$

이고 변수의 혼합항을 소거하기 위하여

$$\begin{bmatrix} x_1 \\ x_2 \end{bmatrix} = P \begin{bmatrix} y_1 \\ y_2 \end{bmatrix}$$

를 대입하면

$$x_1 = \frac{1}{\sqrt{2}} y_1 + \frac{1}{\sqrt{2}} y_2, \qquad x_2 = \frac{1}{\sqrt{2}} y_1 - \frac{1}{\sqrt{2}} y_2$$

의 관계가 성립한다. 따라서 새로운 2차형식은

$$[y_1 \ y_2]\, D \begin{bmatrix} y_1 \\ y_2 \end{bmatrix} = [y_1 \ y_2] \begin{bmatrix} 0 & 0 \\ 0 & 2 \end{bmatrix} \begin{bmatrix} y_1 \\ y_2 \end{bmatrix} = 2\, y_2^2$$

이다. 이 식은 변수의 혼합항을 포함하지 않음을 알 수 있다. ■

예제 20 2차형식 $2x_1^2 + 4x_1x_2 + 5x_2^2$에서 변수의 혼합항이 없는 새로운 2차형식을 구하여라.

풀이 2차형식 $2x_1^2 + 4x_1x_2 + 5x_2^2$을 행렬로 표현하면

$$[x_1 \ x_2] \begin{bmatrix} 2 & 2 \\ 2 & 5 \end{bmatrix} \begin{bmatrix} x_1 \\ x_2 \end{bmatrix}$$

와 같이 표현된다. $A = \begin{bmatrix} 2 & 2 \\ 2 & 5 \end{bmatrix}$라 하면 2차형식에 대응되는 다음 식

$$\det(\lambda I - A) = \det \begin{bmatrix} \lambda - 2 & -2 \\ -2 & \lambda - 5 \end{bmatrix} = (\lambda - 1)(\lambda - 6) = 0$$

으로부터 행렬 A의 고유값 $1, 6$을 구할 수 있고 이에 대응되는 고유벡터는 각각

$$\begin{bmatrix} -2 \\ 1 \end{bmatrix}, \quad \begin{bmatrix} 1 \\ 2 \end{bmatrix}$$

이다. 각 고유벡터의 성분을 고유벡터의 노름으로 나누면 A의 두 고유공간에 대한 정규직교기저가 각각

$$\begin{bmatrix} -\frac{2}{\sqrt{5}} \\ \frac{1}{\sqrt{5}} \end{bmatrix}, \quad \begin{bmatrix} \frac{1}{\sqrt{5}} \\ \frac{2}{\sqrt{5}} \end{bmatrix}$$

임을 확인할 수 있다. 여기서 P는 이 기저의 열벡터로 표현되는 행렬이다. 따라서

$$P = \begin{bmatrix} -\dfrac{2}{\sqrt{5}} & \dfrac{1}{\sqrt{5}} \\ \dfrac{1}{\sqrt{5}} & \dfrac{2}{\sqrt{5}} \end{bmatrix}, \quad D = P^T A P = \begin{bmatrix} 1 & 0 \\ 0 & 6 \end{bmatrix}$$

이고 변수의 혼합항을 소거하기 위하여

$$\begin{bmatrix} x_1 \\ x_2 \end{bmatrix} = P \begin{bmatrix} y_1 \\ y_2 \end{bmatrix}$$

를 대입하면

$$x_1 = -\frac{2}{\sqrt{5}} y_1 + \frac{1}{\sqrt{5}} y_2, \qquad x_2 = \frac{1}{\sqrt{5}} y_1 + \frac{2}{\sqrt{5}} y_2$$

의 관계가 성립한다. 따라서 새로운 2차형식은

$$[y_1 \ y_2] D \begin{bmatrix} y_1 \\ y_2 \end{bmatrix} = [y_1 \ y_2] \begin{bmatrix} 1 & 0 \\ 0 & 6 \end{bmatrix} \begin{bmatrix} y_1 \\ y_2 \end{bmatrix} = y_1^2 + 6y_2^2$$

이다. ■

예제 19, 20에서처럼 주어진 2차형식을 대각화할 때에는 대칭행렬 A의 고유벡터나 직교행렬 P를 구할 필요 없이 A의 고유값만 알면 된다.

연습문제 6.4

1 다음 2차방정식의 2차형식을 구하여라.

(1) $5x_1^2 - 4x_1x_2 + 8x_2^2 + \dfrac{20}{\sqrt{5}} x_1 - \dfrac{80}{\sqrt{5}} x_2 = -4$

(2) $-5x_1^2 + 4x_2^2 - 20 = 0$

2 2차형식이 다음과 같이 주어질 때 대응하는 행렬을 구하여라.

(1) $q(x_1, x_2) = 7x_1^2 - 6x_1x_2 + 4x_2^2$

(2) $q(x_1, x_2, x_3) = x_1^2 - 6x_1x_2 - x_2^2 + 8x_1x_3 + 4x_2x_3 + x_3^2$

3. 다음 원추곡선의 형태를 판별하여라.

(1) $2x_1^2 + 5x_2^2 - 20 = 0$

(2) $-5x_1^2 + 4x_2^2 - 20 = 0$

4. 다음 원추곡선의 형태를 판별하여라.

(1) $x_1^2 + x_2^2 = 25$

(2) $5x_1^2 - 4x_1x_2 + 8x_2^2 = 36$

5. $5x_1^2 - 4x_1x_2 + 8x_2^2 + \dfrac{20}{\sqrt{5}}x_1 - \dfrac{80}{\sqrt{5}}x_2 = -4$로 주어진 원추곡선의 형태를 판별하여라.

CHAPTER 7

선형대수학의 응용

CHAPTER 7
선형대수학의 응용

7.1 미분방정식

미분방정식은 미지함수의 1차 이상의 도함수를 포함한 방정식을 말하며, 미분방정식의 해를 구하는 것은 주어진 미분방정식을 만족하는 미지함수를 찾아내는 것이다. 선형연립미분방정식의 해를 구하는 한 방법으로 선형대수를 응용할 수 있음을 알아보자. 미지함수 y와 그의 도함수 y', 상수 a로 구성된 미분방정식

$$y' = ay \tag{7.1}$$

의 해는

$$y = ce^{ax} \tag{7.2}$$

인 형태의 함수이다. 여기서 c는 임의의 상수이다. 이와 같은 형태의 모든 함수는 $y' = ace^{ax} = ay$이므로 $y' = ay$의 해가 된다. 실제로 $y' = ay$의 모든 해는 $y = ce^{ax}$ 형태의 함수로 표시되며, 식 (7.2)는 $y' = ay$의 일반해(general solution)라고 한다.

상수 c를 결정하기 위해서는 추가조건이 필요하고, 일반해로부터 추가조건을 만족하는 특수해(particular solution)를 구할 수 있다. 예를 들면 $y' = ay$의 해들 가운데 추가조건

$$y(0) = 1 \tag{7.3}$$

을 만족하는 $y' = ay$의 해는 일반해 $y = ce^{ax}$로부터

$$1 = ce^0 = c$$

이므로 $y = e^{ax}$를 얻는다. 여기서 식 (7.3)과 같은 추가조건을 초기조건(initial condition)이라 하고, 초기조건을 만족하는 미분방정식의 해를 구하는 문제를 초기값 문제(initial-value problem)라고 한다.

다음 형태의 선형연립미분방정식의 해법을 생각해보자.

$$\begin{cases} {y_1}' = a_{11}y_1 + a_{12}y_2 + \cdots + a_{1n}y_n \\ {y_2}' = a_{21}y_1 + a_{22}y_2 + \cdots + a_{2n}y_n \\ \vdots \quad \vdots \quad \vdots \quad \vdots \\ {y_n}' = a_{n1}y_1 + a_{n2}y_2 + \cdots + a_{nn}y_n \end{cases} \tag{7.4}$$

여기서 y_1, y_2, $\cdots$, y_n은 구해야 할 미지함수이고, a_{ij}는 상수이다. 식 (7.4)를 행렬로 표시하면

$$\begin{bmatrix} {y_1}' \\ {y_2}' \\ \vdots \\ {y_n}' \end{bmatrix} = \begin{bmatrix} a_{11} & a_{12} & \cdots & a_{1n} \\ a_{21} & a_{22} & \cdots & a_{2n} \\ \vdots & \vdots & & \vdots \\ a_{n1} & a_{n2} & \cdots & a_{nn} \end{bmatrix} \begin{bmatrix} y_1 \\ y_2 \\ \vdots \\ y_n \end{bmatrix}$$

이고, 간단히 $Y' = AY$로 쓸 수 있다.

예제 1 (1) 다음 연립방정식을 행렬로 표현하여라.

$${y_1}' = 3y_1, \qquad {y_2}' = -5y_2$$

(2) (1)에서 주어진 연립방정식을 풀어라.

(3) 초기조건 $y_1(0) = 1$, $y_2(0) = 4$를 만족하는 연립방정식의 해를 구하여라.

풀이 (1)

$$\begin{bmatrix} {y_1}' \\ {y_2}' \end{bmatrix} = \begin{bmatrix} 3 & 0 \\ 0 & -5 \end{bmatrix} \begin{bmatrix} y_1 \\ y_2 \end{bmatrix} \tag{7.5}$$

또는

$$Y' = \begin{bmatrix} 3 & 0 \\ 0 & -5 \end{bmatrix} Y$$

이다.

(2) 각 방정식은 하나의 미지함수로만 되어 있으므로 각각의 방정식으로부터 해를 구할 수 있다. 식 (7.1)과 (7.2)로부터 해는 $y_1' = c_1 e^{3x}$, $y_2' = c_2 e^{-5x}$이며, 행렬로 표시하면

$$Y = \begin{bmatrix} y_1 \\ y_2 \end{bmatrix} = \begin{bmatrix} c_1 e^{3x} \\ c_2 e^{-5x} \end{bmatrix}$$

이다.

(3) 주어진 초기조건에 의하여

$$1 = y_1(0) = c_1 e^0 = c_1$$
$$4 = y_2(0) = c_2 e^0 = c_2$$

이므로, 구하고자 하는 해는

$$y_1 = e^{3x}, \qquad y_2 = 4e^{-5x}$$

이다. ■

예제 1은 각 미분방정식이 단 하나의 미지함수를 포함하고 있으므로(계수행렬이 대각행렬로 표현되므로) 연립방정식의 해를 구하기가 쉬웠다. 연립방정식 $Y' = AY$의 계수행렬이 대각행렬이 아닐 때에는 Y를 치환하여 계수행렬이 대각행렬이 되도록 새로운 연립방정식으로 만들어 그 연립방정식의 해를 구하고 이 해를 이용하여 주어진 연립방정식의 해를 구한다.

연립방정식 풀이 과정

연립방정식 $Y' = AY$의 풀이 과정(단, A는 대각화 가능 행렬)

(a) A를 대각화시키는 행렬 P를 구한다.

(b) $Y = PU$와 $Y' = PU'$을 구하여 계수행렬이 대각행렬이 되는 새로운 연립방정식 $U' = DU$를 구한다(단, $D = P^{-1}AP$).

(c) $U' = DU$의 해를 구한다.

(d) $Y = PU$로부터 Y를 결정한다.

예제 2 (1) 연립방정식 $y_1{}' = 3y_1 + 4y_2$, $y_2{}' = 3y_1 + 2y_2$의 해를 구하여라.
(2) 초기조건 $y_1(0) = 6$, $y_2(0) = 1$을 만족시키는 해를 구하여라.

풀이 (1) 계수행렬은

$$A = \begin{bmatrix} 3 & 4 \\ 3 & 2 \end{bmatrix}$$

이며 A의 고유값은 $\lambda = 6$, $\lambda = -1$이다. $\lambda = 6$의 고유벡터는 $\begin{bmatrix} 4 \\ 3 \end{bmatrix}$이고, $\lambda = -1$의 고유벡터는 $\begin{bmatrix} 1 \\ -1 \end{bmatrix}$이다. 따라서

$$P = \begin{bmatrix} 4 & 1 \\ 3 & -1 \end{bmatrix}$$

는 A를 대각화시키고

$$D = P^{-1}AP = \begin{bmatrix} 6 & 0 \\ 0 & -1 \end{bmatrix}$$

이다. 치환 $Y = PU$, $Y' = PU'$에 의하여 대각행렬을 계수행렬로 갖는 새로운 연립방정식

$$U' = DU = \begin{bmatrix} 6 & 0 \\ 0 & -1 \end{bmatrix} U$$

를 얻는다. 식 (7.2)에 의하여 이 연립방정식의 해는

$$U = \begin{bmatrix} c_1 e^{6x} \\ c_2 e^{-x} \end{bmatrix}$$

이므로 방정식 $Y = PU$로부터 주어진 연립방정식의 해는

$$Y = \begin{bmatrix} y_1 \\ y_2 \end{bmatrix} = \begin{bmatrix} 4 & 1 \\ 3 & -1 \end{bmatrix} \begin{bmatrix} c_1 e^{6x} \\ c_2 e^{-x} \end{bmatrix} = \begin{bmatrix} 4c_1 e^{6x} + c_2 e^{-x} \\ 3c_1 e^{6x} - c_2 e^{-x} \end{bmatrix} \tag{7.6}$$

이다.

(2) 초기조건 $y_1(0) = 6$, $y_2(0) = 1$을 식 (7.6)에 대입하면

$$4c_1 + c_2 = 6$$
$$3c_1 - c_2 = 1$$

을 얻고, 이것을 풀면 $c_1 = 1$, $c_2 = 2$를 얻는다. 따라서 초기조건을 만족시키는 해는 다음과 같다.

$$y_1 = 4e^{6x} + 2e^{-x}$$
$$y_2 = 3e^{6x} - 2e^{-x}$$
■

연습문제 7.1

❶ 다음 연립미분방정식의 해를 구하여라.

(1) $y_1' = y_1 + 4y_2$, $y_2' = 2y_1 + 3y_2$

(2) $y_1' = y_1 + 3y_2$, $y_2' = 4y_1 + 5y_2$

❷ 다음 연립미분방정식의 해를 구하여라.

$$y_1' = -3y_1 - 2y_2 + 3y_3, \quad y_2' = y_1 - 3y_3, \quad y_3' = y_1 - 2y_2 - y_3$$
(초기조건 : $y_1(0) = -1$, $y_2(0) = -4$, $y_3(0) = 0$)

7.2 복소행렬

이 절에서는 복소계수를 갖는 행렬을 공부하고 대칭행렬 및 직교행렬에 대응하는 복소행렬에 대하여 알아보기로 한다.

C를 복소수 전체의 집합이라 하고 $c \in C$의 공액복소수를 $\overline{c}$라 하면 복소수 $c = a + bi$(a, b는 실수, $i^2 = -1$)의 크기는

$$|c| = \sqrt{\overline{c}c} = \sqrt{a^2 + b^2}$$

이다. 또 C^n을 복소수항들을 갖는 n차원 복소벡터공간(complex vector space)이라 하면 C^n상의 벡터 $\mathbf{z} = (z_1, z_2, \cdots, z_n)^T$의 크기는

$$\|\mathbf{z}\| = (|z_1|^2 + |z_2|^2 + \cdots + |z_n|^2)^{\frac{1}{2}}$$
$$= (\bar{z}_1 z_1 + \bar{z}_2 z_{2+} \cdots + \bar{z}_n z_n)^{\frac{1}{2}}$$
$$= (\bar{\mathbf{z}}^T \mathbf{z})^{\frac{1}{2}}$$

로 주어진다. 표현의 편의를 위해 $\bar{\mathbf{z}}$의 전치벡터를 $\mathbf{z}^H$로 쓰기도 한다. 따라서

$$\|\mathbf{z}\| = (\mathbf{z}^H \mathbf{z})^{\frac{1}{2}}$$

이다.

정의 7.1 복소벡터공간 V의 임의의 벡터 $\mathbf{z}, \mathbf{w}, \mathbf{u} \in V$와 $k \in R$에 대하여 다음 네 조건을 만족하는 사상

$$\langle \cdot, \cdot \rangle : V \times V \to C$$

를 V 위의 내적(inner product)이라고 한다.

(a) $\langle \mathbf{z}, \mathbf{w} \rangle = \overline{\langle \mathbf{w}, \mathbf{z} \rangle}$

(b) $\langle \mathbf{z} + \mathbf{w}, \mathbf{u} \rangle = \langle \mathbf{z}, \mathbf{u} \rangle + \langle \mathbf{w}, \mathbf{u} \rangle$

(c) $\langle k\mathbf{z}, \mathbf{u} \rangle = k\langle \mathbf{z}, \mathbf{u} \rangle$

(d) $\langle \mathbf{z}, \mathbf{z} \rangle \ge 0$, $\langle \mathbf{z}, \mathbf{z} \rangle = 0 \Leftrightarrow \mathbf{z} = \mathbf{0}$

내적이 정의되는 복소벡터공간을 복소내적공간(complex inner product space)이라 한다.

복소내적공간에서는 $\langle \mathbf{z}, \mathbf{w} \rangle$가 $\langle \mathbf{w}, \mathbf{z} \rangle$가 아니라 $\overline{\langle \mathbf{w}, \mathbf{z} \rangle}$와 같게 된다. 이 점을 고려하여 실수내적공간에서의 정리들을 적절히 수정하면, 이 정리들은 복소내적공간에서도 역시 성립한다. $\{\mathbf{u}_1, \mathbf{u}_2, \cdots, \mathbf{u}_n\}$이 실수내적공간 V의 정규직교기저라면

$$\mathbf{u} = \sum_{j=1}^{n} k_j \mathbf{u}_j$$

에 대하여

$$k_j = \langle \mathbf{u}_j, \mathbf{u} \rangle = \langle \mathbf{u}, \mathbf{u}_j \rangle, \ \|\mathbf{u}\|^2 = \sum_{j=1}^{n} k_j^2$$

인데, 복소내적공간에서 다음과 같이 수정된다.

$\{\mathbf{w}_1, \mathbf{w}_2, \cdots, \mathbf{w}_n\}$을 복소내적공간의 정규직교기저라 하면

$$\mathbf{z} = \sum_{j=1}^{n} k_j \mathbf{w}_j$$

에 대하여

$$k_j = \langle \mathbf{z}, \mathbf{w}_j \rangle, \quad k_j = \overline{\langle \mathbf{w}_j, \mathbf{z} \rangle}, \quad \|\mathbf{z}\|^2 = \sum_{j=1}^{n} k_j \bar{k}_j$$

이다. 따라서 C^n상의 내적공간을 C^n상의 임의의 두 벡터 $\mathbf{z}$, $\mathbf{w}$에 대하여

$$\langle \mathbf{z}, \mathbf{w} \rangle = \mathbf{w}^H \mathbf{z}$$

로 정의할 수 있다. 복소내적공간 C^n은 실수내적공간 R^n과 아주 유사하다. 주된 차이점은 복소내적의 경우 전치를 취하기 앞서 공액화가 필요하다는 것이다.

예제 3 $\mathbf{z} = \begin{bmatrix} 5+i \\ 1-3i \end{bmatrix}$, $\mathbf{w} = \begin{bmatrix} 2+i \\ -2+3i \end{bmatrix}$에 대하여

$$\mathbf{w}^H \mathbf{z} = [2-i, \ -2-3i] \begin{bmatrix} 5+i \\ 1-3i \end{bmatrix} = (11-3i) - (-11+3i) = 0$$

$$\mathbf{z}^H \mathbf{z} = |5+i|^2 + |1-3i|^2 = 36$$

$$\mathbf{w}^H \mathbf{w} = |2+i|^2 + |-2+3i|^2 = 18$$

이다. 따라서 $\mathbf{z}$, $\mathbf{w}$는 서로 직교하고

$$\|\mathbf{z}\| = 6, \quad \|\mathbf{w}\| = 3\sqrt{2}$$

이다. ■

$M = [m_{jk}]_{n \times n}$을 각 $j, k\ (j, k = 1, 2, \cdots, n)$에 대하여 $m_{jk} = a_{jk} + i\, b_{jk}$인 행렬이라고 하자. 실수행렬 $A = [a_{jk}]$와 $B = [b_{jk}]$를 이용하여 복소행렬 M을

$$M = A + iB$$

로 표현할 수 있다. M의 공액행렬을

$$\overline{M} = A - iB$$

로 정의한다. 따라서 $\overline{M}$ 는 M의 각 항에 공액복소수를 취하여 얻어진다. $\overline{M}$ 의 전치행렬을 M^H로 나타낸다.

정리 7.2 복소수항들을 갖는 모든 $m \times n$ 행렬들의 벡터공간을 $C^{m \times n}$이라 하자. $\alpha,\ \beta \in C$에 대하여 A와 B가 $C^{m \times n}$의 원소이고, D가 $C^{n \times r}$의 원소라 하면, 다음 법칙이 성립한다.

(a) $(A^H)^H = A$

(b) $(\alpha A + \beta B)^H = \overline{\alpha} A^H + \overline{\beta} B^H$

(c) $(AD)^H = D^H A^H$

정의 7.3 $M = M^H$인 행렬 M을 **에르미트 행렬(Hermitian matrix)**이라 한다.

예제 4 행렬

$$M = \begin{bmatrix} 1 & -i \\ i & 1 \end{bmatrix}$$

은

$$M^H = \begin{bmatrix} \overline{1} & -\overline{i} \\ \overline{i} & \overline{1} \end{bmatrix}^T = \begin{bmatrix} 1 & i \\ -i & 1 \end{bmatrix}^T = \begin{bmatrix} 1 & -i \\ i & 1 \end{bmatrix} = M$$

을 만족하므로 에르미트 행렬이다. ■

M이 실수로 이루어진 행렬이면 $M^H = M^T$이다. 특히 M이 실수로 이루어진 대칭행렬이면 M은 에르미트 행렬이다. 따라서 에르미트 행렬은 실수로 이루어진 대칭행렬의 복소수 영역으로의 확장으로 볼 수 있다. 에르미트 행렬은 다음 정리에서 보는 바와 같이 좋은 성질들을 갖고 있다.

정리 7.4 에르미트 행렬의 고유값들은 모두 실수이며, 서로 다른 고유값들에 대응하는 고유벡터들은 직교한다.

증명 λ를 에르미트 행렬 A의 고유값, $\mathbf{x}$를 λ에 대응하는 고유벡터라 하자. $\alpha = \mathbf{x}^H A\mathbf{x}$라 하면

$$\overline{\alpha} = \alpha^H = (\mathbf{x}^H A\mathbf{x})^H = \mathbf{x}^H A\mathbf{x} = \alpha$$

이다. 따라서 α는 실수이고

$$\alpha = \mathbf{x}^H A\mathbf{x} = \mathbf{x}^H \lambda\mathbf{x} = \lambda \|\mathbf{x}\|^2$$

이므로 $\lambda = \dfrac{\alpha}{\|\mathbf{x}\|^2}$는 실수이다($\mathbf{x}$는 고유벡터이므로 $\|\mathbf{x}\|^2 \neq 0$). $\mathbf{x}_1, \mathbf{x}_2$를 각각 서로 다른 고유값 λ_1, λ_2에 대응하는 고유벡터라 하면

$$(A\mathbf{x}_1)^H\mathbf{x}_2 = (\mathbf{x}_2^H A\mathbf{x}_1)^H = (\lambda_1\mathbf{x}_2^H\mathbf{x}_1)^H = \lambda_1\mathbf{x}_1^H\mathbf{x}_2,$$
$$(A\mathbf{x}_1)^H\mathbf{x}_2 = \mathbf{x}_1^H A^H\mathbf{x}_2 = \mathbf{x}_1^H A\mathbf{x}_2 = \lambda_2\mathbf{x}_1^H\mathbf{x}_2$$

이다. 따라서

$$\lambda_1\mathbf{x}_1^H\mathbf{x}_2 = \lambda_2\mathbf{x}_1^H\mathbf{x}_2$$

이고 $\lambda_1 \neq \lambda_2$이므로 $\langle \mathbf{x}_2, \mathbf{x}_1 \rangle = \mathbf{x}_1^H\mathbf{x}_2 = 0$이다. ■

정의 7.5 $n\times n$ 행렬 U의 열벡터들이 C^n에서 정규직교집합일 때, U를 유니타리(unitary)라 한다.

실수계수의 유니타리 행렬은 직교행렬이다. $U^H U$의 (i, j) 성분

$$(U^H U)_{ij} = \sum_{k=1}^{n} (U^H)_{ik} U_{kj} = \sum_{k=1}^{n} \overline{U}_{ki} U_{kj}$$

에서 $\overline{U}_{ki}U_{kj}$이 U의 i열과 j열의 곱이므로, U가 유니타리일 필요충분조건은 $U^H U = I$이다.

정리 7.6 에르미트 행렬 A의 고유값들이 서로 다르면 A를 대각화하는 유니타리 행렬 U가 존재한다.

증명 A의 각 고유값 λ_j에 대하여 $\mathbf{x}_j$를 λ_j에 대응하는 고유벡터라 하자($j=1, 2, \cdots, n$). $\mathbf{u}_j = \dfrac{\mathbf{x}_j}{\|\mathbf{x}_j\|}$는 λ_j에 대응하는 단위 고유벡터이므로 정리 7.4에 의해 $\{\mathbf{u}_1, \mathbf{u}_2, \cdots, \mathbf{u}_n\}$는 C^n 상의 정규직교집합을 이룬다. $\mathbf{u}_j$를 j번째 열벡터로 갖는 행렬 U는 유니타리이고 A를 대각화한다. ■

예제 5 행렬

$$A = \begin{bmatrix} 2 & 1-i \\ 1+i & 1 \end{bmatrix}$$

를 대각화하는 유니타리 행렬 U를 구하여라.

풀이 A는 고유값 $\lambda_1 = 3,\ \lambda_2 = 0$에 대응하는 고유벡터

$$\mathbf{x}_1 = \begin{bmatrix} 1-i \\ 1 \end{bmatrix}, \qquad \mathbf{x}_2 = \begin{bmatrix} -1 \\ 1+i \end{bmatrix}$$

를 갖는다.

$$\mathbf{u}_1 = \frac{\mathbf{x}_1}{\|\mathbf{x}_1\|} = \frac{1}{\sqrt{3}}\begin{bmatrix} 1-i \\ 1 \end{bmatrix}, \qquad \mathbf{u}_2 = \frac{\mathbf{x}_2}{\|\mathbf{x}_2\|} = \frac{1}{\sqrt{3}}\begin{bmatrix} -1 \\ 1+i \end{bmatrix}$$

를 열벡터로 갖는 행렬

$$U = \frac{1}{\sqrt{3}}\begin{bmatrix} 1-i & -1 \\ 1 & 1+i \end{bmatrix}$$

이

$$U^H A U = \frac{1}{3}\begin{bmatrix} 1+i & 1 \\ -1 & 1-i \end{bmatrix}\begin{bmatrix} 2 & 1-i \\ 1+i & 1 \end{bmatrix}\begin{bmatrix} 1-i & -1 \\ 1 & 1+i \end{bmatrix} = \begin{bmatrix} 3 & 0 \\ 0 & 0 \end{bmatrix}$$

을 만족하므로 U가 원하는 유니타리 행렬이다. ■

실제로 에르미트 행렬 A의 고유값이 같은 경우에도 A를 대각화하는 유니타리 행렬이 존재한다. 이를 보이기 위해 다음 정리를 먼저 증명하자.

> **정리 7.7** (Schur 정리) $n \times n$ 행렬 A에 대하여 $U^H A U$가 상삼각행렬인 유니타리 행렬 U가 존재한다.

증명 수학적 귀납법을 이용하여 증명한다.

(1) $n = 1$일 때는 자명하다.

(2) $n = k(\geq 2)$일 때 가설이 성립한다고 가정하고 A를 $(k+1) \times (k+1)$ 행렬이라 하자. λ_1을 A의 고유값, $\mathbf{w}_1$을 λ_1에 대응하는 단위 고유벡터라고 하자. Gram-Schmidt 직교화 과정을 이용하여 $\{\mathbf{w}_1, \mathbf{w}_2, \cdots, \mathbf{w}_{k+1}\}$이 C^{k+1}상의 정규직교기저를 이루도록 $\{\mathbf{w}_2, \mathbf{w}_3, \cdots, \mathbf{w}_{k+1}\}$을 구하자.

$j = 1, 2, \cdots, k+1$에 대하여 $\mathbf{w}_j$를 j번째 열벡터로 갖는 유니타리 행렬을 W라 하면 $W^H A W$의 처음 열 $W^H A \mathbf{w}_1$은

$$W^H A \mathbf{w}_1 = \lambda_1 W^H \mathbf{w}_1 = \lambda_1 \mathbf{e}_1$$

이므로 $W^H A W$는

$$\begin{bmatrix} \lambda_1 & \times & \times & \cdots & \times \\ 0 & & & & \\ \vdots & & M & & \\ 0 & & & & \end{bmatrix}$$

인 형태의 행렬이 된다. 여기서 M은 $k \times k$ 행렬이다. 가정에 의해 $V_1{}^H M V_1 = T_1$을 만족하는 $k \times k$ 상삼각행렬 T_1과 $k \times k$ 유니타리 행렬 V_1이 존재한다.

$$V = \begin{bmatrix} 1 & 0 & 0 & \cdots & 0 \\ 0 & & & & \\ \vdots & & V_1 & & \\ 0 & & & & \end{bmatrix}$$

라 두면 V는 유니타리이고

$$V^H W^H A W V = \begin{bmatrix} \lambda_1 & \times & \times & \cdots & \times \\ 0 & & & & \\ \vdots & & V_1^H M V_1 & & \\ 0 & & & & \end{bmatrix} = \begin{bmatrix} \lambda_1 & \times & \times & \cdots & \times \\ 0 & & & & \\ \vdots & & T_1 & & \\ 0 & & & & \end{bmatrix} = T$$

$U = WV$는 $U^H U = (WV)^H WV = V^H W^H W V = I$이므로 유니타리이고, $U^H A U = T$는 상삼각행렬이다. ■

유니타리 행렬 U와 상삼각행렬 T에 대하여 $A = U^H T U$를 A의 Schur 분해라 한다. A가 에르미트 행렬인 경우 T는 대각행렬이 된다.

정리 7.8 (Spectral 정리) A가 에르미트 행렬이면 A를 대각화하는 유니타리 행렬이 존재한다.

증명 A가 에르미트 행렬이면 Schur 정리에 의하여 $U^H A U = T$인 유니타리 행렬 U와 상삼각행렬 T가 존재한다.

$$T^H = (U^H A U)^H = U^H A^H U = U^H A U = T$$

이므로 T는 에르미트 행렬이다. T는 상삼각행렬이면서 에르미트 행렬이므로 대각행렬이다. ■

정리 7.9 A가 실수로 이루어진 대칭행렬이면 $U^T A U = D$를 만족하는 직교행렬 U와 대각행렬 D가 존재한다.

예제 6 행렬

$$A = \begin{bmatrix} 0 & 2 & -1 \\ 2 & 3 & 2 \\ -1 & -2 & 0 \end{bmatrix}$$

을 대각화시키는 직교행렬 U를 구하여라.

풀이 특성다항식을 이용하여 고유값을 구하면 $\lambda_1 = \lambda_2 = -1$, $\lambda_3 = 5$이다. 고유값 $\lambda_1 = \lambda_2 = -1$에 대응하는 고유벡터를 구하면

$$\mathbf{x}_1 = \begin{bmatrix} 1 \\ 0 \\ 1 \end{bmatrix}, \qquad \mathbf{x}_2 = \begin{bmatrix} -2 \\ 1 \\ 0 \end{bmatrix}$$

이다. Gram-Schmidt 직교화 과정을 이용하여 $\lambda_1 = \lambda_2 = -1$에 대응하는 단위 직교기저를 구하면,

$$\mathbf{u}_1 = \frac{\mathbf{x}_1}{\|\mathbf{x}_1\|} = \frac{1}{\sqrt{2}} \begin{bmatrix} 1 \\ 0 \\ 1 \end{bmatrix}$$

$$\mathbf{z} = \mathbf{x}_2 - \langle \mathbf{x}_2 - \mathbf{u}_1 \rangle \mathbf{u}_1 = \begin{bmatrix} -1 \\ 1 \\ 1 \end{bmatrix}$$

$$\mathbf{u}_2 = \frac{\mathbf{z}}{\|\mathbf{z}\|} = \frac{1}{\sqrt{3}} \begin{bmatrix} -1 \\ 1 \\ 1 \end{bmatrix}$$

이다. $\lambda_3 = 5$에 대응하는 고유벡터는

$$\mathbf{x}_3 = \begin{bmatrix} -1 \\ -2 \\ 1 \end{bmatrix}$$

이다. $\mathbf{x}_3$는 $\mathbf{u}_1$과 $\mathbf{u}_2$에 직교하므로 $\mathbf{x}_3$를 단위벡터화하여

$$\mathbf{u}_3 = \frac{\mathbf{x}_3}{\|\mathbf{x}_3\|} = \frac{1}{\sqrt{6}} \begin{bmatrix} -1 \\ -2 \\ 1 \end{bmatrix}$$

를 구하고 단위 직교기저 $\{\mathbf{u}_1, \mathbf{u}_2, \mathbf{u}_3\}$를 얻는다. 따라서 A를 대각화시키는 다음 행렬을 얻는다.

$$U = \begin{bmatrix} \frac{1}{\sqrt{2}} & -\frac{1}{\sqrt{3}} & -\frac{1}{\sqrt{6}} \\ 0 & \frac{1}{\sqrt{3}} & -\frac{2}{\sqrt{6}} \\ \frac{1}{\sqrt{2}} & \frac{1}{\sqrt{3}} & \frac{1}{\sqrt{6}} \end{bmatrix}$$

■

스펙트럼 정리에 의해 에르미트 행렬 A는 유니타리 행렬 U와 대각행렬 D의 곱 UDU^H으로 분해된다. U가 A를 대각화하므로 D의 대각원소들은 A의 고유값들이고, U의 열벡터들은 A의 고유벡터들이다. 따라서 C^n의 단위 직교기저를 이룬다. $\{\mathbf{u}_1, \mathbf{u}_2, \cdots, \mathbf{u}_n\}$이 A의 고유벡터들로 구성된 단위 직교기저이면

$$\mathbf{x} = c_1\mathbf{u}_1 + c_2\mathbf{u}_2 + \ \cdots \ + c_n\mathbf{u}_n$$

에 대하여

$$A\mathbf{x} = c_1\lambda_1\mathbf{u}_1 + c_2\lambda_2\mathbf{u}_2 + \ \cdots \ + c_n\lambda_n\mathbf{u}_n$$

이다. 이때 $c_j = \langle \mathbf{x}, \mathbf{u}_j \rangle = \mathbf{u}_j^H\mathbf{x}$이다$(j = 1,\ 2,\ \cdots,\ n)$. 따라서

$$A\mathbf{x} = \lambda_1(\mathbf{u}_1^H\mathbf{x})\mathbf{u}_1 + \lambda_2(\mathbf{u}_2^H\mathbf{x})\mathbf{u}_2 + \ \cdots \ + \lambda_n(\mathbf{u}_n^H\mathbf{x})\mathbf{u}_n$$

이다. 고유벡터들로 이루어지면서 단위 직교기저를 갖는 비-에르미트 행렬들도 존재한다. 예를 들어 반대칭행렬과 반에르미트 행렬($A^H = -A$를 만족하는 행렬 A를 반에르미트 행렬이라 한다)이 있다. 일반적으로 A가 고유벡터들로 이루어지면서 단위 직교단위기저를 갖는 행렬이라면 유니타리 행렬 U, 복소수로 이루어진 대각행렬 D에 대하여 $A = UDU^H$이다. 일반적으로 $D^H \neq D$이므로

$$A^H = UD^HU^H \neq A$$

이다. 그러나

$$AA^H = UDU^HUD^HU^H = UDD^HU^H$$

이고

$$A^HA = UD^HU^HUDU^H = UD^HDU^H$$

$$D^HD = DD^H = \begin{bmatrix} |\lambda_1|^2 & 0 & \cdots & 0 \\ 0 & |\lambda_2|^2 & & 0 \\ \vdots & & \ddots & \vdots \\ 0 & 0 & \cdots & |\lambda_n|^2 \end{bmatrix}$$

이므로

$$AA^H = A^HA$$

이다.

정의 7.10 $AA^H = A^HA$를 만족하는 행렬을 **정규적(normal)**이라 한다.

정리 7.11 행렬 A가 정규적일 필요충분조건은 A가 고유벡터들로 구성된 단위 직교벡터들의 집합을 갖는 것이다.

증명 Schur 정리에 의해 $T = U^HAU$를 만족하는 유니타리 행렬 U와 상삼각행렬 T가 존재한다. T 역시 정규적임을 보이자.

$$T^HT = U^HA^HUU^HAU = U^HA^HAU$$
$$TT^H = U^HAUU^HA^HU = U^HAA^HU$$

에서 $AA^H = A^HA$이면 $T^HT = TT^H$이다. TT^H와 T^HT의 (i, j) 성분은 $i \neq j$일 때 모두 0이다. 따라서 U는 A를 대각화하고 U의 열벡터들이 A의 고유벡터들이다. ■

연습문제 7.2

1. 행렬

$$M = \begin{bmatrix} 2 & 1-i \\ 1+i & 3 \end{bmatrix}$$

을 대각화하는 유니타리 행렬 U를 구하여라.

2. $\mathbf{z}_1 = \begin{bmatrix} \frac{1+i}{2} \\ \frac{1-i}{2} \end{bmatrix}$, $\mathbf{z}_2 = \begin{bmatrix} \frac{i}{\sqrt{2}} \\ -\frac{i}{\sqrt{2}} \end{bmatrix}$일 때 $\{\mathbf{z}_1, \mathbf{z}_2\}$가 C^2상의 단위 직교벡터들임을 보여라.

3. 행렬

$$A = \begin{bmatrix} 3 & 0 & -1 \\ 0 & 2 & 0 \\ -1 & 0 & 3 \end{bmatrix}$$

을 대각화시키는 직교행렬 U를 구하여라.

4 다음 각 행렬들이 에르미트 행렬인지를 판정하여라.

(1) $\begin{bmatrix} 1 & 2+i \\ 2-i & -1 \end{bmatrix}$

(2) $\begin{bmatrix} 1 & i & 1+i \\ -i & 5 & 2-i \\ 1-i & 2+i & -2 \end{bmatrix}$

5 U가 유니타리 행렬일 때 다음을 증명하여라.

(1) U는 정규적이다.

(2) λ가 U의 고유값이면 $|\lambda|=1$ 이다.

연습문제 해답

연습문제 1.2

1 (1) $AC=\begin{bmatrix}7&-3\\-5&13\\6&5\end{bmatrix}$, $BC=\begin{bmatrix}-21&-27\\4&-6\end{bmatrix}$,

$CB=\begin{bmatrix}-8&2&-12\\7&-7&6\\-3&-8&-12\end{bmatrix}$, $-3C=\begin{bmatrix}-6&0\\3&-9\\-6&-15\end{bmatrix}$

(2) $A^T=\begin{bmatrix}3&-4&2\\-1&1&0\\0&2&1\end{bmatrix}$, $B^TC^T=\begin{bmatrix}-8&7&-3\\2&-7&-8\\-12&6&-12\end{bmatrix}$, $(BC)^T=\begin{bmatrix}-21&4\\-27&-6\end{bmatrix}$

$C^TB^T=\begin{bmatrix}-21&4\\-27&-6\end{bmatrix}$, $B+C^T=\begin{bmatrix}-2&0&-4\\1&1&5\end{bmatrix}$

(3) $(BC)^T=\begin{bmatrix}-21&4\\-27&-6\end{bmatrix}$과 (2)의 B^TC^T, C^TB^T를 비교하면

$(BC)^T=C^TB^T\neq B^TC^T$

2 $a=1,\ b=0,\ c=-1,\ d=-2$

3 $AB=\begin{bmatrix}3&3&-5\\0&4&-8\\2&-2&6\end{bmatrix}$, $BA=\begin{bmatrix}2&-6&8\\-1&8&-13\\-1&0&3\end{bmatrix}$ $\quad\therefore\ AB\neq BA$

4 $(AB)C=\begin{bmatrix}-10&-14\\16&28\end{bmatrix}$, $A(BC)=\begin{bmatrix}-10&-14\\16&28\end{bmatrix}$ $\quad\therefore\ (AB)C=A(BC)$

5 $A^6=\begin{bmatrix}1&0\\0&1\end{bmatrix}$이므로 $A^{2022}=\begin{bmatrix}1&0\\0&1\end{bmatrix}$,

$B^2=\begin{bmatrix}1&2\\0&1\end{bmatrix}$, $B^3=\begin{bmatrix}1&3\\0&1\end{bmatrix}$, $\cdots$, $B^n=\begin{bmatrix}1&n\\0&1\end{bmatrix}$이므로 $B^{2022}=\begin{bmatrix}1&2022\\0&1\end{bmatrix}$

6 $A^{-1}=\begin{bmatrix}\cos\theta&\sin\theta\\-\sin\theta&\cos\theta\end{bmatrix}$

7 (1) 행렬 B가 가역이므로 $BB^{-1}=B^{-1}B=I$인 B^{-1}가 존재하여 $B^{-1}(AB)B^{-1}=B^{-1}(BA)B^{-1}$로부터 $AB^{-1}=B^{-1}A$는 항상 성립한다.

(2) (반례) 행렬 $\begin{bmatrix}1&2\\3&4\end{bmatrix}$, $\begin{bmatrix}-1&-2\\-3&-4\end{bmatrix}$는 각각 가역이나, 두 행렬의 합 $\begin{bmatrix}0&0\\0&0\end{bmatrix}$은 가역이 아니다.

(3) 행렬 A가 가역이므로 $AA^{-1}=A^{-1}A=I$인 A^{-1}가 존재하여 $(AA^{-1})^T=(A^{-1}A)^T=I^T=I$, 즉 $(A^{-1})^TA^T=A^T(A^{-1})^T=I$이므로 $(A^{-1})^T=(A^T)^{-1}$이다.

9 (1) 행렬 $A=[a_{ij}]_{m\times k}$, $B=[b_{ij}]_{k\times n}$에 대하여 두 행렬의 곱 AB를 $C=[c_{ij}]_{m\times n}$라 하자. 그러면 행렬 C의 원소 c_{ij}는

$$c_{ij} = a_{i1}b_{1j} + a_{i2}b_{2j} + \cdots + a_{ik}b_{kj} \ (1 \le i \le m, \ 1 \le j \le n)$$

이다. 행렬 A의 i행의 모든 원소가 0이면 $a_{i1}, a_{i2}, \cdots, a_{ik}$는 모두 0이므로, $j = 1, 2, \cdots, n$ 에 대하여 $c_{ij} = 0$이다. 따라서 행렬 C의 한 행의 모든 원소도 0이다.

연습문제 1.3

1 기약행사다리꼴 행렬 : A, G

행사다리꼴 행렬 : C, F, I

나머지 : 어떤 형도 아님

2 (1) 기약행사다리꼴 행렬 : $\begin{bmatrix} 1 & 0 & -1 & 0 \\ 0 & 1 & 2 & \frac{1}{2} \\ 0 & 0 & 0 & 0 \end{bmatrix}$, 행사다리꼴 행렬 : $\begin{bmatrix} 1 & 2 & 3 & 1 \\ 0 & 1 & 2 & \frac{1}{2} \\ 0 & 0 & 0 & 0 \end{bmatrix}$

(2) 기약행사다리꼴 행렬 : $\begin{bmatrix} 1 & 0 & 2 & 0 & 1 \\ 0 & 1 & 1 & 0 & 1 \\ 0 & 0 & 0 & 1 & -1 \end{bmatrix}$, 행사다리꼴 행렬 : $\begin{bmatrix} 1 & -2 & 0 & 3 & -4 \\ 0 & 1 & 1 & -1 & 2 \\ 0 & 0 & 0 & 1 & -1 \end{bmatrix}$

3 (1) $x = 1, \ y = 2, \ z = 3$ (2) $x = -18, \ y = 14$

(3) $x = 2, \ y = -1, \ z = 3$ (4) 해가 없음

5 확대행렬 $\begin{bmatrix} 1-a & -2 & 0 \\ 1 & -1 & 0 \end{bmatrix}$을 행사다리꼴로 바꾸면 $\begin{bmatrix} 1 & 1-a & 0 \\ 0 & a^2+1 & 0 \end{bmatrix}$이다.

$(a^2+1)x_2 = 0$이므로 상수 a는 모든 실수

연습문제 1.4

1 (1) 기본행렬 아님

(2) 기본행렬 (∵ 기본행연산 : I_2의 2행 × (-4) + 1행)

(3) 기본행렬 (∵ 기본행연산 : I_3의 1행과 3행을 서로 교환)

(4) 기본행렬 아님

(5) 기본행렬 (∵ 기본행연산 : I_3의 1행 × (-5) + 3행)

(6) 기본행렬 (∵ 기본행연산 : I_4의 4행 × 1 + 1행)

2 (1) $E_3E_2E_1A = I_2$

$$E_1 = \begin{bmatrix} 0 & 1 \\ 1 & 0 \end{bmatrix},\ E_2 = \begin{bmatrix} 1 & 0 \\ 0 & \frac{1}{2} \end{bmatrix},\ E_3 = \begin{bmatrix} 1 & 2 \\ 0 & 1 \end{bmatrix}$$

(2) $E_4E_3E_2E_1B = I_2$

$$E_1 = \begin{bmatrix} 0 & 1 \\ 1 & 0 \end{bmatrix},\ E_2 = \begin{bmatrix} 1 & 0 \\ -2 & 1 \end{bmatrix},\ E_3 = \begin{bmatrix} 1 & 0 \\ 0 & -\frac{1}{5} \end{bmatrix},\ E_4 = \begin{bmatrix} 1 & -3 \\ 0 & 1 \end{bmatrix}$$

(3) $E_6E_5E_4E_3E_2E_1C = I_3$

$$E_1 = \begin{bmatrix} 0 & 1 & 0 \\ 1 & 0 & 0 \\ 0 & 0 & 1 \end{bmatrix},\ E_2 = \begin{bmatrix} 1 & 0 & 0 \\ 0 & 1 & 0 \\ -2 & 0 & 1 \end{bmatrix},\ E_3 = \begin{bmatrix} 1 & 0 & 0 \\ 0 & 0 & 1 \\ 0 & 1 & 0 \end{bmatrix},$$

$$E_4 = \begin{bmatrix} 1 & -2 & 0 \\ 0 & 1 & 0 \\ 0 & 0 & 1 \end{bmatrix},\ E_5 = \begin{bmatrix} 1 & 0 & 0 \\ 0 & 1 & 0 \\ 0 & -1 & 1 \end{bmatrix},\ E_6 = \begin{bmatrix} 1 & 0 & -3 \\ 0 & 1 & 0 \\ 0 & 0 & 1 \end{bmatrix}$$

3 $$A^{-1} = \begin{bmatrix} 3 & 5 \\ 2 & 3 \end{bmatrix},\ B^{-1} = \begin{bmatrix} \frac{2}{7} & 0 & \frac{1}{7} \\ \frac{1}{7} & 0 & -\frac{3}{7} \\ 0 & \frac{1}{5} & \frac{2}{5} \end{bmatrix},\ C^{-1} = \begin{bmatrix} -4 & 8 & 1 \\ 10 & -19 & -2 \\ -5 & 10 & 1 \end{bmatrix},$$

$$D^{-1} = \begin{bmatrix} \frac{1}{2} & -\frac{1}{2} \\ -1 & 2 \end{bmatrix},\ E^{-1} = \begin{bmatrix} \frac{1}{15} & \frac{17}{15} & \frac{9}{10} & \frac{2}{15} \\ \frac{1}{15} & \frac{2}{15} & \frac{2}{5} & \frac{2}{15} \\ 0 & 0 & -\frac{1}{2} & 0 \\ -\frac{1}{3} & \frac{7}{3} & \frac{3}{2} & \frac{1}{3} \end{bmatrix},$$

$$F^{-1} = \begin{bmatrix} 1 & -3 & 0 & -2 \\ 3 & -12 & -2 & -6 \\ -2 & 10 & 2 & 5 \\ -1 & 6 & 1 & 3 \end{bmatrix}$$

4 $$E_1 = \begin{bmatrix} 0 & 0 & 1 \\ 0 & 1 & 0 \\ 1 & 0 & 0 \end{bmatrix},\ E_2 = \begin{bmatrix} 1 & 2 & 0 \\ 0 & 1 & 0 \\ 0 & 0 & 1 \end{bmatrix},\ E_3 = \begin{bmatrix} 1 & -2 & 0 \\ 0 & 1 & 0 \\ 0 & 0 & 1 \end{bmatrix},\ E_4 = \begin{bmatrix} 1 & 0 & 0 \\ 0 & 1 & 0 \\ -3 & 0 & 1 \end{bmatrix}$$

연습문제 2.1

1. (1234) : 우순열, (1342) : 우순열, (1432) : 기순열, (2314) : 우순열, (2413) : 기순열, (3241) : 우순열, (3412) : 우순열, (4132) : 우순열, (4231) : 우순열, (4321) : 우순열

2. (54321) : 10, (41523) : 5, (34152) : 5, (21345) : 1, (13524) : 3, (53142) : 7, (43152) : 6, (32154) : 4, (24351) : 5, (15342) : 5

3. $\begin{vmatrix} -1 & 2 \\ 3 & 4 \end{vmatrix} = -10$, $\begin{vmatrix} -1 & -2 & 2 \\ -3 & 2 & -5 \\ 0 & 1 & 1 \end{vmatrix} = -19$, $\begin{vmatrix} -1 & 2 & 0 \\ 4 & 0 & 2 \\ 0 & 0 & -3 \end{vmatrix} = 24$

4. (1) $a = \dfrac{3 \pm \sqrt{33}}{2}$　　(2) $a = -1,\ 1,\ 2$

연습문제 2.2

1. $\det(A) = -42$, $\det(B) = 46$, $\det(C) = 36$, $\det(D) = \det(B) = 46$, $\det(E) = (-1)^2 \det(C) = 36$, $\det(F) = \det(A) = -42$

2. $\det(A) = 6$, $\det(B) = 34$이므로

   (1) $\det(3A) = 162$　　(2) $\det(A^3) = 216$　　(3) $\det(3A^{-1}) = \dfrac{9}{2}$

   (4) $\det(-2B) = -272$　　(5) $\det(B^2) = 1156$　　(6) $\det(-2B^{-1}) = -\dfrac{4}{17}$

   (7) $\det(AB) = 204$

3. (1) $\begin{vmatrix} a_1 - b_1 & a_1 + b_1 & c_1 \\ a_2 - b_2 & a_2 + b_2 & c_2 \\ a_3 - b_3 & a_3 + b_3 & c_3 \end{vmatrix} = -20$

   (2) $\begin{vmatrix} a_3 & b_3 & c_3 \\ a_1 & b_1 & c_1 \\ a_2 & b_2 & c_2 \end{vmatrix} = -10$

   (3) $\begin{vmatrix} a_1 & b_1 & c_1 \\ a_2 & b_2 & c_2 \\ a_3 - a_2 + 2a_1 & b_3 - b_2 + 2b_1 & c_3 - c_2 + 2c_1 \end{vmatrix} = -10$

4 $\begin{vmatrix} 1 & 1 & 1 \\ a & b & c \\ b+c & c+a & a+b \end{vmatrix} = 0$

6 (1) $\det(AB) = \det(A)\det(B) = \det(B)\det(A) = \det(BA)$

(2) $\det(AB) = \det(A)\det(B) = 0$이므로

$\det(A) = 0$ 또는 $\det(B) = 0$이다.

(3) $\det(A^2) = \det(A)\det(A) = \det(A)$이므로

$\det(A) = 0$ 또는 $\det(A) = 1$이다.

(4) $A = A^{-1}$이면 $\det(A) = \pm 1$: 참

$A^T = A^{-1}$이면 $\det(A) \neq \pm 1$: 거짓

(5) 참

(6) 참

연습문제 2.3

1 (1) C_{ij}를 a_{ij}의 여인수라 하면,

$C_{11} = 5,\quad C_{12} = -4,\quad C_{13} = 1$

$C_{21} = -3,\quad C_{22} = 5,\quad C_{23} = 2$

$C_{31} = 2,\quad C_{32} = -12,\quad C_{33} = 3$

(2) C_{ij}를 b_{ij}의 여인수라 하면,

$C_{11} = 8,\quad C_{12} = -14,\quad C_{13} = -26,\quad C_{14} = -9$

$C_{21} = -1,\quad C_{22} = 6,\quad C_{23} = 14,\quad C_{24} = 6$

$C_{31} = 1,\quad C_{32} = -1,\quad C_{33} = -4,\quad C_{34} = -1$

$C_{41} = -3,\quad C_{42} = 13,\quad C_{43} = 27,\quad C_{44} = 8$

2 (1) $\begin{vmatrix} 2 & 1 \\ -2 & -4 \end{vmatrix} = -6$

(2) $\begin{vmatrix} 0 & 5 & -2 \\ 7 & 0 & 1 \\ -1 & -2 & 4 \end{vmatrix} = -117$

(3) $\begin{vmatrix} 8 & -7 & 9 \\ 0 & -8 & 0 \\ -11 & 7 & -6 \end{vmatrix} = -408$

(4) $\begin{vmatrix} 9 & 7 \\ 8 & -11 \end{vmatrix} = -155$

(5) $\begin{vmatrix} 1 & 2 & 3 \\ 2 & 3 & 1 \\ 3 & 1 & -2 \end{vmatrix} = -14$

(6) $\begin{vmatrix} -4 & 1 & 0 & 2 \\ 0 & -1 & 6 & 0 \\ 5 & 0 & -2 & -1 \\ 1 & 2 & 9 & 0 \end{vmatrix} = -124$

(7) $\begin{vmatrix} 5 & -2 & 3 & 0 \\ 0 & 7 & -1 & 6 \\ 1 & -3 & 0 & -4 \\ -2 & 0 & -1 & 0 \end{vmatrix} = -18$

(8) $\begin{vmatrix} 1 & 3 & 1 & 1 \\ 2 & 1 & 5 & 2 \\ 1 & -1 & 2 & 3 \\ 4 & 1 & -3 & 7 \end{vmatrix} = -115$

3 $a = 2,\ 6$

4 (1) $\begin{vmatrix} 2 & 6 \\ 1 & 3 \end{vmatrix} = 0$이므로 역행렬 존재하지 않음

(2) $A^{-1} = \dfrac{1}{\det(A)}\text{adj}(A) = \dfrac{1}{10}\begin{bmatrix} 1 & 2 \\ -3 & 4 \end{bmatrix}$

(3) $A^{-1} = \dfrac{1}{\det(A)}\text{adj}(A) = -\dfrac{1}{7}\begin{bmatrix} -5 & -1 & 4 \\ -4 & 2 & -1 \\ 2 & -1 & -3 \end{bmatrix}$

(4) $A^{-1} = \dfrac{1}{\det(A)}\text{adj}(A) = \dfrac{1}{24}\begin{bmatrix} 3 & 0 & -12 \\ -2 & 8 & 8 \\ 3 & 0 & 12 \end{bmatrix}$

(5) $A^{-1} = \dfrac{1}{\det(A)}\text{adj}(A) = -\dfrac{1}{15}\begin{bmatrix} -9 & 3 & -6 \\ -8 & 1 & -12 \\ 2 & -4 & 3 \end{bmatrix}$

(6) $A^{-1} = \dfrac{1}{\det(A)}\text{adj}(A) = \dfrac{1}{12}\begin{bmatrix} -5 & 4 & 3 \\ 7 & -8 & 3 \\ 1 & 4 & -3 \end{bmatrix}$

(7) $A^{-1} = \dfrac{1}{\det(A)}\text{adj}(A) = \dfrac{1}{610}\begin{bmatrix} -16 & -5 & 155 & 19 \\ 76 & 100 & -50 & -14 \\ -64 & -20 & 10 & 76 \\ 174 & -60 & 30 & -16 \end{bmatrix}$

5 $\det(A) = -14$이므로 $\det(A^n) = \det(A)^n = (-14)^n$

6 행렬 $A = \begin{bmatrix} 1 & -2 & 0 \\ -1 & 3 & 2 \\ 1 & -1 & 4 \end{bmatrix}$에 대하여

(1) $\text{adj}(A) = \begin{bmatrix} 14 & 8 & -4 \\ 6 & 4 & -2 \\ -2 & -1 & 1 \end{bmatrix}$

(2) $A^{-1} = \dfrac{1}{\det(A)}\text{adj}(A) = \dfrac{1}{2}\begin{bmatrix} 14 & 8 & -4 \\ 6 & 4 & -2 \\ -2 & -1 & 1 \end{bmatrix}$

7 (1) $x = 0,\quad y = 0,\quad z = \dfrac{1}{2}$

(2) $x = \dfrac{9}{7},\quad y = -\dfrac{18}{7},\quad z = -\dfrac{5}{7}$

(3) $x = 1,\quad y = 3,\quad z = -4$

연습문제 2.4

❶ (1) $\begin{bmatrix} 1 & 0 \\ -\dfrac{3}{2} & 1 \end{bmatrix}\begin{bmatrix} 2 & 5 \\ 0 & \dfrac{7}{2} \end{bmatrix}$

(2) $x_1 =-\dfrac{13}{7}$, $x_2 = \dfrac{8}{7}$

❷ (1) $\begin{bmatrix} 1 & 0 & 0 \\ -1 & 1 & 0 \\ 2 & 0 & 1 \end{bmatrix}\begin{bmatrix} 4 & 3 & -5 \\ 0 & -2 & 2 \\ 0 & 0 & 2 \end{bmatrix}$

(2) $x = \dfrac{1}{8}$, $y = -\dfrac{9}{2}$, $z =-3$

❸ (1) $\begin{bmatrix} 1 & 0 & 0 \\ 2 & 1 & 0 \\ -1 & -3 & 1 \end{bmatrix}\begin{bmatrix} 2 & 1 & 1 \\ 0 & -1 & -2 \\ 0 & 0 & -4 \end{bmatrix}$

(2) $x_1 = 0$, $x_2 = 3$, $x_3 =-1$

연습문제 3.1

❶ (1) $(18, -21, -13)$ (2) $(-5, -39, 54)$

❷ $c_1 = 4$, $c_2 = -7$, $c_3 = 5$

❸ (1) $(-1, 3)$ (2) $(2, -12, -11)$

❹ $Q=(5, 6, 1)$인 $\overrightarrow{PQ}$

❺ $P(-1, 0, 9)$인 $\overrightarrow{PQ}$

연습문제 3.2

❷ $\left\| \dfrac{1}{\|\mathbf{u}\|}\mathbf{u} \right\| = \dfrac{1}{\|\mathbf{u}\|}\|\mathbf{u}\| = 1$

❸ (1) $\sqrt{53}$ (2) 13

4 (1) $\sqrt{10}$ (2) $\sqrt{5}+\sqrt{13}$ (3) $\frac{1}{\sqrt{5}}(1, 2)$ (4) 1

5 (1) 13 (2) $\sqrt{83}$

연습문제 3.3

1 (1) 9 (2) -8 (3) 내적이 정의되지 않음

2 $\cos\theta = 0.6$

3 (1) $\frac{7}{17}(2, 2, 3)$ (2) $\frac{1}{2}(2, 3, -1)$

4 (1) $\frac{1}{17}(20, 37, -38)$ (2) $\frac{1}{14}(14, 7, 49)$

5 $k=-2$

6 $\pm\left(\frac{2}{\sqrt{13}}, \frac{3}{\sqrt{13}}\right)$

연습문제 3.4

1 $(-8, 10, 14)$

2 $(11, -5, 7)$

3 $\mathbf{u}\times\mathbf{v}=(1, -7, 11)$, $\mathbf{v}\times\mathbf{u}=(-1, 7, -11)$

4 $\pm\frac{1}{3\sqrt{10}}(-4, 5, 7)$

5 $\sqrt{195}$

6 $3\sqrt{10}$

7 $\frac{\sqrt{107}}{2}$

연습문제 3.5

1 벡터방정식 $\mathbf{r}=(5+t,\ 1+4t,\ 3-2t)$, 매개방정식 $x=5+t,\ y=1+4t,\ z=3-2t$

2 $\mathbf{r}=\overrightarrow{AB}=(1,\ -5,\ 4)$이므로 매개방정식은 $x=2+t,\ y=4-5t,\ z=-3+4t$이고 대칭방정식은 $x-2=\frac{y-4}{-5}=\frac{z+3}{4}$이다. $\left(\frac{11}{4},\ \frac{1}{4},\ 0\right)$에서 xy평면과 만난다.

4 $2x+3y+4z=12$, x절편: 6, y절편: 4, z절편: 3

5 $\overrightarrow{PQ}=(2,\ -4,\ 4)$, $\overrightarrow{PR}=(4,\ -1,\ -2)$

$$\overrightarrow{PQ}\times\overrightarrow{PR}=\begin{vmatrix}\mathbf{i} & \mathbf{j} & \mathbf{k}\\ 2 & -4 & 4\\ 4 & -1 & -2\end{vmatrix}=12\mathbf{i}+20\mathbf{j}+14\mathbf{k}$$

따라서 평면의 방정식 $6x+10y+7z=50$

6 $\frac{x-2}{3}=\frac{y}{-4}=z-5$, $4x+5y-2z=18$이므로 $x=-4,\ y=8,\ z=3$

7 두 법선벡터가 $(1,1,1)$, $(1,-2,3)$이므로 $Q=\cos^{-1}\frac{2}{\sqrt{42}}$

8 $\frac{|ax_1+bx_2+cx_3+d|}{\sqrt{a^2+b^2+c^2}}$

9 $\frac{\sqrt{3}}{6}$

연습문제 4.1

1 (1) $(-7,\ -19,\ 14,\ -17)$ (2) 8

(3) -11

2 (1) $(4,\ 2,\ 1,\ 2)$ (2) $(5,\ -15,\ 10,\ 20)$

(3) $(-7,\ -21,\ 7,\ 14)$

3 $k = -1$

4 $d(\mathbf{u}, \mathbf{v}) = \sqrt{47}$

5 $k = 2,\ -4$

6 $k = 3,\ -3$

7 $c_1 = 1,\ c_2 = 1,\ c_3 = -1,\ c_4 = 1$

8 (1) $\sqrt{97}$ (2) $\sqrt{14} + 3\sqrt{7}$

(3) $\frac{1}{\sqrt{14}}(3,\ 0,\ 1,\ 2)$ (4) 1

연습문제 4.2

1 벡터공간이 아니다.

2 벡터공간이 아니다.

3 벡터공간이 아니다.

4 벡터공간이 아니다. (조건1, 4, 5, 6에 위배)

5 벡터공간

연습문제 4.3

1 부분공간

2 부분공간이 아니다.

3. 부분공간이 아니다.
4. 부분공간
5. 부분공간이 아니다.
6. 부분공간
7. 부분공간이 아니다.
8. 부분공간
9. 부분공간이 아니다.

연습문제 4.4

1. $\mathbf{x} = -6\mathbf{u} + 3\mathbf{v} + 2\mathbf{w}$
2. 1차결합이 아니다.
3. $k=-8$
4. $P=-3P_1+2P_2+4P_3$
5. $E=3A-2B-C$
6. $11a+5b+2c=0$
7. 생성된다.

연습문제 4.5

1. 1차독립

2. (1) 1차독립 (2) 1차종속 (3) 1차독립

3. 1차독립

4. (1) 1차독립 (2) 1차독립 (3) 1차독립

5. (1) 1차독립 (2) 1차종속 (3) 1차종속

6. (1) 1차독립 (2) 1차독립

7. 1차독립

연습문제 4.6

1. (1) 기저가 아니다. (2) 기저 (3) 기저가 아니다.

2. 2차원 [기저는 (1, 2, 5, 3), (0, 7, 9, 2)이다.]

3. 2차원 [기저는 x^3-2x^2+4x+1, x^2+x-3이다.]

4. 3차원 [기저는 (2, 1, 0, 0, 0), (5, 0, 2, 1, 0), (7, 0, 2, 0, 1)이다.]

5. (1) 3차원 [기저는 (1, 0, 0, 0), (0, 1, 1, 0), (0, 1, 0, 1)이다.]
   (2) 2차원 [기저는 (1, 1, 0, 0), (0, 0, 2, 1)이다.]
   (3) 1차원 [기저는 (3, 3, 2, 1)이다.]

연습문제 4.7

2. (1) $\langle \mathbf{u}, \mathbf{v} \rangle=8, \ \| \mathbf{u} \| = \sqrt{5}$ (2) $\langle \mathbf{u}, \mathbf{v} \rangle=13, \ \| \mathbf{u} \| = 3$

4. (1) $-\dfrac{37}{4}$ (2) $\sqrt{\dfrac{19}{3}}$

5. (1) 0 (2) 1

연습문제 4.8

❶ $\mathbf{v}_1 = \left(\frac{1}{\sqrt{10}}, -\frac{3}{\sqrt{10}}\right)$, $\mathbf{v}_2 = \left(\frac{3}{\sqrt{10}}, \frac{1}{\sqrt{10}}\right)$

❷ $\mathbf{v}_1 = (0, 0, 1)$, $\mathbf{v}_2 = (0, 1, 0)$, $\mathbf{v}_3 = (1, 0, 0)$

❸ $\mathbf{v}_1 = 1$, $\mathbf{v}_2 = \sqrt{12}\left(x - \frac{1}{2}\right)$, $\mathbf{v}_3 = \sqrt{180}\left(x^2 - x + \frac{1}{6}\right)$

❹ $\mathbf{v}_1 = \frac{1}{\sqrt{2}}$, $\mathbf{v}_2 = \sqrt{\frac{3}{2}}x$, $\mathbf{v}_3 = \frac{3}{2}\sqrt{\frac{5}{2}}\left(x^2 - \frac{1}{3}\right)$

❻ $Q\left(-\frac{8}{7}, -\frac{5}{7}, \frac{25}{7}\right)$, 최단거리 : $\frac{3}{7}\sqrt{35}$

연습문제 4.9

❶ $\text{rank}(A) = 2$

❷ $\text{rank}(A) = 3$

❸ $\text{rank}(A) = 2$

❹ 비가역(비정칙)

❺ 1차종속

연습문제 5.1

❶ (1) 틀림 ($\because$ 집합 A의 원소 b의 대응이 정의되지 않음)
(2) 틀림 ($\because$ 집합 A의 원소 c에 집합 B의 두 원소 x, z가 대응)
(3) 올바로 정의됨

❹ (1) $f^{-1}(y) = \frac{y+3}{2}$ (2) $\frac{x}{x-2}$ (3) $f(x) = -x+5$

연습문제 5.2

1 (2)

3 (1) $\mathbf{v}=(1, 2)$, $\mathbf{w}=(3, 4)$라 하면, $T(\mathbf{v}+\mathbf{w}) \neq T(\mathbf{v})+T(\mathbf{w})$이다.

(2) $\mathbf{v}=(1, 2, 3)$, $k=-3$이라 하면, $T(k\mathbf{v}) \neq kT(\mathbf{v})$이다.

4 $T(a, b)=5a-2b$

5 (1) 차원 : 2차원, 기저 : $\{(1, 0, 1), (0, 1, -1)\}$

(2) 차원 : 1차원, 기저 : $\{(3, -1, 1)\}$

연습문제 5.3

1 (1) $[X]_S=\begin{bmatrix} 1 \\ -2 \end{bmatrix}$ (2) $[X]_S=\begin{bmatrix} -1 \\ 2 \end{bmatrix}$

2 (1) $[X]_S=\begin{bmatrix} 1 \\ 0 \\ 1 \end{bmatrix}$ (2) $[X]_S=\begin{bmatrix} -1 \\ 2 \\ 1 \end{bmatrix}$

3 (1) $A=\begin{bmatrix} 1 & -2 \\ 2 & 1 \\ 1 & 1 \end{bmatrix}$ (2) $A'=\begin{bmatrix} \frac{7}{3} & -\frac{4}{3} \\ -\frac{2}{3} & \frac{5}{3} \\ \frac{2}{3} & -\frac{2}{3} \end{bmatrix}$

5 (1) $[T]_S=\begin{bmatrix} 3 & 3 & 3 \\ -6 & -6 & -2 \\ 6 & 5 & -1 \end{bmatrix}$

연습문제 5.4

1 (1) $P=\begin{bmatrix} -1 & 2 \\ 1 & -1 \end{bmatrix}$ (2) $[X]_S=\begin{bmatrix} -3 \\ 5 \end{bmatrix}$

2 (1) $P=\begin{bmatrix} -5 & 2 \\ 3 & -1 \end{bmatrix}$

(2) $Q=\begin{bmatrix} 1 & 2 \\ 3 & 5 \end{bmatrix}$

(3) $PQ=\begin{bmatrix} -5 & 2 \\ 3 & -1 \end{bmatrix}\begin{bmatrix} 1 & 2 \\ 3 & 5 \end{bmatrix}=\begin{bmatrix} 1 & 0 \\ 0 & 1 \end{bmatrix}=I$

(4) $P^{-1}[X]_S=\begin{bmatrix} 1 & 2 \\ 3 & 5 \end{bmatrix}\begin{bmatrix} a \\ b \end{bmatrix}=\begin{bmatrix} a+2b \\ 3a+5b \end{bmatrix}=[X]_G$

(5) $P[T]_G P^{-1}=\begin{bmatrix} -5 & 2 \\ 3 & -1 \end{bmatrix}\begin{bmatrix} 0 & 2 \\ 3 & -1 \end{bmatrix}\begin{bmatrix} 1 & 2 \\ 3 & 5 \end{bmatrix}=\begin{bmatrix} -30 & -48 \\ 18 & 29 \end{bmatrix}=[T]_S$

3 (1) $P=\begin{bmatrix} 0 & 0 & 1 \\ 0 & 1 & -1 \\ 1 & -1 & 0 \end{bmatrix}$

(2) $Q=\begin{bmatrix} 1 & 1 & 1 \\ 1 & 1 & 0 \\ 1 & 0 & 0 \end{bmatrix}$

(3) $PQ=\begin{bmatrix} 0 & 0 & 1 \\ 0 & 1 & -1 \\ 1 & -1 & 0 \end{bmatrix}\begin{bmatrix} 1 & 1 & 1 \\ 1 & 1 & 0 \\ 1 & 0 & 0 \end{bmatrix}=\begin{bmatrix} 1 & 0 & 0 \\ 0 & 1 & 0 \\ 0 & 0 & 1 \end{bmatrix}=I$

(4) $P^{-1}[X]_S=\begin{bmatrix} 1 & 1 & 1 \\ 1 & 1 & 0 \\ 1 & 0 & 0 \end{bmatrix}\begin{bmatrix} a \\ b \\ c \end{bmatrix}=\begin{bmatrix} a+b+c \\ a+b \\ a \end{bmatrix}=[X]_G$

(5) $P[T]_G P^{-1}=\begin{bmatrix} 0 & 0 & 1 \\ 0 & 1 & -1 \\ 1 & -1 & 0 \end{bmatrix}\begin{bmatrix} 0 & 2 & 1 \\ 1 & -4 & 0 \\ 3 & 0 & 0 \end{bmatrix}\begin{bmatrix} 1 & 1 & 1 \\ 1 & 1 & 0 \\ 1 & 0 & 0 \end{bmatrix}=\begin{bmatrix} 3 & 3 & 3 \\ -6 & -6 & -2 \\ 6 & 5 & -1 \end{bmatrix}=[T]_S$

연습문제 6.1

1 (1) 고유값 : $-2, 5$　　고유벡터 : $(1, -1), (3, 4)$

(2) 고유값 : $-5, 2$　　고유벡터 : $(7, -1), (0, 1)$

2 (1) 고유값 : $1, 4$　　1차독립인 고유벡터 : $(2, -1), (1, 1)$

(2) 고유값 : $1, 6$　　1차독립인 고유벡터 : $(2, -3), (1, 1)$

3 (1) 고유값 : $-2, 4$

고유공간 : $E_1=\langle(1, 1, 0), (1, 0, -1)\rangle$, $E_2=\langle(1, 1, 2)\rangle$

(2) 고유값 : $-2, 4$

고유공간 : $E_1=\langle(1, 1, 0)\rangle$, $E_2=\langle(0, 1, 1)\rangle$

연습문제 6.2

1 (1) 대각화 불가능　　(2) 대각화 가능

2 (1) $P=\begin{bmatrix} 2 & 1 \\ -1 & 1 \end{bmatrix}$　　(2) $P=\begin{bmatrix} 2 & 1 \\ -3 & 1 \end{bmatrix}$

3 (1) 대각화 가능, $P=\begin{bmatrix} 1 & 1 & 1 \\ -1 & 0 & 2 \\ 0 & -1 & 1 \end{bmatrix}$

(2) 대각화 가능, $P=\begin{bmatrix} 1 & 1 & 2 \\ 1 & 0 & -1 \\ 0 & 1 & 1 \end{bmatrix}$

(3) 1차독립인 고유벡터가 2개뿐이므로 대각화 불가능

연습문제 6.3

2 (1) $\begin{bmatrix} 0 & 0 \\ 0 & 4 \end{bmatrix}$, $P=\begin{bmatrix} \frac{1}{\sqrt{2}} & \frac{1}{\sqrt{2}} \\ -\frac{1}{\sqrt{2}} & \frac{1}{\sqrt{2}} \end{bmatrix}$

(2) $\begin{bmatrix} 0 & 0 & 0 \\ 0 & 0 & 0 \\ 0 & 0 & 4 \end{bmatrix}$, $P=\begin{bmatrix} 1 & 0 & 0 \\ 0 & -\frac{1}{\sqrt{2}} & \frac{1}{\sqrt{2}} \\ 0 & \frac{1}{\sqrt{2}} & \frac{1}{\sqrt{2}} \end{bmatrix}$

3 (1) $\begin{bmatrix} 3 & 0 \\ 0 & 1 \end{bmatrix}$　　(2) $\begin{bmatrix} 1 & 0 & 0 \\ 0 & 2 & 0 \\ 0 & 0 & 0 \end{bmatrix}$　　(3) $\begin{bmatrix} 2 & 0 & 0 \\ 0 & -2 & 0 \\ 0 & 0 & 4 \end{bmatrix}$

연습문제 6.4

1 (1) $5\overline{x_1}^2 - 4\overline{x_1}\,\overline{x_2} + 8\overline{x_2}^2 = 36\left(\overline{x_1} = x_1,\ \overline{x_2} = x_2 - \sqrt{5}\right)$

따라서 2차형식은 $5\overline{x_1}^2 - 4\overline{x_1}\,\overline{x_2} + 8\overline{x_2}^2$

(2) $-5x_1^2 + 4x_2^2$

2 (1) $\begin{bmatrix} 7 & -3 \\ -3 & 4 \end{bmatrix}$ (2) $\begin{bmatrix} 1 & -3 & 4 \\ -3 & -1 & 2 \\ 4 & 2 & 1 \end{bmatrix}$

3 (1) 포물선 (2) 쌍곡선

4 (1) 원 (2) 타원 $(4x_1^2 + 9x_2^2 = 36)$

5 타원 $(4x_1^2 + 9x_2^2 = 36)$

연습문제 7.1

1 (1) $y_1 = c_1 e^{5x} - 2c_2 e^{-x}$, $y_2 = c_1 e^{5x} + c_2 e^{-x}$

(2) $y_1 = c_1 e^{7x} - 3c_2 e^{-x}$, $y_2 = 2c_1 e^{7x} + 2c_2 e^{-x}$

2 $y_1 = c_1 e^{2t} + c_2 e^{-2t} - c_3 e^{-4t}$

$y_2 = -c_1 e^{2t} + c_2 e^{-2t} + c_3 e^{-4t}$

$y_3 = c_1 e^{2t} + c_2 e^{-2t} + c_3 e^{-4t}$

이므로 $y_1 = e^{2t} - e^{-2t} - e^{-4t}$

$y_2 = -e^{2t} - e^{-2t} + e^{-4t}$

$y_3 = e^{2t} - e^{-2t} + e^{-4t}$

연습문제 7.2

1 $U = \dfrac{1}{\sqrt{3}} \begin{bmatrix} -1+i & 1 \\ 1 & 1+i \end{bmatrix}$

3 $U = \begin{bmatrix} \dfrac{1}{\sqrt{2}} & 0 & -\dfrac{1}{\sqrt{2}} \\ 0 & 1 & 0 \\ \dfrac{1}{\sqrt{2}} & 0 & \dfrac{1}{\sqrt{2}} \end{bmatrix}$

4 (1) 에르미트 행렬 (2) 에르미트 행렬

찾아보기

3판

알기 쉬운

선형대수학

2024년 7월 20일 3판 2쇄 펴냄

지은이 이문식 · 김홍태 · 이용균 · 강순부 · 김진수

펴낸이 류원식 | **펴낸곳** **교문사**

편집팀장 김경수 | **책임편집** 안영선 | **표지디자인** 신나리 | **본문편집** 홍익 m&b

주소 (10881) 경기도 파주시 문발로 116(문발동 536-2)

전화 031-955-6111~4 | **팩스** 031-955-0955

등록 1968. 10. 28. 제406-2006-000035호

홈페이지 www.gyomoon.com | E-mail genie@gyomoon.com

ISBN 978-89-363-2369-1 (93410)

값 28,500원